"十三五"国家重点出版物出版规划项目
卓越工程能力培养与工程教育专业认证系列规划教材
（电气工程及其自动化、自动化专业）

MATLAB
在自动化工程中的应用

姜增如　编著

机械工业出版社

本书所使用的软件版本为 MATLAB R2016a。MATLAB R2016a 内嵌程序命令、注释、说明和运行结果，图文并茂，使抽象的理论变得生动形象。本书内容涵盖传递函数的建立、稳定性分析、系统校正、根轨迹校正、状态反馈仿真、PID 控制器参数设计和复杂控制系统仿真。本书可作为高等院校自动化、电气工程及其自动化等专业的教材，也可供工程技术人员自学参考。

图书在版编目（CIP）数据

MATLAB 在自动化工程中的应用/姜增如编著．—北京：机械工业出版社，2018.9（2024.7 重印）
"十三五" 国家重点出版物出版规划项目．卓越工程能力培养与工程教育专业认证系列规划教材．电气工程及其自动化、自动化专业

ISBN 978-7-111-60903-2

Ⅰ．①M… Ⅱ．①姜… Ⅲ．①自动控制系统−Matlab 软件−高等学校−教材 Ⅳ．①TP273-39

中国版本图书馆 CIP 数据核字（2018）第 213716 号

机械工业出版社（北京市百万庄大街 22 号 邮政编码 100037）
策划编辑：路乙达 责任编辑：路乙达 王雅新
责任校对：刘 岚 封面设计：鞠 杨
责任印制：单爱军
北京虎彩文化传播有限公司印刷
2024 年 7 月第 1 版第 5 次印刷
184mm×260mm · 18.75 印张 · 460 千字
标准书号：ISBN 978-7-111-60903-2
定价：49.00 元

"十三五"国家重点出版物出版规划项目

卓越工程能力培养与工程教育专业认证系列规划教材
（电气工程及其自动化、自动化专业）
编审委员会

主任委员

郑南宁　中国工程院 院士，西安交通大学 教授，中国工程教育专业认证协会电子信息与电气工程类专业认证分委员会 主任委员

副主任委员

汪槱生　中国工程院 院士，浙江大学 教授

胡敏强　东南大学 教授，教育部高等学校电气类专业教学指导委员会 主任委员

周东华　清华大学 教授，教育部高等学校自动化类专业教学指导委员会 主任委员

赵光宙　浙江大学 教授，中国机械工业教育协会自动化学科教学委员会 主任委员

章　兢　湖南大学 教授，中国工程教育专业认证协会电子信息与电气工程类专业认证分委员会 副主任委员

刘进军　西安交通大学 教授，教育部高等学校电气类专业教学指导委员会 副主任委员

戈宝军　哈尔滨理工大学 教授，教育部高等学校电气类专业教学指导委员会 副主任委员

吴晓蓓　南京理工大学 教授，教育部高等学校自动化类专业教学指导委员会 副主任委员

刘　丁　西安理工大学 教授，教育部高等学校自动化类专业教学指导委员会 副主任委员

廖瑞金　重庆大学 教授，教育部高等学校电气类专业教学指导委员会 副主任委员

尹项根　华中科技大学 教授，教育部高等学校电气类专业教学指导委员会 副主任委员

李少远　上海交通大学 教授，教育部高等学校自动化类专业教学指导委员会 副主任委员

林　松　机械工业出版社 编审 副社长

委员（按姓氏笔画排序）

于海生	青岛大学 教授	王　平	重庆邮电大学 教授
王　超	天津大学 教授	王再英	西安科技大学 教授
王志华	中国电工技术学会 教授级高级工程师	王明彦	哈尔滨工业大学 教授
		王保家	机械工业出版社 编审
王美玲	北京理工大学 教授	韦　钢	上海电力学院 教授
艾　欣	华北电力大学 教授	李　炜	兰州理工大学 教授
吴在军	东南大学 教授	吴成东	东北大学 教授
吴美平	国防科技大学 教授	谷　宇	北京科技大学 教授
汪贵平	长安大学 教授	宋建成	太原理工大学 教授
张　涛	清华大学 教授	张卫平	北方工业大学 教授
张恒旭	山东大学 教授	张晓华	大连理工大学 教授
黄云志	合肥工业大学 教授	蔡述庭	广东工业大学 教授
穆　钢	东北电力大学 教授	鞠　平	河海大学 教授

序

工程教育在我国高等教育中占有重要地位，高素质工程科技人才是支撑产业转型升级、实施国家重大发展战略的重要保障。当前，世界范围内新一轮科技革命和产业变革加速进行，以新技术、新业态、新产业、新模式为特点的新经济蓬勃发展，迫切需要培养、造就一大批多样化、创新型卓越工程科技人才。目前，我国高等工程教育规模世界第一。我国工科本科在校生约占我国本科在校生总数的 1/3，近年来我国每年工科本科毕业生约占世界总数的 1/3 以上。如何保证和提高高等工程教育质量，如何适应国家战略需求和企业需要，一直受到教育界、工程界和社会各方面的关注。多年以来，我国一直致力于提高高等教育的质量，组织并实施了多项重大工程，包括卓越工程师教育培养计划（以下简称卓越计划）、工程教育专业认证和新工科建设等。

卓越计划的主要任务是探索建立高校与行业企业联合培养人才的新机制，创新工程教育人才培养模式，建设高水平工程教育教师队伍，扩大工程教育的对外开放。计划实施以来，各相关部门建立了协同育人机制。卓越计划要求试点专业要大力改革课程体系和教学形式，依据卓越计划培养标准，遵循工程的集成与创新特征，以强化工程实践能力、工程设计能力与工程创新能力为核心，重构课程体系和教学内容；加强跨专业、跨学科的复合型人才培养；着力推动基于问题的学习、基于项目的学习、基于案例的学习等多种研究性学习方法，加强学生创新能力训练，"真刀真枪"做毕业设计。卓越计划实施以来，培养了一批获得行业认可、具备很好的国际视野和创新能力、适应经济社会发展需要的各类型高质量人才，教育培养模式改革创新取得突破，教师队伍建设初见成效，为卓越计划的后续实施和最终目标的达成奠定了坚实基础。各高校以卓越计划为突破口，逐渐形成各具特色的人才培养模式。

2016 年 6 月 2 日，我国正式成为工程教育"华盛顿协议"第 18 个成员，标志着我国工程教育真正融入世界工程教育，人才培养质量开始与其他成员达到了实质等效，同时，也为以后我国参加国际工程师认证奠定了基础，为我国工程师走向世界创造了条件。专业认证把以学生为中心、以产出为导向和持续改进作为三大基本理念，与传统的内容驱动、重视投入的教育形成了鲜明对比，是一种教育范式的革新。通过专业认证，把先进的教育理念引入了我国工程教育，有力地推动了我国工程教育专业教学改革，逐步引导我国高等工程教育实现从课程导向向产出导向转变、从以教师为中心向以学生为中心转变、从质量监控向持续改进转变。

在实施卓越计划和开展工程教育专业认证的过程中，许多高校的电气工程及其自动化、自动化专业结合自身的办学特色，引入先进的教育理念，在专业建设、人才培养模式、教学内容、教学方法、课程建设等方面积极开展教学改革，取得了较好的效果，建设了一大批优质课程。为了将这些优秀的教学改革经验和教学内容推广给广大高校，中国工程教育专业认证协会电子信息与电气工程类专业认证分委员会、教育部高等学校电气类专业教学指导委员会、教育部高等学校自动化类专业教学指导委员会、中国机械工业教育协会自动化学科教学委员会、中国机械工业教育协会电气工程及其自动化学科教学委员会联合组织规划了"卓越工程能力培养与工程教育专业认证系列规划教材（电气工程及其自动化、自动化专业）"。本套教材通过国家新闻出版广电总局的评审，入选了"十三五"国家重点图书。本套教材密切联系行业和市场需求，以学生工程能力培养为主线，以教育培养优秀工程师为目标，突出学生工程理念、工程思维和工程能力的培养。本套教材在广泛吸纳相关学校在"卓越工程师教育培养计划"实施和工程教育专业认证过程中的经验和成果的基础上，针对目前同类教材存在的内容滞后、与工程脱节等问题，紧密结合工程应用和行业企业需求，突出实际工程案例，强化学生工程能力的教育培养，积极进行教材内容、结构、体系和展现形式的改革。

经过全体教材编审委员会委员和编者的努力，本套教材陆续跟读者见面了。由于时间紧迫，各校相关专业教学改革推进的程度不同，本套教材还存在许多问题。希望各位老师对本套教材多提宝贵意见，以使教材内容不断完善提高。也希望通过本套教材在高校的推广使用，促进我国高等工程教育教学质量的提高，为实现高等教育的内涵式发展贡献一份力量。

卓越工程能力培养与工程教育专业认证系列规划教材
（电气工程及其自动化、自动化专业）
编审委员会

前　言

MATLAB 具有强大的数据处理能力，提供了矩阵运算函数、数学处理函数、控制理论工具箱、Simulink 工具箱等，可完成分析系统的性能指标、对系统进行图形仿真设计的任务，实现对控制系统稳定性、准确性和快速性的判别。

本书的最大特色是将 MATLAB 软件与自动化应用融为一体，含有控制系统频域法设计、PID 控制器设计、状态空间极点配置及最优化设计。书中的大量案例以 MATLAB 命令程序为核心，一方面帮助使用者学习 MATALB 的编程方法，另一方面为学习自动控制理论的程序设计提供支持。**本书配套 MOOC，读者可登录中国大学 MOOC 网（http：//www.icourse163.org），搜索课程"自动控制理论实验"进行辅助学习。**

本书以自动控制原理的分析方法为依据，力求解决自动化中的工程应用问题。在 MATLAB 软件应用上，讲解了变量、M 文件的编写、函数使用的命令规则、二维及三维绘图、Simulink 的图形化仿真步骤以及界面设计。

本书根据自动控制理论中时域、频域、根轨迹和状态空间理论，列举了时域的峰值时间、稳态时间、上升时间、超调量、稳态误差等动态特性参数分析，频域中的幅值裕量、相位裕量、穿越频率、根轨迹校正及状态空间极点配置的求解方法。书中包含典型环节、二阶系统阶跃响应、劳斯稳定判据、伯德图、根轨迹校正、超前和滞后校正、状态反馈系统矩阵求解及 PID 参数设计等，以计算机为核心，以案例为导向，为学生自行设计被控对象、分析系统性能指标、设计校正环节、实现控制器参数设计奠定了基础。

本书可作为高等院校自动化、电气工程及其自动化等专业的教材，也可供工程技术人员自学参考。

由于水平有限，书中存在缺点和错误在所难免，恳请广大读者批评指正。

编　者

目　　录

序

前言

第1章　MATLAB 的功能和基本应用 ································· 1

　1.1　MATLAB R2016a 的工作环境 ······························· 1

　　1.1.1　MATLAB R2016a 窗口界面 ··························· 1

　　1.1.2　MATLAB R2016a 工具栏菜单 ······················· 2

　　1.1.3　MATLAB R2016a 的主要功能 ······················· 3

　　1.1.4　MATLAB 窗口常用操作命令 ························· 4

　　1.1.5　MATLAB 新建变量 ································· 5

　1.2　MATLAB 语言基础 ···································· 5

　　1.2.1　变量命令规则 ···································· 5

　　1.2.2　全局变量与数据类型 ································ 6

　　1.2.3　常用标点符号及功能 ································ 8

　1.3　代数运算 ··· 9

　　1.3.1　MATLAB 的常量表示 ······························ 9

　　1.3.2　基本运算 ······································· 9

　　1.3.3　数学函数 ······································· 13

　　1.3.4　转换函数 ······································· 16

　　1.3.5　字符串操作函数 ··································· 17

　　1.3.6　判断数据类型函数 ································· 17

　　1.3.7　文件操作函数 ···································· 18

　　1.3.8　常用特殊矩阵 ···································· 19

　　1.3.9　句柄函数 ······································· 20

　　1.3.10　数组表示 ······································ 21

　1.4　多项式处理 ······································· 23

　　1.4.1　多项式的四则运算 ································· 23

　　1.4.2　多项式求根 ····································· 24

　　1.4.3　多项式求导 ····································· 24

　　1.4.4　多项式求解 ····································· 25

　1.5　空间向量表示 ······································ 26

　　1.5.1　用线性等间距生成向量矩阵 ·························· 26

　　1.5.2　线性及对数空间表示 ································ 26

1.6 逻辑函数 ·· 27

1.6.1 查找函数 ·· 27

1.6.2 测试向量函数 ·· 28

1.7 符号运算 ·· 28

1.7.1 符号变量表示 ·· 29

1.7.2 常用符号运算 ·· 31

1.7.3 求解符号方程 ·· 33

1.7.4 傅里叶变换与反变换 ·· 36

1.7.5 拉普拉斯变换与反变换 ·· 37

1.7.6 Z 变换与 Z 反变换 ··· 37

1.7.7 符号极限 ·· 38

1.7.8 符号导数 ·· 38

1.7.9 符号积分 ·· 39

1.7.10 级数 ·· 40

1.8 插值运算 ·· 41

第 2 章 MATLAB 程序设计 ·· **45**

2.1 数据的输入和输出 ·· 45

2.1.1 数据输入 ·· 45

2.1.2 数据输出 ·· 46

2.2 程序结构 ·· 47

2.2.1 顺序结构 ·· 47

2.2.2 选择结构 ·· 48

2.2.3 循环结构 ·· 52

2.2.4 try 语句 ·· 57

2.3 M 文件 ·· 58

2.3.1 脚本文件与函数文件 ·· 58

2.3.2 函数文件的使用 ··· 59

2.4 文件操作 ·· 60

2.4.1 文件的打开 ··· 61

2.4.2 二进制文件的读写 ·· 61

2.4.3 文件的关闭 ··· 62

2.4.4 文本文件的读写 ··· 63

2.4.5 文件定位和文件状态 ·· 65

2.4.6 按行读取数据 ·· 66

第 3 章 MATLAB 的静态与动态绘图功能 ·· **67**

3.1 二维绘图功能 ·· 67

3.1.1 绘制一般函数曲线 ·· 67

3.1.2　图形对象及其句柄 ……………………………………………… 71
3.1.3　绘制对数坐标图 ………………………………………………… 74
3.1.4　绘制特殊二维图形函数曲线 …………………………………… 75
3.1.5　绘制符号函数曲线 ……………………………………………… 76
3.2　三维绘图功能 ………………………………………………………… 79
3.2.1　绘制三维空间曲线 ……………………………………………… 79
3.2.2　绘制网格矩阵 …………………………………………………… 80
3.2.3　绘制常用三维图形 ……………………………………………… 81
3.2.4　绘制三维曲面图 ………………………………………………… 83
3.2.5　特殊三维立体图 ………………………………………………… 87
3.2.6　图形颜色的修饰 ………………………………………………… 90
3.2.7　色彩的渲染 ……………………………………………………… 91
3.3　创建动画过程 ………………………………………………………… 92
3.3.1　三维图形不同姿态 ……………………………………………… 92
3.3.2　动画函数 ………………………………………………………… 93
3.3.3　创建动画步骤 …………………………………………………… 94
3.4　图像动画 ……………………………………………………………… 98
3.4.1　图像文件操作 …………………………………………………… 98
3.4.2　播放电影动画 …………………………………………………… 98
3.4.3　电影动画文件保存 ……………………………………………… 99

第4章　MATLAB 在时域分析中的应用 ………………………………… 101
4.1　传递函数的建立方法及形式转换 …………………………………… 101
4.1.1　自动控制理论中常用传递函数的表示 ………………………… 101
4.1.2　传递函数的形式转换 …………………………………………… 105
4.1.3　多项式传递函数分解 …………………………………………… 108
4.2　框图化简 ……………………………………………………………… 109
4.2.1　串联结构 ………………………………………………………… 109
4.2.2　并联结构 ………………………………………………………… 110
4.2.3　反馈结构 ………………………………………………………… 111
4.2.4　复杂结构 ………………………………………………………… 112
4.3　二阶系统阶跃响应 …………………………………………………… 114
4.3.1　典型二阶系统 …………………………………………………… 114
4.3.2　阶跃响应曲线 …………………………………………………… 115
4.3.3　计算二阶系统特征参数 ………………………………………… 117
4.4　提高系统动态品质的方法 …………………………………………… 121
4.4.1　微分反馈 ………………………………………………………… 121
4.4.2　串联比例微分环节 ……………………………………………… 121
4.5　高阶系统稳定性分析 ………………………………………………… 123

4.5.1 特征方程的根对稳定性的影响 ……………………………………………… 123

4.5.2 使用劳斯判据分析系统稳定性 …………………………………………… 124

4.5.3 系统零极点对稳定性的影响 ……………………………………………… 127

4.5.4 系统增益对稳定性的影响 ………………………………………………… 129

4.5.5 控制系统稳态误差计算 …………………………………………………… 131

第5章 MATLAB 在频域及根轨迹分析的应用 …………………………………… **136**

5.1 频域分析法 ……………………………………………………………………… 136

5.1.1 绘制伯德图 ………………………………………………………………… 136

5.1.2 绘制奈奎斯特曲线 ………………………………………………………… 140

5.1.3 绘制尼柯尔斯图 …………………………………………………………… 142

5.1.4 控制系统频域设计 ………………………………………………………… 142

5.2 频域法校正设计 ………………………………………………………………… 146

5.2.1 频域法超前校正 …………………………………………………………… 147

5.2.2 频域法滞后校正 …………………………………………………………… 151

5.2.3 频域法超前-滞后校正 ……………………………………………………… 156

5.3 绘制根轨迹 ……………………………………………………………………… 160

5.3.1 绘制根轨迹的基本规则 …………………………………………………… 160

5.3.2 根轨迹函数 ………………………………………………………………… 161

5.3.3 使用根轨迹确定闭环特征根 ……………………………………………… 162

5.3.4 使用根轨迹判定系统稳定性 ……………………………………………… 163

5.3.5 绘制指定参数根轨迹 ……………………………………………………… 164

5.3.6 绘制零度根轨迹 …………………………………………………………… 164

5.4 根轨迹法校正设计 ……………………………………………………………… 165

5.4.1 根轨迹校正的作用 ………………………………………………………… 165

5.4.2 根轨迹超前校正 …………………………………………………………… 166

5.4.3 根轨迹滞后校正 …………………………………………………………… 170

第6章 MATLAB 在状态空间分析中的应用 …………………………………… **174**

6.1 极点配置与状态反馈 …………………………………………………………… 174

6.1.1 基本概念 …………………………………………………………………… 174

6.1.2 极点配置的条件 …………………………………………………………… 175

6.1.3 极点配置的原理方法 ……………………………………………………… 176

6.1.4 系统的可控性与可观测性 ………………………………………………… 177

6.1.5 极点配置 …………………………………………………………………… 179

6.2 最优二次型设计 ………………………………………………………………… 191

6.2.1 连续系统最优二次型设计 ………………………………………………… 191

6.2.2 离散系统最优二次型设计 ………………………………………………… 193

6.2.3 对输出加权的最优二次型设计 …………………………………………… 195

6.2.4 Kalman 滤波器 ·· 196

第7章 Simulink 在自动控制理论中的仿真 ······················· **200**

7.1 Simulink 仿真模型及参数设置 ································ 200
7.1.1 基本模块 ··· 200
7.1.2 模块的参数和属性设置 ································· 205
7.2 Simulink 仿真命令 ·· 207
7.2.1 运行命令 ··· 207
7.2.2 线性化处理命令 ·· 207
7.2.3 构建模型命令 ·· 207
7.2.4 输入、输出操作命令 ···································· 212
7.3 六种典型环节仿真分析 ······································· 213
7.3.1 比例环节特性 ·· 213
7.3.2 积分环节特性 ·· 214
7.3.3 微分环节特性 ·· 214
7.3.4 惯性环节特性 ·· 215
7.3.5 比例积分环节特性 ······································· 215
7.3.6 比例微分环节特性 ······································· 216
7.4 二阶系统及高阶系统阶跃响应仿真 ······················· 216
7.4.1 二阶系统阶跃响应仿真 ································· 216
7.4.2 高阶系统阶跃响应分析 ································· 217
7.5 串联校正仿真 ·· 219
7.5.1 串联超前校正仿真 ······································· 219
7.5.2 串联滞后校正仿真 ······································· 221
7.5.3 串联超前-滞后校正仿真 ································ 222
7.6 极点配置与状态空间仿真 ···································· 223

第8章 Simulink 在 PID 控制器中的应用 ······················· **225**

8.1 PID 控制器概述 ··· 225
8.1.1 PID 控制系统的组成 ····································· 225
8.1.2 PID 控制器的表示方法及仿真 ························· 225
8.1.3 PID 控制器的作用 ······································· 226
8.2 使用试凑法设计 PID 参数 ··································· 227
8.3 使用 Ziegler- Nichols 法设计 PID 参数 ··················· 231
8.4 使用科恩-库恩法设计 PID 参数 ··························· 232
8.5 使用衰减曲线法设计 PID 参数 ····························· 235
8.6 使用临界比例度法设计 PID 参数 ·························· 238
8.7 使用 Smith 预估器设计 PID 参数 ·························· 240
8.8 使用串级控制仿真 PID 控制参数 ·························· 243

8.9 使用前馈-反馈控制仿真 PID 参数 ··· 245

第 9 章 MATLAB 界面设计 ·· **249**

9.1 图形用户界面开发环境 ··· 249
9.1.1 创建界面应用程序 ·· 249
9.1.2 使用空白界面建立应用程序 ··· 250
9.1.3 使用控制界面建立应用程序 ··· 252
9.1.4 使用坐标轴界面建立应用程序 ·· 253
9.1.5 使用信息对话框界面建立应用程序 ···································· 254
9.1.6 创建标准对话框 ·· 255
9.2 MATLAB 句柄式图形对象 ·· 258
9.2.1 句柄式图形对象 ·· 258
9.2.2 创建图形句柄 ·· 259
9.3 回调函数 ··· 261
9.3.1 回调函数格式 ·· 261
9.3.2 回调函数使用说明 ··· 261
9.4 控件工具及属性 ··· 262
9.4.1 控件对象类型及描述 ·· 262
9.4.2 控件对象控制属性 ··· 262
9.5 界面设计 ··· 263
9.6 菜单设计 ··· 274
9.6.1 弹出式菜单 ··· 274
9.6.2 下拉式菜单 ··· 276
9.6.3 快捷菜单 ·· 279
9.7 对话框设计 ·· 281
9.7.1 对话框操作 ··· 281
9.7.2 专用对话框 ··· 282

参考文献 ·· **287**

第1章

MATLAB 的功能和基本应用

    MATLAB 软件为科学计算、可视化及交互式程序设计提供了一个操作平台。它将数值计算、矩阵分析、图形绘制、用户界面（UI）设计、动态系统建模、仿真、与其他编程语言的交互等诸多强大功能集成在一个视窗环境中，为科学研究、工程设计提供了一种全面的解决方案。MATLAB 主要应用于自动控制、信号处理与通信、图像处理、信号检测、机械、化工、金融建模、设计与分析等领域。尤其是其提供的大量数据优化处理工具箱，使得编程变得既简单又快捷，为自动控制理论中古典控制、现代控制所涉及的时域、频域、根轨迹分析和状态空间分析等提供了有力帮助。MATLAB 自问世以来，受到全世界工科院校的学生、老师以及研究所的科技工作者们的一致认可。其中的 Simulink 图形化仿真工具箱操作简单、使用方便，使用者在很短的时间内即可学会操作，并能迅速解决原来通过计算难以求解的精度问题。使用 MATLAB 来代替手工计算，对于分析控制系统中的数学模型具有重要的意义。

1.1　MATLAB R2016a 的工作环境

1.1.1　MATLAB R2016a 窗口界面

    本书采用的软件版本为 MATLAB R2016a。打开 MATLAB R2016a，窗口界面如图 1.1 所示，其默认设置下分为标题栏、菜单栏、命令编辑区三部分。其中，命令行窗口（Command Window）是人机交互的主要场所，命令行窗口的编辑区内以"＞＞"为提示符，表示 MATLAB 已经准备完毕，处于等待状态。当在提示符后面输入一句或一段运算式并按回车键后，MATLAB 会立即给出答案并再次进入等待状态。单击【新建脚本】，即可打开编制程序的窗口。

    1）在命令行窗口一次可输入一条或几条命令，按回车键即可执行，操作简单直观，但命令不能保存修改。

    2）在"编辑器"窗口中键入的命令语句需要存储成扩展名为 .m 的文件，称为程序文件或脚本文件，可以保存修改。单击"运行按钮"或直接按功能键"F5"即可执行程序并输出结果。多条命令建议用 M 编辑器编写程序（.m 文件）文件，它可随时修改、保存并提高程序运行速度。

    3）运行 M 文件产生的结果及错误提示，默认在命令行窗口中输出。

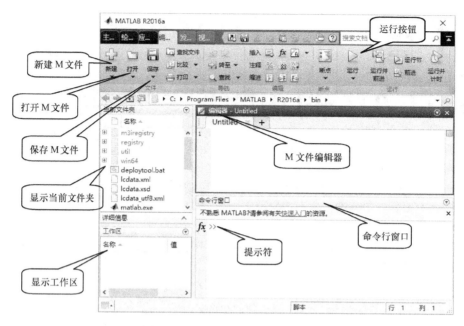

图 1.1　MATLAB R2016a 窗口界面

1.1.2　MATLAB R2016a 工具栏菜单

MATLAB R2016a 工具栏菜单设置分为文件、变量、代码、SIMULINK 和环境五部分，最常用的是文件操作。单击【新建脚本】立即弹出实时编辑器窗口，可以编辑程序文件；单击【新建】出现一下拉菜单框，主要功能包括脚本、实时脚本、函数等 12 项子菜单，如图 1.2 所示。

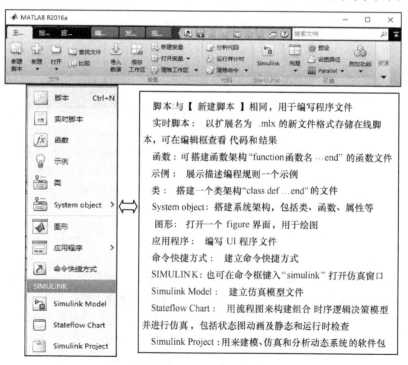

图 1.2　MATLAB R2016a 工具栏菜单

1.1.3 MATLAB R2016a 的主要功能

MATLAB R2016a 版本的实时编辑器，提供了一种全新的方式来创建、编辑和运行代码，加快了探索性编程和分析速度。另外，MATLAB 还提供了在线编辑器，用于开发包含结果和图形以及相关代码的实时脚本，创建用于分享的交互式描述，包括代码、结果和图形以及格式化文本、超链接、图像和方程式等。

MATLAB R2016a 具有程序结构控制、函数调用、数据结构、输入输出、面向对象等程序语言特征，主要包括四大部分：

1）命令行窗口：在命令行窗口输入单条语句直接运行，输入多条语句则按照顺序执行命令，如图 1.3 所示。

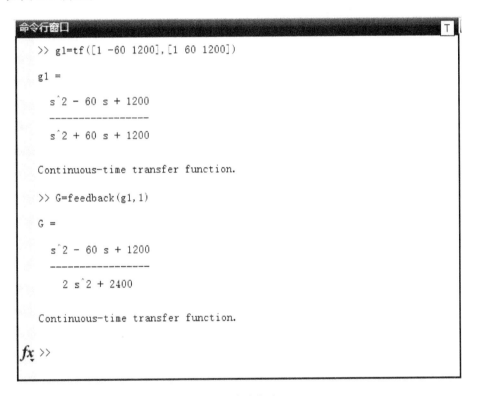

图 1.3　命令行窗口

2）语言环境：通过脚本编辑器编写命令或调用系统提供的各种函数建立 M 文件，使用设计环境和扩展 UI 组件集，可构建带有线条图和散点图的应用界面，建立可视化的界面应用程序。还能使用接口函数与其他多种语言程序链接与嵌入，成为应用研究开发的交互式平台。

3）Simulink 仿真：建立各种仿真模型，搭接各种被控对象，使用多种输入、输出手段进行仿真。

4）GUIDE：构建 2D 或 3D 的基本图形和应用程序。GUIDE 是 MATLAB 为开发 GUI 界面集成的开发环境，包括常用的文本、下拉列表、组合框、按钮及坐标轴等控件，并能自动产生 M 文件。

此外，MATLAB 含有近百个工具箱，包括：信号处理工具箱、图像处理工具箱、通信工具箱、鲁棒控制工具箱、频域系统辨识工具箱、优化工具箱、偏微分方程工具箱、控制系统工具箱等。利用这些工具箱，用户不用编写程序即可实现复杂的计算、绘图和数据处理功能，并能结合自己的工作需要，开发自己的程序或工具箱。

MATLAB 的应用非常广泛，包括数值计算、图像处理、符号运算、数学建模、控制系统设计、实时控制、系统辨识、小波分析、动态仿真、语音处理、数字信号处理、人工智能、通信工程等领域。MATLAB 还增加了深度学习功能，可实现图像中的像素区域分类和语义分割。

1.1.4 MATLAB 窗口常用操作命令

打开 MATLAB，首先显示命令行窗口，它是主要交互窗口，用于输入 MATLAB 命令、函数、数组、表达式等信息，并显示图形以外的所有计算结果及程序错误信息，其命令都在" >> "提示符下输入。窗口常用操作命令见表 1-1。

表 1-1　窗口常用操作命令

命令	说　明	命令	说　明
clc	清除指令窗口	dir	可以查看当前工作目录的文件
clf	清除图形对象	save	保存工作区或工作区中任何指定文件
clear	清除工作区所有变量，释放内存	load	将 .mat 文件导入到工作区
clear all	清除工作区所有变量和函数	quit/exit	退出 MATLAB 系统
whos	列出工作空间中的变量名、大小、类型	close	关闭指定窗口
who	只列出工作空间中的变量名	which	列出文件所在目录
what	列出当前目录下的 .m 和 .mat 文件	path	启动搜索路径
delete	删除指定文件	%	注释语句
help	显示帮助信息	Ctrl + E	光标移动到行尾
Ctrl + Z	返回上一项操作	Ctrl + C	中断正在执行的命令
Ctrl + B	光标向前移动一个字符	Ctrl + K	删除到行尾
Ctrl + Q	强行退出 MATLAB 系统	Ctrl + U	清除光标所在行

1）在命令窗口键入的命令，回车即可执行，每行可写入一条或多条命令，多条命令用分号隔开，但添加分号后的变量结果不显示在屏幕上。

2）若命令有错误必须重新键入，不能修改，键入的命令和结果不能保存。

3）若将工作区中的所有变量保存在文件中，文件名为 matlab.mat。

【例 1-1】　计算 $y = \dfrac{3\sin(0.8\pi)}{2 + \sqrt{11}}$

程序命令：

```
>> clc;
>> y = 3 * sin(0.8 * pi)/(2 + sqrt(11))
```

结果：

y = 0.024

说明：sqrt 为求平方根函数，详见 1.3.3 节数学函数的介绍。

【例 1-2】 存储命令 save 和导入命令 load 的使用。

程序命令：

```
>> x = [0:0.1:5]              % x 从 0 开始到 5,每隔 0.1 取一个值
>> y = cos (x)                % 计算 x 的余弦值
>> save filexy x y            % 把变量 x、y 存入 filexy.mat 文件中
>> z = 'study MATLAB R2016a'  % 将字符串赋给 z 变量
>> save filexy z -append      % 把变量追加存入 filexy.mat 文件中
>> clear                      % 清空工作间所有变量
>> load filexy                % 调用 filexy.mat 文件到工作间
>> save filexy -ascii         % 把 filexy 文件存储为文本文件
```

说明：使用存储命令时需要先单击右键选择以管理员方式打开，否则会出现"错误使用 save，无法写入文件 filexy：权限被拒绝"的提示信息。

1.1.5 MATLAB 新建变量

变量工作区有导入数据、保存工作区、新建变量、打开变量和清除工作区菜单等，其中单击【新建变量】则打开一个二维表，类似 excel 表，默认文件名是 unnamed1、unnamed2 等，如图 1.4 所示。

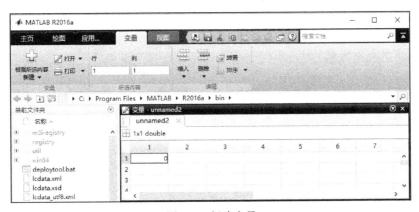

图 1.4 新建变量

1.2 MATLAB 语言基础

1.2.1 变量命令规则

MATLAB 变量名、函数名及文件名由字母、数字或下划线组成，区分大小写，如 myVar

与 myvar 表示两个不同的变量。基本规则包括：

1）要避免与系统的预定义变量名、函数名、保留字同名。

2）变量名第一个字母必须是英文字母。

3）变量名可以包含英文字母、下划线和数字。

4）变量名不能包含空格和标点符号。

5）变量名最多可包含 63 个字符。

6）如果运算结果没有赋予任何变量，系统则将其赋予 ans，它是特殊变量，只保留最新值。

1.2.2 全局变量与数据类型

1. 全局变量

全局变量的作用域是整个 MATLAB 工作空间，所有的函数都可以对它进行存取和修改。在函数文件中定义变量为局部变量，它只在函数内有效。在该函数返回后，这些变量会自动在 MATLAB 工作空间中清除掉，这与文本文件是不同的。

语法格式：

```
global <变量名>      %定义一个全局变量
```

说明：

1）各个函数之间以及命令行窗口的工作间中，内存空间都是独立的，不能互相访问。初始化时仅需声明一次，用时需再声明一次（在一个内存空间里声明 global，在另一个内存空间里使用这个 global 时需要再次声明 global，各内存空间声明一次即可）。如果只在某个内存空间使用一次，在全局变量影响内存空间变量时，可使用 clear 命令清除变量名。

2）如果一个函数内的变量没有特别声明，那么这个变量只在函数内部使用，即为局部变量。如果两个或多个函数共用一个变量（或者在子程序中也要用到主程序中的变量，注意不是参数），那么可以用 global 声明为全局变量。全局变量的使用可以减少参数传递，合理利用全局变量能够提高程序执行的效率。

3）如果需要用到其他函数的变量，就要利用在主程序与子程序中都分别声明全局变量的方式实现变量的传递，否则函数体内使用的都为局部变量。

4）子程序较多时，全局变量将给程序调试和维护带来不便，一般不使用全局变量。如果必须要用全局变量，原则上全部用大写字母表示，以免和其他变量混淆。

2. 数据类型

MATLAB 中有 15 种基本数据类型，分别是有符号整数型、无符号整数型、单精度浮点型、双精度浮点型、字符串型、结构体型、函数句柄型、逻辑型和单元数组型，如图 1.5 所示。

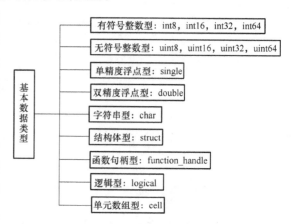

有符号整数型：int8, int16, int32, int64

无符号整数型：uint8, uint16, uint32, uint64

单精度浮点型：single

双精度浮点型：double

字符串型：char

结构体型：struct

函数句柄型：function_handle

逻辑型：logical

单元数组型：cell

基本数据类型

图 1.5 MATLAB 的基本数据类型

1）整数：有符号数和无符号数使用整型变量和单精度变量可以节约内存空间。

2）浮点数：在默认状态下，MATLAB 将所有的数都看作是双精度的浮点数。即：直接输入变量值创建的是 double 类型，创建 single 类型需要用输入类型转换函数。其他类型函数可以利用转换函数存储为需要的类型，如果有小数部分，自动四舍五入处理。其表示方法见表 1-2。

表 1-2　字符类型表示

表　　示	说　　明	表　　示	说　　明
uchar	无符号字符	uint16	16 位无符号整数
schar	带符号字符	uint32	32 位无符号整数
int8	8 位带符号整数	uint64	64 位无符号整数
int16	16 位带符号整数	float32	32 位浮点数
int32	32 位带符号整数	float64	64 位浮点数
int64	64 位带符号整数	double	64 位双精度数
uint8	8 位无符号整数	—	—

【例 1-3】　在 M 文件编辑器中输入程序命令并运行和保存。

程序命令：

```
>> a1 = int8(10);a2 = int16(-20);a3 = int32(-30);a4 = int64(40)
>> b1 = uint8(50);b2 = uint16(60);b3 = uint32(70);b4 = uint64(80)
>> c1 = single(-90.99);d1 = double(3.14159);f1 = 'Hello'
>> g1.name = 'jiang';h1 = @sind;i1 = true;j1{2,1} = 100
```

键入 whos（查看内存变量）后的结果：

```
Name    Size    Bytes    Class             Attributes
a1      1x1     1        int8
a2      1x1     2        int16
a3      1x1     4        int32
a4      1x1     8        int64
ans     1x1     8        double
b1      1x1     1        uint8
b2      1x1     2        uint16
b3      1x1     4        uint32
b4      1x1     8        uint64
c1      1x1     4        single
d1      1x1     8        double
f1      1x5     10       char
g1      1x1     186      struct
h1      1x1     32       function_handle
i1      1x1     1        logical
j1      2x1     128      cell
```

7

说明：当双精度浮点型参与运算时，返回值的类型依赖于参与运算中的其他数据类型。当双精度浮点型与逻辑型、字符型进行运算时，返回结果为双精度浮点型，而与整数型进行运算时，返回结果为相应的整数型；与单精度浮点型运算时，返回单精度浮点型。单精度浮点型与逻辑型、字符型和任何浮点型进行运算时，返回结果都是单精度浮点型。例如：

程序命令：

```
>> clc;b=int16(23);c=6.28;z=b+c
>> class(z)
```

结果：

```
z=29
ans=int16
```

注意： 单精度浮点型不能和整数型进行算术运算，整数只能与相同类的整数或标量双精度值组合使用。例如：

程序命令：

```
>> clc;%清屏
>> a=single(3.14);b=int16(23);a+b
```

结果：

显示"错误使用 +"的信息提示。

1.2.3 常用标点符号及功能

常用的标点符号及功能见表 1-3。

表 1-3 常用的标点符号及功能

名　称	符　号	功　能
空格		输入变量之间的分隔符以及数组行元素之间的分隔符
逗号	,	输入变量之间的分隔符或矩阵行元素之间的分隔符，也可用于显示计算结果分隔符
点号	.	数值中的小数点
分号	;	用于矩阵或数组元素行之间的分隔符，或不显示计算结果
冒号	:	生成一维数值数组，表示一维数组的全部元素或多维数组的某一维的全部元素
百分号	%	注释的前面，在它后面的命令不需要执行
单引号	' '	括住字符串
圆括号	( )	引用矩阵或数组元素；用于函数输入变量列表；用于确定算术运算的先后次序
方括号	[ ]	构成向量和矩阵；用于函数输出列表
花括号	{ }	构成元胞数组
下划线	_	一个变量、函数或文件名中的连字符
续行号	…	把后面的行与该行连接以构成一个较长的命令
"at"	@	放在函数名前形成函数句柄；用于放在目录名前形成用户对象类目录

1.3 代数运算

MATLAB 被称为"演算纸"式的高级语言,具有移植性、开放性好、语句简单,内涵丰富及高效等特点。所有的代数计算都是基于矩阵运算的处理工具,它把每个变量全部看成矩阵,即使一个常数,也看作是一个 1×1 矩阵。例如:A = 1;B = 2;C = A + B,其中 A、B、C 都看作矩阵,执行的是矩阵的加运算。若不写 C,系统默认用 ans 作为结果变量。

1.3.1 MATLAB 的常量表示

MATLAB 的常量表示见表 1-4。

表 1-4 常量表示

命 令	功 能
pi	圆周率 π 的双精度浮点型表示
Inf	无穷大,∞ 写成 Inf,$-\infty$ 为 $-$ Inf
NaN	不定式,代表"非数值量",通常由 0/0 或 Inf/Inf 运算得出
eps	正的极小值,$eps = 2^{-32}$
realmin	最小正实数
realmax	最大正实数
i、j	若 i 和 j 不被定义,则它们表示纯虚数量,,即 $i = sqrt(-1)$
ans	默认表达式的运算结果变量

1.3.2 基本运算

1. 算术运算符

算术运算符见表 1-5。

表 1-5 算术运算符

运 算 符	说 明	运 算 符	说 明
+	矩阵相加	\	矩阵左除
−	矩阵相减	.\	点左除
*	矩阵相乘	./	点右除
.*	点乘	^	乘方
/	矩阵右除	.^	点乘方

1)矩阵相加减应具有相同的行和列,以便各元素对应相加减。当矩阵与标量相加减时,矩阵的各元素都将与该标量进行运算。

2)点运算是一种特殊的运算,运算符包括".*"".∕"".\"和".^",分别表示点乘、点右除、点左除和点乘方,两矩阵进行点运算是指它们的对应元素进行相关运算,且要求两矩阵的维数相同。A.\B 表示矩阵 B 中的每个元素除以矩阵 A 的对应的元素,A.∕B 表示矩阵 A 中的每个元素除以矩阵 B 的对应的元素。

3）左除、右除：A 左除 B（A \ B）表示矩阵 A 的逆乘以矩阵 B，即 inv（A）* B；A 右除 B（A/B）表示矩阵 A 乘以矩阵 B 的逆，即 A * inv（B）。当 A 为非奇异矩阵时，x = A \ B 是方程 A * x = B 的解，而 x = B/A 是方程 x * A = B 的解。

4）一个矩阵的乘方运算可以表示成 A^x，要求 A 为方阵，x 为标量。

【例 1-4】 已知矩阵 A 和 B，求两个矩阵的加、减、乘、除以及 A 点乘 B、A 点除 B 和 A 的二次方。

$$A = \begin{pmatrix} 1 & 2 & 3 \\ 4 & 5 & 6 \\ 7 & 8 & 9 \end{pmatrix} \quad B = \begin{pmatrix} 1 & 0 & 3 \\ 5 & 9 & 13 \\ 7 & 12 & 11 \end{pmatrix}$$

程序命令：

```
>> A = [1,2,3;4,5,6;7,8,9];
>> B = [1,0,3;5,9,13;7,12,11];
>> C = A + B
>> D = A - B
>> E = A * B
>> F = A. * B
>> G = A/B                    %右除
>> G1 = A * inv(B)            %与 G 等价
>> H = A\B                    %左除
>> H1 = inv(A) * B            %与 H 等价
>> I = A. /B                  %点右除
>> J = A. \B                  %点左除
>> K = A^2                    %A 的二次方,相当于 A * A
```

结果：

```
C = 2        2        6           D = 0        2        0
    9        14       19              -1       -4       -7
    14       20       20              0        -4       -2
E = 32       54       62           F = 1        0        9
    71       117      143             20       45       78
    110      180      224             49       96       99
G = -0.0909  0.3030   -0.0606     G1 = -0.0909  0.3030   -0.0606
    1.0000   -0.3333  0.6667           1.0000   -0.3333  0.6667
    2.0909   -0.9697  1.3939           2.0909   -0.9697  1.3939
H = 1.0e +16 *                      H1 = 1.0e +16 *
    -0.6305  -1.8915  -3.7830          -0.6305  -1.8915  -3.7830
    1.2610   3.7830   7.5660           1.2610   3.7830   7.5660
    -0.6305  -1.8915  -3.7830          -0.6305  -1.8915  -3.7830
```

```
I =1.0000    Inf      1.0000           J =1.0000    0         1.0000
    0.8000   0.5556   0.4615               1.2500   1.8000    2.1667
    1.0000   0.6667   0.8182               1.0000   1.5000    1.2222
K =30       36        42
    66       81        96
    102      126       150
```

【例1-5】 A 和 B 矩阵的值如例 1-4，计算 A * A、A^2 与 A.^2。

程序命令：

```
>> A1 = A * A
>> B1 = A^2
>> L = A. ^2      %A 的二次方,加点表示对应元素求二次方
```

结果：

```
A1 =30    36    42              B1 =30    36    42
    66    81    96                  66    81    96
    102   126   150                 102   126   150
L =1      4     9
    16    25    36
    49    64    81
```

结论：A * A 等价于 A^2，但不等价于 A.^2。

【例1-6】 解方程组 $\begin{cases} 6x_1 + 3x_2 + 4x_3 = 3 \\ -2x_1 + 5x_2 + 7x_3 = -4 \\ 8x_1 - 4x_2 - 3x_3 = -7 \end{cases}$。

程序命令：

```
>> A = [6 3 4; -2 5 7;8 -4 -3];
>> B = [3; -4; -7];
>> x = A\B        % 左除求解
```

结果：

```
x = 0.6000
       7.0000
      -5.4000
```

MATLAB 把复数作为一个整体，像计算实数一样计算复数，语法格式：

```
z = a +bi    % a、b 为实数,i 表示虚数
```

【例1-7】 已知复数 $z1 = 3 + 4i$，$z2 = 1 + 2i$，$z3 = 2e^{\pi i/6}$，计算 $z = z1 * z2/z3$。

程序命令：

```
>> z1 = 3 + 4 * i;
>> z2 = 1 + 2 * i;
>> z3 = 2 * exp(i * pi/6);z = z1 * z2/z3
```

结果：

```
z = 0.3349 + 5.5801i
```

对于复数矩阵，常用两种输入方法，其结果相同，例如：

```
>> A = [1,2;3,4] + i * [5,6;7,8]
>> B = [1 + 5i,2 + 6i;3 + 7i,4 + 8i]
```

结果：

```
A = 1.0000 + 5.0000i   2.0000 + 6.0000i
    3.0000 + 7.0000i   4.0000 + 8.0000i
B = 1.0000 + 5.0000i   2.0000 + 6.0000i
    3.0000 + 7.0000i   4.0000 + 8.0000i
```

2. 关系运算符

关系运算符见表1-6。

表1-6　关系运算符

运　算　符	说　　明	运　算　符	说　　明
>	大于	< =	小于等于
> =	大于等于	= =	等于
<	小于	~ =	不等于

【例1-8】　关系运算符的使用。

程序命令：

```
>> y = [7,2,9] > 5
>> A = rand(3)
>> B = A < 0.5
```

结果：

```
y = 1    0    1
A = 0.3922    0.7060    0.0462
    0.6555    0.0318    0.0971
    0.1712    0.2769    0.8235
B = 1    0    1
    0    1    1
    1    1    0
```

3. 逻辑运算符

逻辑运算符见表1-7。

表1-7　逻辑运算符

运　算　符	说　　明
&	与运算
|	或运算
~	非运算

若元素为真，则用1表示；若元素为假，则用0表示。"&"和"｜"运算符可比较两个标量或两个同阶矩阵。如果A和B都是0-1矩阵，则A&B或A｜B也都是0-1矩阵，且0-1矩阵是A和B对应元素的逻辑值。逻辑运算符主要用在条件语句和数组索引中。

【例1-9】 逻辑运算的应用。

程序命令：

```
>> clc;
>> X = [true,false,true]
>> K = rand(3)
>> L = rand(3)
>> Y1 = K|L
>> Y2 = K& ~ K
```

结果：

```
X = 1       0       1
K = 0.0759   0.7792   0.5688        L = 0.3371   0.3112   0.6020
    0.0540   0.9340   0.4694            0.1622   0.5285   0.2630
    0.5308   0.1299   0.0119            0.7943   0.1656   0.6541
Y1 = 1   1   1                      Y2 = 0   0   0
     1   1   1                           0   0   0
     1   1   1                           0   0   0
```

1.3.3 数学函数

1）常用的数学函数见表1-8。

表1-8 常用的数学函数

函 数 名	含 义	函 数 名	含 义
abs(x)	绝对值（复数的模）	max(x)	每列最大值
min(x)	每列最小值	sum(x)	元素的总和
size(x)	矩阵最大元素数	mean(x)	各元素的平均值
sqrt(x)	二次方根	exp(x)	以 e 为底的指数
log(x)	自然对数	log10(x)	以 10 为底的对数
log2(x)	以 2 为底的对数	pow2(x)	2 的指数
sort(x)	对矩阵 x 按列排序	prod(x)	按列求矩阵 x 的积
rank(x)	矩阵的秩	inv(x)	矩阵的逆
det(x)	行列式值	length(x)	向量阵的长度（维数）
real(z)	复数 z 的实部	imag(z)	复数 z 的虚部
angle(z)	复数 z 的相角	conj(z)	复数 z 的共轭复数
rem(x, y)	x 除以 y 的余数	gcd(x, y)	x 和 y 的最大公因数
nnz(x)	非零元素个数	ndims(x)	矩阵的维数
trace(x)	矩阵对角元素的和	pinv(x)	伪逆矩阵
lcm(x, y)	x 和 y 最小公倍数	sign(x)	符号函数

sign(x) 函数意义为：当 x < 0 时，sign(x) = -1；当 x = 0 时，sign(x) = 0；当 x > 0 时，sign(x) = 1。

【例1-10】 已知矩阵 A，判断 A 是否满秩，若满秩，求 A 的逆矩阵并计算 A 的行列式的值。

程序命令：

```
>> A = [1,2,3;4,5,6;2,3,5];
>> B = rank(A)      % 求 A 的秩
>> C = inv(A)       % 求 A 的逆矩阵
>> D = det(A)       % 求 A 的行列式的值
```

结果：

```
B = 3
C = -2.3333    0.3333    1.0000
     2.6667    0.3333   -2.0000
    -0.6667   -0.3333    1.0000
D = -3
```

【例1-11】 建立脚本程序，生成一个随机矩阵并放大 10 倍后取整数赋给矩阵 A。输出矩阵 A 的维数、A 的行和列数、行和列的最大数、A 中非 0 元素的个数及每列的最大、最小值。

程序命令：

```
>> A = floor(rand(5,4)*10)
>> a = ndims(A)         % 返回 A 的维数。m×n 矩阵为二维。
>> [m,n] = size(A)      % 如果 A 是二维数组,返回行数和列数
>> c = length(A)        % 返回行、列中的最大值
>> e = nnz(A)           % 返回 A 中非 0 元素的个数
>> Amax = max(A)        % 计算最大值
>> Amin = min(A)        % 计算最小值
```

结果：

```
A = 3    2    0    1
    8    7    0    5
    5    7    5    4
    5    3    7    0
    9    5    9    3
a = 2
m = 5
n = 4
c = 5
e = 17
Amax = 9    7    9    5
Amin = 3    2    0    0
```

2）常用的三角函数见表 1-9。

表 1-9　常用的三角函数

函 数 名	含 义	函 数 名	含 义
sin(x)	正弦函数	asin(x)	反正弦函数
cos(x)	余弦函数	acos(x)	反余弦函数
tan(x)	正切函数	atan(x)	反正切函数

【例 1-12】 三角函数的使用。

程序命令：

```
>> a = sin(30 * pi/180)    %角度需要乘以 π/180 变成弧度
>> b = acos(1) * 180/pi    %弧度需要乘以 180/π 变成角度
>> c = atan(1) * 180/pi
```

结果：

```
a = 0.5000
b = 60
c = 45
```

3）取整函数见表 1-10。

表 1-10　取整函数

函 数 名	含 义	函 数 名	含 义
round(x)	四舍五入至最近整数	floor(x)	舍去正小数至最近整数
fix(x)	舍去小数至最近整数	ceil(x)	加入正小数至最近整数

【例 1-13】 取整函数的使用。

程序命令：

```
>> a = fix( -1.3)
>> b = fix(1.3)
>> c = floor( -1.3)
>> d = floor(1.3)
>> e = ceil( -1.3)
>> f = ceil(1.3)
>> g = round( -1.3)
>> h = round( -1.52)
>> i = round(1.3)
>> j = round(1.52)
```

结果：

```
a = -1
b = 1
c = -2
d = 1
e = -1
f = 2
g = -1
h = -2
i = 1
j = 2
```

1.3.4　转换函数

常用的转换函数见表 1-11。

表 1-11　常用的转换函数

函　数　名	含　　义	函　数　名	含　　义
str2num	字符串转换为数值	str2double	字符串转换为双精度
num2str	数值转换为字符串	int2str	整数转换为字符串
str2mat	字符串转换为矩阵	setstr	ASCII 码转换为字符串
dec2bin	十进制转换为二进制	dec2hex	十进制转换为十六进制
dec2base	十进制转换为 X 进制	base2dec	X 进制转换为十进制
bin2dec	二进制转换为十进制	sprintf	输出格式转换
lower	字符串转换成小写	upper	字符串转换成大写

【例 1-14】　转换函数的使用。

程序命令：

```
>> x = bin2dec('111101')
>> y = dec2bin(61)
>> z = dec2hex(61)
>> w = dec2base(61,8)
>> q =23;sprintf('%03d',q)    %将数字转化为字符串,03 表示 3 位数,不足 3 位
                                的前面补 0
```

结果：

```
x = 61
y = 111101
z = 3D
w = 75
ans = 00023
```

1.3.5 字符串操作函数

常用的字符串操作函数见表 1-12。

表 1-12 常用的字符串操作函数

函 数 名	含 义	函 数 名	含 义
deblank	去掉字符串末尾的空格	blanks(n)	创建有 n 个空格组成的字符串
findstr	在字符串中查找字符串	strcat	字符串横向连接组合
strrep	字符串的寻找和替代	strvcat	字符串竖向连接组合
strcmp	字符串比较	upper	小写转换为大写
strcmpi	字符串比较（忽略大小写）	lower	大写转换为小写
strncmp	比较字符串的前 n 个字符	strjust	调整字符串排列位置
strmatch	寻找符合条件的行	strtok	寻找字符串第一个空字符前边字符串

【例 1-15】 字符串操作函数的使用。
程序命令：

```
>> a = 'We are learning';b =  'MATLAB'
>> A = strcat(a,b)
>> B = strrep('image MATLAB','MATLAB','Simulink')
```

结果：

```
A = We are learning MATLAB
B = image Simulink
```

说明：strrep（str1,str2,str3）是从 str1 找到 str2，用 str3 替换。

1.3.6 判断数据类型函数

判断数据类型函数见表 1-13。

表 1-13 判断数据类型函数

命 令	操 作
whos x	显示变量 x 的数据类型
xtype = class(x)	将 x 的数据类型赋给另一个变量
isnumeric(x)	判断 x 是否为数值类型
isa(x,'integer')	判断 x 是否为引号中指定的数值类型（包括其他数值类型）
isreal(x)	判断 x 是否为实数
isnum(x)	判断 x 是否为非数
isinf(x)	判断 x 是否为无穷
isfinine(x)	判断 x 是否为有限数

【例 1-16】 判断数据类型函数的使用。

程序命令：

```
>> p = [1 2 1 5];n = isreal(p)                    %p 都是实数
>> p1 = [1 +5i 2 +6i;3 +7i 4 +8i];n1 = isreal(p1)   %p1 有非实数
>> x = 2.34;n2 = isnumeric(x)                      %x 为数值型
>> x1 = num2str(x);n3 = isnumeric(x1)              %x1 为非数值型
```

结果：

```
n = 1
n1 = 0
n2 = 1
n3 = 0
```

1.3.7　文件操作函数

文件操作函数见表 1-14。

表 1-14　文件操作函数

函 数 名	含 义	函 数 名	含 义
fclose	关闭文件	fscanf	读取文件格式化数据
fopen	打开文件	feof	测试文件是否结束
fread	从文件中读入二进制数据	ferror	测试文件输入输出错误
fwrite	把二进制数据写入文件	fseek	设置文件位置指针
fgetl	逐行从文件中读取数据	sprintf	输出格式化字符串
fgets	读取文件行保留换行符	sscanf	用格式控制读取字符串

【例 1-17】　文件操作函数的使用。
程序命令：

```
>> clear;clc;
>> fid = fopen('file1.dat','w +');        %创建并打开 file1.dat 文件
>> A = [1:10];                            %创建数组 A,1 ~10
>> count = fwrite(fid,A);                 %将数组 A 写入文件
>> fseek(fid,0,'bof');                    %指针指向第 1 个元素
>> f1 = fgets(fid)                        %读取数据到 f1
>> f1 = sprintf('%3d',f1)                 %输出 f1 数据
>> fseek(fid,4,'bof');                    %指针指向第 5 个元素
>> f2 = fgets(fid)                        %读取数据到 f2
>> f2 = sprintf('%3d',f2)                 %输出 f2 数据
>> Str = [97 99 100];
>> str1 = sprintf('%s',Str);
>> team1 = '中国首都';
```

```
>> team2 = '北京';
>> str2 = sprintf('%s是%s',team1,team2)
>> pi = sprintf('圆周率 pi = %4.2f',pi)
```

结果:

```
f1 = 1  2  3  4  5  6  7  8  9  10
f2 = 5  6  7  8  9  10
str1 = acd
str2 = 中国首都   是   北京
pi = 圆周率 pi = 3.14
```

1.3.8 常用特殊矩阵

1. 特殊矩阵函数

特殊矩阵函数见表1-15。

表 1-15 特殊矩阵函数

函 数 名	含 义	函 数 名	含 义
zeros(m,n)	m×n 零矩阵	company(m,n)	m×n 伴随矩阵
zeros(m)	m×m 零矩阵	pascal(n)	n×n 帕斯卡矩阵
eye(m,n)	m×n 单位矩阵	magic(n)	n×n 魔方阵
eye(m)	m×m 单位矩阵	diag(V)	以 V 为对角元素的对角阵
ones(m,n)	m×n 全一矩阵	tril(A)	矩阵 A 的下三角阵
ones(m)	m×m 全一矩阵	triu(A)	矩阵 A 的上三角阵
rand(m,n)	m×n 均匀分布的随机矩阵	rot90(A)	将 A 矩阵逆时针旋转 90°
randa(m,n)	m×n 正态分布的随机矩阵	A'	A 的转置矩阵

2. MATLAB 提取子块操作

1) A (m,n): 提取第 m 行, 第 n 列元素。

2) A (:,n): 提取第 n 列元素。

3) A (m,:): 提取第 m 行元素。

4) A (m1:m2,n1:n2): 提取第 m1 行到第 m2 行和第 n1 列到第 n2 列的所有元素（提取子块）。

5) A (:): 元素按矩阵的列进行排列的长列矢量。

6) 矩阵扩展: 如果在原矩阵不存在的地址中设定一个数（赋值），则该矩阵会自动扩展行列数，并在该位置上添加这个数，而且在其他没有指定的位置补零。

【例 1-18】 求 4×4 零矩阵、3×4 的全一阵、4×5 的均匀分布的随机矩阵、上三角阵、魔方阵和帕斯卡矩阵。

程序命令：

```
>> X = zeros(4)        %4×4 零矩阵
>> Y = ones(3,4)       %3×4 的全一矩阵
>> Z = rand(4,5)       %4×5 均匀分布的随机矩阵
>> triu(Z)             %上三角阵
>> K = magic(4)        %魔方阵必须是方阵
>> L = pascal(4)       %帕斯卡矩阵必须是方阵
```

结果：

```
X = 0      0      0      0
    0      0      0      0
    0      0      0      0
    0      0      0      0
Y = 1      1      1      1
    1      1      1      1
    1      1      1      1
Z = 0.8147    0.6324    0.9575    0.9572    0.4218
    0.9058    0.0975    0.9649    0.4854    0.9157
    0.1270    0.2785    0.1576    0.8003    0.7922
    0.9134    0.5469    0.9706    0.1419    0.9595
ans = 0.8147    0.6324    0.9575    0.9572    0.4218
         0      0.0975    0.9649    0.4854    0.9157
         0         0      0.1576    0.8003    0.7922
         0         0         0      0.1419    0.9595
K = 16     2      3      13
     5     11     10      8
     9      7      6      12
     4     14     15      1
L = 1      1      1      1
    1      2      3      4
    1      3      6      10
    1      4     10      20
```

1.3.9 句柄函数

MATLAB 提供了一种间接访问函数的方式，既可以使用函数名（functionname）实现，也可使用句柄 handle 函数实现。在已有函数名前加符号@，即可创建函数句柄 handle。也可提供匿名函数创建一个函数句柄。

创建格式：

```
handle =@ functionname 或：fun1 =@ functionname
```

调用格式：

```
fun1(arg1,arg2,…,argn)
```

【例1-19】 句柄函数的使用。

程序命令：

```
>> sqr = @ (x)x.^2
>> a = sqr(5)
>> fun = @ (x,y)x.^2 + y.^2
>> b = fun(2,3)
```

结果：

```
a = 25
b = 13
```

1.3.10 数组表示

1. 结构数组

结构数组是指根据字段组合起来的不同类型的数据集合。

【例1-20】 结构数组的使用。

程序命令：

```
>> student(1).name = 'Li Ming'; student(1).course = [10135 10096]
>> student(1).score = [87 92];student(2).name = 'Zhang Li'
>> student(2).course = [10135 10096]; student(2).score = [82 76]
>> n1 = student(1)
>> n2 = student(2)
>> student(2).name
```

结果：

```
n1 = name:'Li Ming'
    course:[10135 10096]
    score:[87 92]
n2 = name:'Zhang Li'
    course:[10135 10096]
    score:[82 76]
ans = Zhang Li
```

可以利用 struct 结构函数创建结构，其调用格式为：

```
strArray = srtuct('field1',val1,'field2',val2,…)
```

其中，'field'和 val 为字段和对应值。

字段值可以是单一值或单元数组，但是必须保证它们具有相同的尺寸。

程序命令：

```
>> stu = struct('name','Wang Fang','course',[10568 10063],'score',[76 82])
```

结果：

```
stu = name:'Wang Fang'
     course:[10568 10063]
     score:[76 82]
```

2. 细胞数组

细胞（单元）数组是 MATLAB 特有的一种数据类型，组成它的元素是细胞，细胞是用来存储不同类型数据的单元。细胞数组中每个细胞存储一种类型的 MATLAB 数组，此数组中的数据可以是任何一种 MATLAB 数据类型或用户自定义的类型，其大小也可以是任意的。相同细胞数组中第二个细胞类型与大小可以和第一个细胞完全不同，2×2 细胞数组结构如图 1.6 所示。

细胞数组可以将不同类型或不同尺寸的数据存储到同一个数组当中。访问单元数组的方法与矩阵索引方法基本相同，区别在于单元数组索引时，需要用 {} 将下标置于其中。创建单元数组与创建矩阵基本相同，区别在于矩阵用 [ ]，单元数组用 {}。例如创建单元数组（一维）：

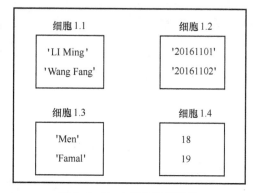

图 1.6 2×2 细胞数组结构

程序命令：

```
>> a = {[2 4 7;3 9 6;1 8 5],'Li Ming',2 +3i,1:2:10}
```

结果：

```
a = [3x3 double]    'Li Ming'    [2.0000 +3.0000i]    [1x5 double]
```

对单元数组向量下标赋空值相当于删除单元数组的行或列，例如删除单元数组的列：

程序命令：

```
>> a(:,2) =[]
```

结果：

```
a = [3x3 double]    [2.0000 +3.0000i]    [1x5 double]
```

说明：直接在命令窗输入单元数组名，可显示单元数组的构成单元。使用 celldisp 函数可显示单元数组，利用索引可以对单元数组进行运算操作。

【例 1-21】 单元数组的使用。

程序命令：

```
>> A{1,1} =[2 5;7 3]
>> A{1,2} =rand(3,3)
>> celldisp(A)
>> B = sum(A{1,1})    % 求 A{1,1}列的和
```

结果：

```
A{1}=2    5
        7    3
A{2}=0.4447    0.9218    0.4057
        0.6154    0.7382    0.9355
        0.7919    0.1763    0.9169
B=9    8
```

1.4 多项式处理

在自动控制、信号处理等领域都需用到多项式运算。MATLAB 可把多项式表达成一个行向量，该向量中的元素是按多项式降幂排列的。例如，$f(x) = a_n x^n + a_{n-1} x^{n-1} + \cdots + a_0$ 可用行向量 $p = [a_n\ a_{n-1} \cdots a_1\ a_0]$ 表示。

1.4.1 多项式的四则运算

1. 多项式加减

多项式加减就是其所对应的系数向量的加减运算。对于次数相同的多项式，可以直接对其系数向量进行加减运算，如果两个多项式次数不同，则应该把低次多项式中系数不足的高次项用 0 补足，然后进行加减运算。例如：

$$\begin{cases} p_1 = 3x^3 + 5x^2 + 7 \\ p_2 = 2x^2 + 5x + 3 \end{cases}$$

输入方法为：p1 = [3 5 0 7]
　　　　　　　p2 = [0 2 5 3]

加减运算直接加入加减运算符即可。

2. 多项式乘除

多项式相乘就是两个代表多项式的行向量的卷积。两个以上多项式相乘，conv 指令使用嵌套，如 conv(conv(a, b), c)。

语法格式：

```
k = conv(p,q)          % 多项式相乘
[q,r] = deconv(a,b)    % 多项式相除,q 为商多项式,r 为余数多项式
```

【例 1-22】 已知 $a = 6x^4 + 2x^3 + 3x^2 + 12$，$b = 3x^2 + 2x + 5$，求 $c = ab$，$d = a/b$。

程序命令：

```
>> a = [6 2 3 0 12];b = [3 2 5]
>> c = conv(a,b)
>> [d,r] = deconv(a,b)
```

结果：

```
c=18    18    43    16    51    24    60
d=2.0000    -0.6667    -1.8889
r=0    0    0    7.1111    21.4444
```

1.4.2 多项式求根

1. 求多项式的根（多项式的特征值）
语法格式：

```
r=roots(p)
```

使用命令 roots 可以求出多项式的根，即该命令可以用于求高次方程的解。根用列向量表示。

2. 求特征多项式系数
若已知多项式的根，可使用 poly 命令求出相应多项式系数。
语法格式：

```
p=poly(r)
```

说明： 特征多项式一定是 $n+1$ 维的而且特征多项式第一个元素一定是 1。

【例 1-23】 求方程 $x^4 - 12x^3 + 25x + 116 = 0$ 的根，并根据根构造多项式。
程序命令：

```
>> p=[1 -12 0 25 116]
>> r=roots(p)
>> p=poly(r)
```

结果：

```
r=11.7473
   2.7028
  -1.2251 +1.4672i
  -1.2251 -1.4672i
p=1   -12   -0   25   116
```

1.4.3 多项式求导

语法格式：

```
k=polyder(p)          %返回多项式p的一阶导数系数
k=polyder(p,q)        %返回多项式p与q乘积的一阶导数系数
[k,d]=polyder(p,q)    %返回p/q的导数,k是分子,d是分母
```

【例 1-24】 已知 $p_1 = 3x^3 + 5x^2 + 7$，$p_2 = 2x^2 + 5x + 3$，求 p_1，p_1 与 p_2 的乘积，p_1 与 p_2 商的导数。

程序命令：

```
>> p1 =[3 5 0 7];p2 =[0 2 5 3]
>> pp1 =polyder(p1)
>> pp2 =polyder(p1,p2)          %与 pp2 =polyder(conv(p1,p2))等价
>> [k,d] =polyder(p1,p2)
```

结果：

```
pp1 =9      10       0
pp2 =30       100      102      58       35
k =6      30      52       2      -35
d =4      20      37      30       9
```

1.4.4 多项式求解

1. 计算多项式数值解

利用多项式求值函数 polyval 可以求得多项式在某一点的值。

语法格式：

```
polyval(p,n)  %返回多项式 p 在 n 点的值
```

2. 多项式拟合

语法格式：

```
y =polyfit(x,y,n)   %拟合唯一确定 n 阶多项式的系数
```

其中，n 表示多项式的最高阶数；x，y 为将要拟合的数据。它是用数组的方式输入，输出参数 y 为拟合多项式 $y = a_0x^n + a_1x^{n-1} + \cdots + a_{n-1}x + a_n$，共 $n+1$ 个系数。polyfit 函数只适合于形如 $y = a_kx^k + a_{k-1}x^{k-1} + \cdots + a_1x + a_0$ 的完全的一元多项式的数据拟合。

【例 1-25】 （1）求多项式 $p = 3x^4 + 8x^3 + 18x^2 + 16x + 15$ 在 $x = 2$ 的解；（2）设数组 $y = [-0.447\ 1.978\ 3.28\ 6.16\ 7.08\ 7.34\ 7.66\ 9.56\ 9.48\ 9.30\ 11.2]$，在横坐标 $0 \sim 1$ 之间对 y 进行二阶多项式拟合。

程序命令：

```
>> p =[3 8 18 16 15];
>> p =polyval(p,2);
>> x =0:0.1:1;
>> y =[-0.447 1.978 3.28 6.16 7.08 7.34 7.66 9.56 9.48 9.30 11.2];
>> y1 =polyfit(x,y,2);
>> z =polyval(y1,x);
>> plot(x,y,'r*',x,z,'b-')   %绘图
```

结果：

```
p =231
```

二阶多项式拟合曲线如图 1.7 所示。

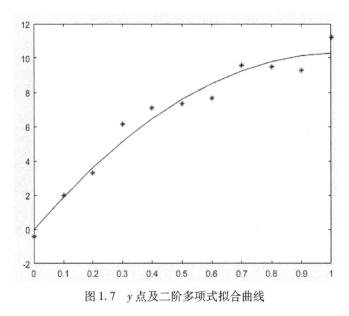

图 1.7　y 点及二阶多项式拟合曲线

plot 函数的使用方法见第 3 章 3.1.1 节。

1.5　空间向量表示

1.5.1　用线性等间距生成向量矩阵

语法格式：

```
(start:step:end)
```

其中 start 为起始值，step 为步长，end 为终止值。当步长为 1 时可省略 step 参数，step 也可以取负数。

程序命令：

```
>> a = [5: -0.5:1]
```

结果：

```
a = 5.0000  4.5000  4.0000  3.5000  3.0000  2.5000  2.0000  1.5000  1.0000
```

1.5.2　线性及对数空间表示

1. 线性空间表示

语法格式：

```
linspace(n1,n2,n)
```

在线性空间上，行矢量的值从 n1 到 n2，等分位数为 n，默认 n 为 100。

程序命令：

```
>> a = linspace(1,10,10)
```

结果：

```
a = 1  2  3  4  5  6  7  8  9  10
```

2. 对数空间表示

语法格式：

```
logspace(n1,n2,n)
```

在对数空间上，行矢量的值从 10^{n1} 到 10^{n2}，数据个数为 n，默认 n 为 50。这个指令为建立对数频域轴坐标。

程序命令：

```
>> a = logspace(1,4,4)
```

结果：

```
a = 10  100  1000  10000
```

1.6 逻辑函数

1.6.1 查找函数

语法格式：

```
find(A)              %如果 A 是一个矩阵,则查询非零元素的位置。如果 A 是一个行
                      向量,则返回一个行向量;否则返回一个列向量。如果 A 全是
                      零元素或者是空数组,则返回一个空数组
[m,n] = find(A)      %返回矩阵 A 中非 0 项的位置,m 为行数,n 为列数
[m,n] = find(A>2)    %返回的是矩阵 A 中大于 2 的位置,m 为行数,n 为列数
[m,n,v] = find(A)    %返回矩阵 A 中非 0 项的位置,并将数值按列放在 v 中
```

【例1-26】 建立脚本程序，设 A 是三阶魔方阵，要求：

（1）查找矩阵 A 中大于 5 的元素位置；

（2）查找矩阵 A 第 2 列中等于 5 的元素位置；

（3）查找矩阵 A 中等于 9 的元素位置。

程序命令：

```
>> A = magic(3)
>> [m,n] = find(A>5)      %查找大于 5 的元素位置
>> find(A(:,2) ==5)       %查找第 2 列中等于 5 的元素位置
>> [m1,n1] = find(A ==9)  %查找等于 9 的元素位置
```

结果：

```
A = 8   1   6
    3   5   7
    4   9   2
```

（1）A 中大于 5 的元素位置：

```
m = 1        n = 1
   3            2
   1            3
   2            3
```

（2）A 的第 2 列中等于 5 的元素位置：

```
ans = 2
```

（3）A 中等于 9 的元素位置：

```
m1 = 3    n1 = 2
```

1.6.2 测试向量函数

1. 测试向量元素是否存在零值

语法格式：

```
all(x)   % x 为向量,若 x 的所有元素都不等于 0,则返回 1;否则返回 0
```

程序命令：

```
>> A = [1 3 2 0 6];all(A)
```

结果：有一个元素为 0，则返回 0；否则返回 1。

2. 测试向量或矩阵元素是否存在非零值

语法格式：

```
any(A)    %测试向量或矩阵 A 中是否有非零值,若有则返回 1;否则返回 0
```

程序命令：

```
>> B = [2 0 3;5 0 1;7 0 9]
>> any(B)
```

结果：

```
B = 2    0    3
    5    0    1
    7    0    9
ans = 1    0    1
```

1.7 符号运算

符号运算与数值运算的区别是：数值运算中必须先对变量赋值才能参与运算。符号运算无须事先对独立变量赋值，运算结果以标准的符号形式表达。即：数值运算中不允许有未定义的变量，而符号运算可以含有未定义的符号变量。

符号运算不需要进行数值运算，不会出现误差，因此符号运算是非常准确的。符号运算可以得出完全的封闭解或任意精度的数值解，但比数值运算速度慢。

1.7.1　符号变量表示

1. 符号变量说明

在数学表达式中，一般习惯于使用排在字母表中前面的字母作为变量的系数，而用排在后面的字母表示变量。例如：$f(x) = ax^2 + bx + c$ 中的 a、b、c 通常被认为是常数，用作变量的系数，而将 x 看作自变量。

2. 定义符号变量

语法格式：

```
syms  x y z 或 syms('x','y','z')
```

说明： x、y、z 均是符号变量，它等价于：

```
x = sym('x')
y = sym('y')
z = sym('z')
```

【例 1-27】 定义符号变量。

程序命令：

```
>> x = sym('x');y = sym('y');z = sym('z');
>> a = [1,3,5];b = [3,7,9];c = [11,12,13];
>> Y = a * x + b * y + c * z
```

结果：

```
Y = [x + 3 * y + 11 * z,3 * x + 7 * y + 12 * z,5 * x + 9 * y + 13 * z]
```

3. 符号变量与符号表达式

语法格式：

```
f = 'sin(x) + 5x'
```

说明： f 为符号变量名，$\sin(x) + 5x$ 为符号表达式，' '为符号标识，符号表达式一定要用单引号括起来 MATLAB 才能识别。引号内容可以是符号表达式，也可以是符号方程。例如：

```
f1 = 'a *x^2 + b *x + c'        %二次三项式
f2 = 'a *x^2 + b *x + c = 0'    %方程
f3 = 'Dy + y^2 = 1'            %微分方程
```

符号表达式或符号方程可以赋给符号变量，方便以后调用；也可以不赋给符号变量直接参与计算。

4. 符号矩阵的创建

语法格式：

```
A = sym('[    ]')
```

说明：符号矩阵输入内容同数值矩阵，必须使用 sym 指令定义，且需用单引号''标识。若定义数值矩阵则必须是数值，否则不能识别，例如：A = [1, 2; 3, 4] 可以，但 A = [a, b; c, d] 则出错。

程序命令：

```
A=sym('[a,b;c,d]')
```

结果：

```
A=[a,b]
  [c,d]
```

符号矩阵的每一行两端都有方括号，这是与 MATLAB 数值矩阵的一个重要区别。若用字符串直接创建矩阵，需保证同一列中各元素字符串有相同的维度。可以 syms 先定义 a、b、c、d 为符号变量再建立符号矩阵，方法是：

```
syms a b c d
A=[a,b;c,d]
```

也可以使用：

```
A=['[a,b]';'[c,d]']
```

5. 多项式表示

语法格式：

```
poly2sym(f)      %对 f 用多项式表示
```

程序命令：

```
>> f=[18 18 43 16 51 24 60]
>> poly2sym(f)
```

结果：

```
ans =18*x^6 +18*x^5 +43*x^4 +16*x^3 +51*x^2 +24*x +60
```

6. 符号矩阵与数值矩阵的转换

语法格式：

```
sym(A)         %将数值矩阵转化为符号矩阵,A 为数值矩阵
double(B)      %将符号矩阵转化为数值矩阵,B 为符号矩阵
```

【例 1-28】 转换函数的使用

程序命令：

```
>> A=[1/2,0.25;1/0.3,2/7]
>> B=sym(A)
>> C=double(A)
```

结果：

```
A =0.5000    0.2500
    3.3333    0.2857
B =[1/2,1/4]
   [10/3,2/7]
C =0.5000    0.2500
    3.3333    0.2857
```

1.7.2 常用符号运算

1. 基本运算符

基本运算符包括算术运算符和关系运算符。其中算术运算符仅实现对应元素的加减，其余运算列写相应运算符号表达式即可。关系运算符仅列出相应的关系表达式。

【例 1-29】 使用脚本建立程序，进行算术与关系运算。

程序命令：

```
>> clc;g1 = sym('x^2 +2 * x +1')       %定义符号函数
>> g2 = sym('3 * x^2 +7 * x +10');G1 = g1 +g2
>> G2 = g1 -g2
>> G3 = g1. * g2
>> G4 = g1/g2
>> G5 = g1 > = g2
```

结果：

```
G1 =4 * x^2 +9 * x +11
G2 = -2 * x^2 -5 * x -9
G3 = (x^2 +2 * x +1) * (3 * x^2 +7 * x +10)
G4 = (x^2 +2 * x +1)/(3 * x^2 +7 * x +10)
G5 =3 * x^2 +7 * x +10 < = x^2 +2 * x +1
```

2. 因式分解

语法格式：

```
F =factor(f)     %对多项式 f 进行因式分解,也可用于正整数的分解
```

【例 1-30】 对多项式 f 及常数 y 进行分解并展开表示。

程序命令：

```
>> syms x;f =x^9 -1;f =factor(f)
>> y =2025;y1 =factor(y)
>> y2 =factor(sym(y))
>> poly2sym(y2)
```

结果:

```
f = [x - 1,x^2 + x + 1,x^6 + x^3 + 1]
y1 = 3   3   3   3   5   5
y2 = [3,3,3,3,5,5]
ans = 3 * x^5 + 3 * x^4 + 3 * x^3 + 3 * x^2 + 5 * x + 5
```

3. 多项式展开并提取符号表达式的系数

语法格式:

```
F = expand(f)              %对多项式 f 展开
[p,x1] = coeffs(f,'x')     %对多项式 f 按照变量 x 提取系数,其中 p 表示系数矩阵,
                             x1 表示多项式每项的变量
```

【例 1-31】 建立脚本程序展开三角函数和多项式,并对展开的多项式提取系数矩阵及多项式变量。

程序命令:

```
>> syms x y z;f = sin(2 * x) + cos(2 * y);f1 = expand(f)
>> f0 = (z + 1)^8;f2 = expand(f0)
>> [p,x1] = coeffs(f2,'z')
```

结果:

```
f1 = 2 * cos(x) * sin(x) + 2 * cos(y)^2 - 1
f2 = z^8 + 8 * z^7 + 28 * z^6 + 56 * z^5 + 70 * z^4 + 56 * z^3 + 28 * z^2 + 8 * z + 1
p = [1,8,28,56,70,56,28,8,1]
x1 = [z^8,z^7,z^6,z^5,z^4,z^3,z^2,z,1]
```

4. 多项式合并同类项

语法格式:

```
R = collect(f)            %对于多项式 f 中相同变量且幂次相同项合并系数
R = collect(f,v)          %对指定的变量 v 幂次相同项合并系数
```

【例 1-32】 对多项式合并同类项。

程序命令:

```
>> g1 = sym('x^2 + 2 * x + 1');g2 = sym('x + 1');
>> G1 = g1 * g2
>> G2 = g1/g2
>> R1 = collect(G1)        %按符号合并同类项
>> R2 = collect(G2)
```

结果:

```
G1 = (x + 1) * (x^2 + 2 * x + 1)
G2 = (x^2 + 2 * x + 1)/(x + 1)
R1 = x^3 + 3 * x^2 + 3 * x + 1
R2 = x + 1
```

说明：针对符号乘除运算可以使用 collect( ) 合并结果。

5. 化简多项式

语法格式：

simplify(f) % 利用各种形式的代数恒等式,对 f 符号表达式进行化简

【例1-33】 化简下列多项式。

$$f_1(x) = e^{c\ln\sqrt{a+b}}$$

$$f_2(x) = \sqrt[3]{\frac{1}{x^3} + \frac{6}{x^2} + \frac{12}{x} + 8}$$

$$f_3 = \sin^2(x) + \cos^2(x)$$

程序命令：

```
>> syms a b c x
>> f1 = exp(c * log(sqrt(a + b)));f2 = (1/x^3 + 6/x^2 + 12/x + 8)^(1/3)
>> f3 = sin(x)^2 + cos(x)^2
>> y1 = simplify(f1);y2 = simplify(f2);y3 = simplify(f3)
```

结果：

```
y1 = (a + b)^(c/2)
y2 = ((2 * x + 1)^3/x^3)^(1/3)
y3 = 1
```

6. 对分数多项式通分

语法格式：

[N,D] = numden(f)   % f 为分数多项式,N 为通分后的分子,D 为通分后的分母

【例1-34】 对下面分式进行通分。

$$f(x) = \frac{x+3}{y+2} + \frac{y-5}{x^2+1}$$

程序命令：

```
>> syms x y
>> f = (x + 3)/(y + 2) + (y - 5)/(x^2 + 1)
>> [N,D] = numden(f)
```

结果：

```
N = x^3 + 3 * x^2 + x + y^2 - 3 * y - 7
D = (x^2 + 1) * (y + 2)
```

1.7.3 求解符号方程

1. 线性方程组求解

可直接使用左除获得线性方程组的解。

【例1-35】 求下列三元一次方程组的解。

$$\begin{cases} x + y + z = 1 \\ 3x - y + 6z = 7 \\ y + 3z = 4 \end{cases}$$

程序命令：

```
>> A = sym('[1,1,1;3, -1,6;0,1,3]')
>> b = sym('[1;7;4]')
>> x = A\b
```

结果：

```
x = -1/3
     0
    4/3
```

2. 符号代数方程求解

MATLAB 符号运算能够解一般的线性方程、非线性方程及一般的代数方程、代数方程组。当方程组不存在符号解又无其他自由参数时，则给出数值解。

语法格式：

```
solve(f,'v')          % 求一个方程的解
solve(f1,f2,…fn)      % 求 n 个方程的解
```

说明：f 可以是含等号的符号表达式的方程，也可以是不含等号的符号表达式，但所指的仍是令 f = 0 的方程；当参数 v 省略时，默认为方程中的自由变量，其输出结果为结构数组型。

【例1-36】 建立脚本程序解三元一次方程组（法1）。

$$\begin{cases} x + y + z = 1 \\ x - y + z = 2 \\ 2x - y - z = 1 \end{cases}$$

程序命令：

```
>> g1 = 'x + y + z = 1';
>> g2 = 'x - y + z = 2';
>> g3 = '2 * x - y - z = 1';
>> [x,y,z] = solve(g1,g2,g3)   或：
>> [x,y,z] = solve('x + y + z = 1','x - y + z = 2','2 * x - y - z = 1')
```

结果：

```
x = 2/3
y = -1/2
z = 5/6,
```

【例1-37】 解三元一次方程组（法2）。

$$\begin{cases} 2x + 3y - z = 2 \\ 8x + 2y + 3z = 4 \\ 45x + 3y + 9z = 23 \end{cases}$$

程序命令：

```
>> syms x y z    %建立符号变量
>> [x,y,z]=solve(2*x+3*y-z-2,8*x+2*y+3*z-4,5*x+3*y+9*z-23)
```

结果：

```
x=151/273
y=8/39
z=-76/273
```

【例 1-38】 求方程 $f_1 = ax^2 + bx + c$ 及 $f_2 = x^3 - x - 30 = 0$ 的解。
程序命令：

```
>> syms a b c x
>> f1=a*x^2+b*x+c;
>> f2=x^3+3*x-1;
>> Fx=solve(f1,x)        %对默认变量 x 求解
>> Fb=solve(f1,b )       %对指定变量 b 求解
>> F2=solve(f2,x)
```

结果：

```
Fx= - (b+(b^2-4*a*c)^(1/2))/(2*a)
    - (b-(b^2-4*a*c)^(1/2))/(2*a)
Fb= - (a*x^2+c)/x
F2= -5
     6
```

3. 常微分方程（组）的求解

在 MATLAB 中，用大写字母 D 表示导数。例如：Dy 表示 y'，D2y 表示 y''，Dy(0) = 5 表示 $y'(0) = 5$，D3y + D2y + Dy - x + 5 = 0 表示微分方程 $y''' + y'' + y' - x + 5 = 0$。

语法格式：

```
dsolve( )          %求符号常微分方程的解
dsolve(e,c,v)      %求常微分方程 e 在初值条件 c 下的特解,参数 v 描述方程中的自
                     变量,省略时默认自变量是 t。若没有给出初值条件 c,则求方程
                     的通解
```

在求常微分方程组时的调用格式为：

```
dsolve(e1,e2,…,en,c1,…,cn,v1,…,vn)   %求解常微分方程组 e1,…,en 在初
值条件 c1,…,cn 下的特解,若不给出初值条件,则求方程组的通解。v1,…,vn 给出求解变
量,若省略自变量,则默认自变量为 t;若找不到解析解,则返回其积分形式
```

【例 1-39】 求下列微分方程的通解。

$$\frac{dy}{dx} + 2xy = xe^{-x^2}$$

程序命令:

```
>> syms x;f = 'Dy +2 * x * y = x * exp(-x^2)'
>> y = dsolve(f,x)
```

结果:

```
y = C1 * exp(-x^2) + (x^2 * exp(-x^2))/2   % C1 为通解
```

【例1-40】 求微分方程 $xy' + y - e^x = 0$ 在初值条件 $y(1) = 2e$ 下的特解。

程序命令:

```
>> syms x
>> eq1 = 'x * Dy + y - exp(x) = 0'
>> cond1 = 'y(1) = 2 * exp(1)'
>> y = dsolve(eq1,cond1,x)
```

结果:

```
cond1 = y(1) = 2 * exp(1)
y = (exp(1) + exp(x))/x
```

1.7.4 傅里叶变换与反变换

1. 傅里叶（fourier）变换
语法格式:

```
F = fourier(f,t,w)              %求时域函数 f(t) 的傅里叶变换 F
```

说明: 返回结果 F 是符号变量 w 的函数, 当参数 w 省略, 默认返回结果为 w 的函数; f 为 t 的函数, 当参数 t 省略, 默认自由变量为 x。

2. 傅里叶反变换
语法格式:

```
f = ifourier(F)          %求频域函数 F 的傅里叶反变换 f(t)
f = ifourier(F,w,t)      %求频域函数下指定 w 变量,t 算子的傅里叶反变换 f(t)
```

【例1-41】 傅里叶变换及反变换的使用

程序命令:

```
>> syms t w
>> F = fourier(1/t,t,w)          %傅里叶变换
>> ft = ifourier(F,t)            %傅里叶反变换
>> f = ifourier(F)               %傅里叶反变换,默认 x 为自变量
```

结果:

```
F = -pi * sign(w) *1i
ft =1/t
f =1/x
```

说明：sign（w）为符号函数，即：

$$f(t) = \begin{cases} 1, & t \geqslant 0 \\ 0, & t < 0 \end{cases}$$

1.7.5 拉普拉斯变换与反变换

1. 拉普拉斯（Laplace）变换
语法格式：

```
F = laplace(f,t,s)                %求时域函数 f(t)的拉普拉斯变换 F
```

说明：返回结果 F 为 s 的函数，当参数 s 省略时，返回结果 F 默认为 s 的函数。f 为 t 的函数，当参数 t 省略时，默认自由变量为 t。

2. 拉普拉斯反变换
语法格式：

```
f = ilaplace(F,s,t)               %求 F 的拉普拉斯反变换 f
```

说明：把 s 转换成 t 的函数。

【例 1-42】 求 $f(t) = \cos(at) + \sin(at)$ 的拉普拉斯变换和反变换。
命令程序：

```
>> syms  a  t  s
>> F1 = laplace(sin(a * t) + cos(a * t),t,s)
>> f = ilaplace(F1)
>> fx = ilaplace(sym('1/s'))
```

结果：

```
F1 = a/(a^2 + s^2) + s/(a^2 + s^2)
f = cos(a * t) + sin(a * t)
fx = 1
```

1.7.6 Z 变换与 Z 反变换

1. Z 变换
Z 变换是对连续系统进行的离散数学变换，常用于求解线性时不变差分方程。
语法格式：

```
F = ztrans(f)          %求 Z 变换
```

2. Z 反变换
将离散系统再变成连续系统的变换称为 Z 反变换。
语法格式：

```
fz = iztrans(f)        %求 Z 反变换
```

【例 1-43】 求 $f(x) = xe^{-10x}$ 的 Z 变换和 $f(z) = \dfrac{z(z-1)}{z^2 + 2z + 1}$ 的 Z 反变换。

程序命令：

```
>> syms x,k,z;f=x*exp(-x*10)
>> F=ztrans(f)
>> Fz=z*(z-1)/(z^2+2*z+1)    %定义Z反变换表达式
>> F1=iztrans(Fz)
```

结果：

```
F=(z*exp(10))/(z*exp(10)-1)^2
F1=3*(-1)^n+2*(-1)^n*(n-1)
```

1.7.7 符号极限

语法格式：

```
limit(f,x,a)          %计算当变量x趋近于常数a时,符号函数f(x)的极限值
limit(f,a)            %求符号函数f(x)的极限值。由于没有指定符号函数f(x)
                        的自变量,在使用该格式时,符号函数f(x)的变量为函数
                        findsym确定的默认自变量x
limit(f)             %求符号函数f(x)的极限值。符号函数f(x)的变量为函数
                        findsym确定的默认变量x;没有指定变量的目标值时,系
                        统默认变量趋近于0,即a=0的情况
limit(f,x,a,'right') %求符号函数f(x)的极限值,'right'表示变量x从右边趋近于a
limit(f,x,a,'left')  %求符号函数f(x)的极限值,'left'表示变量x从左边趋近于a
```

【例1-44】 求下列极限。

$$f(x)=\lim_{x\to 0}\frac{x(e^{\sin x}+1)-2(e^{\tan x}-1)}{\sin^3 x}$$

程序命令：

```
>> syms x          %定义符号变量
>> f=(x*(exp(sin(x))+1)-2*(exp(tan(x))-1))/sin(x)^3
>> F=limit(f)    %求函数的极限
```

结果：

```
F=-1/2
```

1.7.8 符号导数

语法格式：

```
diff(s,'v',n)   %以v为自变量,对符号表达式s求n阶导数
diff(s,'v')     %以v为自变量,对符号表达式s求一阶导数
diff(s,n)       %按函数findsym指示的默认变量对符号表达式s求n阶导数,n为正整数
diff(s)         %没有指定变量和导数阶数,则系统按函数findsym指示的默认变
                  量对符号表达式s求一阶导数
```

【例1-45】 求下列导数。

$$f(x) = \sin x^2 + 3x^5 + \sqrt{(x+1)^3}$$

程序命令：

```
>> syms x          %定义符号变量
>> f = sin(x)^2 + 3 * x^5 + sqrt((x+1)^3)
>> F = diff(f)     %求函数的导数
```

结果：

```
F = 2 * cos(x) * sin(x) + 15 * x^4 + (3 * (x+1)^2)/(2 * ((x+1)^3)^(1/2))
```

1.7.9　符号积分

语法格式：

```
int(s,v,a,b)    %求以v为自变量、符号表达式s在区间[a,b]上的定积分。a,b分别
                表示定积分的下限和上限。a和b可以是两个具体的数,也可以是一
                个符号表达式,还可以是无穷(inf)。当s关于v在闭区间[a,b]上
                可积时,函数返回一个定积分结果。当a、b中有一个是inf时,s返
                回一个广义积分。当a、b中有一个符号表达式时,s返回一个符号
                函数
int(s,v)        %以v为自变量,对被积函数或符号表达式s求不定积分
int(s)          %没有指定积分变量和积分阶数时,系统按函数findsym指示的默认
                变量对被积函数或符号表达式s求不定积分
```

【例1-46】 求下列二重积分。

$$f = \iint (x+y)\,\mathrm{e}^{-xy}\mathrm{d}x\mathrm{d}y$$

程序命令：

```
>> syms x y
>> f = (x+1) * exp(-x * y)
>> F = int(int(f,'x'),'y')
```

结果：

```
F = (exp(-x * y) * (x+y))/(x * y)
```

【例1-47】 求下列定积分。

$$f = \int_{-T/2}^{T/2} (AT^2 + \mathrm{e}^{-jst})\,\mathrm{d}t$$

程序命令：

```
>> syms A t Ts
>> f = A * T^2 + exp(-j * s * t)
>> f = int(f,t, -T/2, T/2);
>> F = simplify(f)
```

结果：

```
f = A * T^2 + exp( - t * s * 1i)
F = A * T^3 + (2 * sin((T * s)/2))/s
```

1.7.10 级数

1. 级数求和

级数求和运算是数学中常见的一种运算。函数 symsum 可以用于级数求和运算。该函数在引用时，应确定级数的通项式 s 以及变量的变化范围 a 和 b。

语法格式：

```
symsum(s)        % 若默认变量为 k, 求 k 从 0 开始到 k - 1 为止 s 的前 k 项和
symsum(s,v)      % 若默认变量为 v, 求 v 从 0 开始到 v - 1 为止 s 的前 k 项和
symsum(s,a,b)    % 若默认变量为 k, 求 k 从 a 开始到 b 为止 s 的和
symsum(s,v,a,b)  % 若默认变量为 v, 求 k 从 a 开始到 b 为止 s 的和
```

【例 1-48】 求级数 $S = \sum\limits_{n=1}^{\infty} \dfrac{1}{(n+1)^2}$ 以及其前 10 项的和。

程序命令：

```
>> symsn
>> S = symsum(1/(n + 1)^2,n,1,inf)
>> S10 = symsum(1/n^2,n,1,10)
```

结果：

```
S = pi^2/6 - 1
S10 = 1968329/1270080
```

2. 一元函数的泰勒级数展开
语法格式：

```
taylor(f)        % 求 f 关于默认变量的 5 阶麦克劳林展开式
taylor(f,n)      % 求 f 关于默认变量的 n - 1 阶麦克劳林展开式
taylor(f,n,v)    % 求 f 关于变量 v 的 n - 1 阶麦克劳林展开式
taylor(f,n,v,a)  % 求 f 在 v = a 处的 n - 1 阶泰勒展开式
```

【例 1-49】 求级数 $S = \sum\limits_{n=1}^{\infty} \dfrac{1}{n^2}$ 及函数 $y = \cos x$ 在 $x = 0$ 点处的 5 阶泰勒展开式。

命令程序：

```
>> syms  x k
>> y1 = symsum(1/k^2,1,Inf)
>> y2 = taylor(cos(x))
```

结果：

```
y1 = pi^2/6
y2 = x^4/24 - x^2/2 +1
```

1.8　插值运算

插值就是在已知的数据点之间利用某种算法寻找估计值的过程，即：根据一元线性函数表达式 f(x) 中的两点（函数表达式由所给数据决定），找出 f(x) 在中间点的数值。插值运算可大大减少编程语句，使得程序简洁清晰。MATLAB 提供的基本插值函数为 interp1，最为常用的是一维插值，定义如下：

已知离散点上的数据集，即在点集 x 上的函数值 y，构造一个解析函数（其图形为一曲线）通过这些点，并能够求出这些点之间的值，这一过程称为一维插值。

语法格式：

```
yi = interp1(x,y,xi)           % x、y 为已知数据值,xi 为插值数据点
y1 = interp1(x,y,xi,'method')  % x、y 为已知数据值,xi 为插值点,method 为设
                                 定插值方法
```

说明： method 常用的设置参数有 nearest、linear、spline，分别表示最临近插值、线性插值和三次样条插值。其中，linear 也称为分段线性插值（默认值）。

1）nearest（最临近插值）：该方法将内插点设置成最接近于已知数据点的值，其特点是插值速度最快，但平滑性较差。

2）linear（线性插值）：该方法连接已有数据点作线性逼近。它是 interp1 函数的默认方法，其特点是需要占用更多的内存，速度比 nearest 稍慢，但平滑性优于 nearest。

3）spline（三次样条插值）：该方法利用一系列样条函数获得内插数据点，从而确定已有数据点之间的函数。其特点是处理速度慢，但占用内存少，可以产生最光滑的插值结果。

【例 1-50】 绘制正弦曲线，按照线性插值、最临近插值和三次样条插值三种方法，每隔 0.5 进行插值，绘制插值后曲线并进行对比。

使用【新建脚本】编写程序：

```
>> clc;
>> x = 0:2 * pi;
>> y = sin(x);
>> xx = 0:0.5:2 * pi;
>> subplot(2,2,1);plot(x,y);
>> title('原函数图')
>> y1 = interp1(x,y,xx,'linear');
>> subplot(2,2,2);plot(x,y,'o',xx,y1,'r');
>> title('线性插值')
>> y2 = interp1(x,y,xx,'nearest');
```

```
>> subplot(2,2,3);plot(x,y,'o',xx,y2,'r');
>> title('最临近插值')
>> y3 = interp1(x,y,xx,'spline');
>> subplot(2,2,4);plot(x,y,'o',xx,y3,'r');
>> title('三次样条插值')
```

三种插值曲线如图 1.8 所示。由图可知，三次样条插值曲线效果最好。

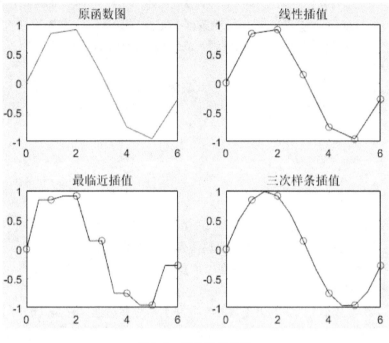

图 1.8　三种插值曲线

【例 1-51】　设某一天 24h 内，从 0 点开始每间隔 2h 测得的环境温度数据（单位为℃）分别为 12、9、9、10、18、24、28、27、25、20、18、15、13，请推测 13 点时的温度。

程序命令：

```
>> x = 0:2:24;
>> y =[12  9  9  10  18  24  28  27  25  20  18  15  13];
>> a =13;
>> y1 = interp1(x,y,a,'spline')
```

结果：

```
y1 = 27.8725
```

【例 1-52】　设某产品从 2000 年至 2020 年的产量每间隔 2 年统计数据分别为 90、105、123、131、150、179、203、226、249、256、267，估计 2015 年产量并绘图。

使用【新建脚本】编写程序：

```
>> clear;
>> year = 2000:2:2020
>> product = [90  105  123  131  150  179  203  226  249  256  267];
>> x = 2000:1:2020
>> y = interp1(year,product,x);
>> p2015 = interp1(year,product,2015)
>> plot(year,product,'o',x,y)
```

结果：

```
p2015 = 237.5000
```

默认插值曲线如图 1.9 所示。

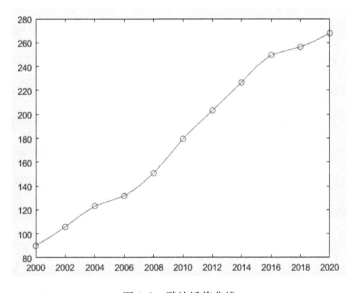

图 1.9   默认插值曲线

【例 1-53】   对离散分布在 $y = \exp(x)\sin(x)$ 函数曲线上的数据，分别进行三次样条插值和线性插值并绘制曲线。

使用【新建脚本】编写程序：

```
>> clear;
>> x = [0  2  4  5  8  12  12.8  17.2  19.9  20];
>> y = exp(x).*sin(x);
>> xx = 0:.25:20;
>> yy = interp1(x,y,xx,'spline');
>> plot(x,y,'o',xx,yy);hold on
>> yy1 = interp1(x,y,xx,'linear');
>> plot(x,y,'o',xx,yy1);hold on
```

插值后曲线如图 1.10 所示。

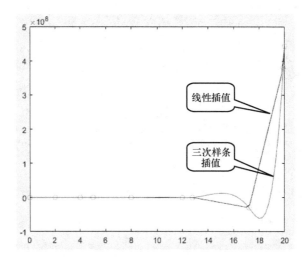

图 1.10   spline 与 linear 插值曲线

第2章
MATLAB 程序设计

2.1 数据的输入和输出

2.1.1 数据输入

从键盘输入数据，可以使用 input 函数，该函数每赋值一次只能赋一个值。

语法格式：

```
A = input('请输入数据提示信息')  或   A = input('请输入数据提示信息',选项)
```

说明：

1）第一种语法格式先输出提示信息，随后等待用户输入，输入值可以是整型或双精度型数据，并保存到变量 A 中，对输入的双精度数值自动保留 4 位小数（自动四舍五入）。

2）第二种语法格式是输入字符串，先显示提示信息内容，再将输入的值以字符串型保存在变量 A 中。

程序命令：

```
>> Number = input('请输入一个数值 Number =? ')
>> String = input('请输入一个字符串 String =? ','s')
显示:请输入一个数值 Number =?
键入:3.1415926
```

结果：

```
Number = 3.1416
显示:请输入一个字符串 String =?
键入:We are learning MATLAB
```

结果：

```
String = We are learning MATLAB
```

2.1.2 数据输出

1. 无格式输出

语法格式：

> disp(X)　　%输出变量 X 的值,X 可以是矩阵或字符串

说明：

1）disp 需要一个数组参数，它将值显示在命令行窗口。如果这个数组是字符型，则在命令行窗口直接输出字符串。如果这个数组是数值型，则需要用 num2str（将一个数值转换为字符串）或 int2str（将一个整数转换为字符串）函数进行转换后，显示在命令行窗口中。

2）disp 一次只能输出一个变量。若输出矩阵时将不显示矩阵的名字，而且其格式更紧密，不留任何没有意义的空行。

【例 2-1】 使用 disp 输出结果。

程序命令：

```
>> A = 'Hello, World! ';
>> B = 100;
>> disp(A)
>> disp(['B = ',num2str(B)])
```

结果：

```
Hello,World!
B = 100
```

2. 有格式输出

整数以整型格式显示，直接输入的数值默认以双精度型格式显示。MATLAB 默认精确到小数点后 4 位。如果一个数太大或太小，那么将会以科学记数法的形式显示。例如：将 $a = 1/3$ 表示为 $a = 0.3333$，将 $b = 12345.112345$ 表示为 $b = 1.2345e + 04$。

语法格式：

```
fprintf(fid,format,A)
```

说明： fid 为文件句柄，指定要写入数据的文件。format 用来指定数据输出时采用的格式，以%开头。常用的输出格式见表 2-1。

表 2-1　常用的输出格式

表　示	说　明	表　示	说　明
%d	整数	%g	浮点数，系统自动选取位
%f	以小数形式表示实数	%c	字符型
%e	以科学计算法形式表示实数	%s	输出字符串
%o	八进制	%X、%x	十六进制

format 中还可以使用特殊字符,见表 2-2。

表 2-2　特殊字符

表　　示	说　　明	表　　示	说　　明
\ b	退后一格	\ r	回车
\ t	水平制表	\ \	双斜杠
\ f	换页	' '	单引号
\ n	换行	% %	百分号

例如:

```
>> f = pi
>> fprintf('The pi = %8.5f \n',pi)
```

结果:

```
The pi = 3.14159
```

【例 2-2】　求一元二次方程 $a^2 + bx + c = 0$ 的根。

程序命令:

```
>> A = input('请输出一元二次方程的系数:a,b,c =? ')
>> delta = A(2)^2 - 4 * A(1) * A(3)
>> x1 = (-A(2) - sqrt(delta))/2 * A(1);x2 = (-A(2) + sqrt(delta))/2 * A(1)
>> fprintf('%.2f,%.2f\n',x1,x2)
>> disp(['方程的解 x1 = ',num2str(x1),',方程的解 x2 = ',num2str(x2)])
```
输入:[1 2 -15]

结果:

```
A = 1    2    -15
    -5.00,3.00
方程的解 x1 = -5,方程的解 x2 = 3
```

说明:

1)使用 fprintf 比较灵活方便,可以输出任何格式,且可输出多个数据项,但需要定义数据项的字符宽度和数据格式。

2)fprintf 只能输出复数的实部,在有复数产生的计算中可能出现错误的结果。

2.2　程序结构

MATLAB 的流程控制分为:顺序结构、选择结构和循环结构。

2.2.1　顺序结构

顺序结构是指按照程序中语句的排列顺序依次执行程序,如图 2.1 所示。例 2-1 和例 2-2 均属于顺序结构。

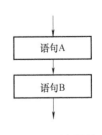

图 2.1　顺序结构

【**例 2-3**】 已知三角形三边分别为 a = 4.5，b = 5.7，c = 2.3，求三角形的周长和面积。

程序命令：

```
>> clear
>> a = 4.5;b = 5.7;c = 2.3
>> l = (a + b + c)
>> q = l/2
>> s = sqrt(q * (q - a) * (q - b) * (q - c))
>> disp(['该三角形的周长 = ',num2str(l)])
>> disp(['该三角形的面积 = ',num2str(s)])
```

结果：

```
该三角形的周长 = 12.5
该三角形的面积 = 4.8746
```

2.2.2 选择结构

1. 单分支选择结构
语法格式：

```
if        条件
          语句 A
else      执行语句 B
end
```

说明： 当条件成立时，执行语句 A，否则执行语句 B。单分支选择结构如图 2.2 所示。

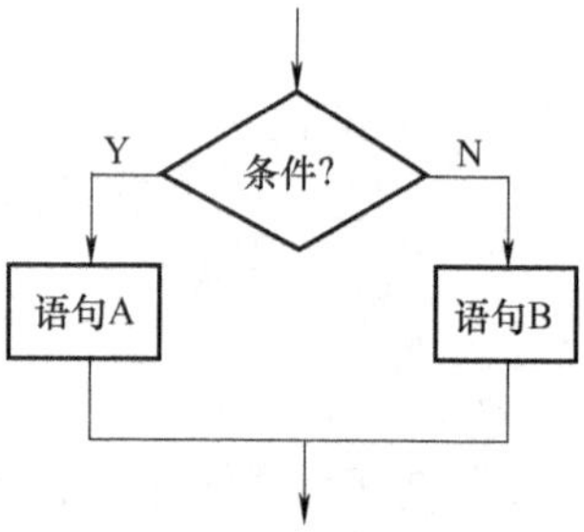

【**例 2-4**】 根据以下表达式，编写程序。

$$y = \begin{cases} \cos(x+1) + \sqrt{x^2+1} & ,x = 10 \\ x\sqrt{x+\sqrt{x}} & ,x \neq 10 \end{cases}$$

程序命令：

图 2.2 单分支选择结构

```
>> x = input('请输入 x 的值:')
>> if x == 10
>>    y = cos(x + 1) + sqrt(x * x + 1)
>> else
>>    y = x * sqrt(x + sqrt(x))
>> end
>> disp(['x = ',num2str(x)])
>> disp(['y = ',num2str(y)])
```

结果:

```
请输入 x 的值:5
x = 5
y = 13.45
```

2. 条件嵌套结构
语法格式:

```
if(表达式)
  if(条件1)  语句 A1
    else  语句 A2
      else if(条件2)  语句 B1
        else  语句 B2
end
```

说明: 先判断表达式是否成立。若成立则判断条件 1 的值,为真执行语句 A1,否则执行语句 A2;若表达式不成立则判断条件 2 的值,为真执行语句 B1,否则执行语句 B2。条件嵌套结构如图 2.3 所示。

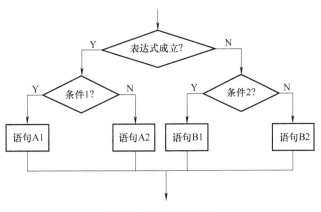

图 2.3　条件嵌套结构

【**例 2-5**】　输入一个字符,要求:若为大写字母,则输出其对应的小写字母;若为小写字母,则输出其对应的大写字母;若为数字字符则输出其对应的数值;若为其他字符则原样输出。
程序命令:

```
>> c = input('请输入一个字符','s')
>> if c > = 'A' & c < = 'Z'
>> disp(setstr(abs(c) + abs('a') - abs('A')))    % setstr( )将 ASCII 码值
                                                     转换成字符

>> elseif c > = 'a'& c < = 'z'
>> disp(setstr(abs(c) - abs('a') + abs('A')))
>> elseif c > = '0'& c < = '9'
>> disp(abs(c) - abs('0'))
```

```
>> else
>>     disp(c)
>> end
```

结果：

请输入一个字符 We are studying MATLAB
We are studying MATLAB

【例2-6】 某商场对顾客所购买的商品实行打折销售，标准如下（商品价格用 price 来表示）：

price < 200	没有折扣
200 ≤ price < 500	3%折扣
500 ≤ price < 1000	5%折扣
1000 ≤ price < 2500	8%折扣
2500 ≤ price < 5000	10%折扣
5000 ≤ price	15%折扣

要求输入所售商品的价格，输出其实际销售价格。

程序命令：

```
>> price = input('请输入商品价格');
>> if  price > =200&price <500            %价格大于等于200 但小于500
>>     price =price * (1 -3/100);
>> elseif price > =500&price <1000         %价格大于等于500 但小于1000
>>     price =price * (1 -5/100);
>> elseif price > =1000&price <2500        %价格大于等于1000 但小于2500
>>     price =price * (1 -8/100);
>> elseif price > =2500&price <5000        %价格大于等于2500 但小于5000
>>     price =price * (1 -10/100);
>> elseif price > =5000                    %价格大于等于5000
>>     price =price * (1 -14/100);
>> else                                    %价格小于200
>>     price =price;
>> end
>>     price
```

结果：

请输入商品价格 6000
price =5160

3. 多分支选择结构

多分支选择结构也称为多开关选择结构。

语法格式:

```
switch  表达式(标量或字符串)
case  1
      语句1
case  2
      语句2
case  n
      语句n
otherwise
      语句n+1
end
```

说明:

1）在执行时，只执行一个 case 后的语句就跳出 switch-case 结构。case 子句后面的表达式不仅可以为一个标量或一个字符串，还可以为一个单元矩阵。如果 case 子句后面的表达式为一个单元矩阵，则当表达式的值等于该单元矩阵中的某个元素时，执行相应的语句组。case 后常量的值必须互异。

2）otherwise 为可选项，如果表达式的值与列出的每种情况都不相等，则 switch-case 结构中的语句将不被执行，程序继续向下运行。

多分支选择结构如图 2.4 所示。

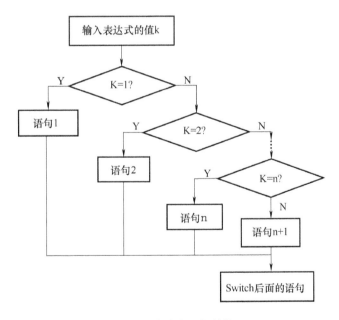

图 2.4　多分支选择结构

【**例 2-7**】　针对例 2-6 使用多分支选择结构重新编写程序。

程序命令:

```
>> price = input('请输入商品价格');
>> switch fix(price/100)
>>    case {0,1}                    % 价格小于 200
>>        rate = 0;
>>    case {2,3,4}                  % 价格大于等于 200 但小于 500
>>        rate = 3/100;
>>    case num2cell(5:9)           % 价格大于等于 500 但小于 1000
>>        rate = 5/100;
>>    case num2cell(10:24)         % 价格大于等于 1000 但小于 2500
>>        rate = 8/100;
>>    case num2cell(25:49)         % 价格大于等于 2500 但小于 5000
>>        rate = 10/100;
>>    otherwise                     % 价格大于等于 5000
>>        rate = 14/100;
>> end
>>        price = price * (1 - rate)  % 输出商品实际销售价格
```

结果:

```
请输入商品价格 6000
price = 5160
```

2.2.3 循环结构

循环结构是指当条件满足时被重复执行的一组语句,使用循环结构是计算机解决问题的主要手段之一。循环结构如图 2.5 所示。

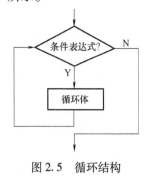

图 2.5 循环结构

1. while 循环语句
语法格式:

```
while  条件表达式
       循环体
end
```

说明:

1) 表达式一般由逻辑运算、关系运算以及一般运算组成,用以判断循环的进行或停止。

2) 表达式的值可以是标量或数组,其值的所有元素为 1 (真) 则继续循环,直到表达式值的某元素为 0 (假) 时停止。

【例 2-8】 求使 $n! < 10^{50}$ 的最大值 n,并输出在该值下 $n!$。

程序命令:

```
>> r = 1;k = 1
>> while r < 1e50
>>     r = r * k;k = k + 1
>> end
>> k = k - 1;r = r. /k;k = k - 1
>> disp(['The ',num2str(k),'! is ',num2str(r)])
```

结果:

```
The 41! is 3.34525266131638e + 49
```

2. for 循环语句

语法格式:

```
for 循环变量 = 表达式1:表达式2:表达式3
    循环体
end
```

说明:

1) 表达式 1 为起始值;表达式 2 为步长,步长为 1 时,可以省略;表达式 3 为终值。

2) 在每一次循环中,循环变量值被指定为数组的下一列,循环体语句按数组中的每一列执行一次,常以固定的或预定的次数循环。

【例 2-9】 已知 4×3 矩阵 $\begin{bmatrix} 12 & 13 & 14 \\ 15 & 16 & 17 \\ 18 & 19 & 20 \\ 21 & 22 & 23 \end{bmatrix}$,求矩阵对应列元素的和 s1、对应行元素的和 s2 及整个矩阵元素的和 S。

程序命令:

```
>> clc;s1 = 0;
>> data = [12 13 14;15 16 17;18 19 20;21 22 23];
>> for k = data
>>     s1 = s1 + k;
>> end
>> s1
>> s2 = sum(data)
>> s = sum(sum(data))
```

结果:

```
s1 =39
      48
      57
      66
s2 =66   70   74
S =210
```

【例2-10】 已知若一个三位整数各位数字的立方和等于该数本身，则称该数为水仙花数。要求输出 100~999 的全部水仙花数。

程序命令:

```
>> for m =100:999
>>      m1 = fix(m/100)              %求 m 的百位数字
>>      m2 = rem(fix(m/10),10)       %求 m 的十位数字
>>      m3 = rem(m,10)               %求 m 的个位数字
>>      if m ==m1 * m1 * m1 +m2 * m2 * m2 +m3 * m3 * m3
>>          disp(m)
>>      end
>> end
```

结果:

```
m =153
    370
    371
    407
```

【例2-11】 试编写循环结构程序，绘出多个不同中心点的圆。

程序命令:

```
>> for i =0:pi/50:2 * pi        %循环变量
>>      x =2 * sin(i);
>>      y =2 * cos(i)           %圆心位置
>>      t =0:pi/100:2 * pi
>>      xx =x + sin(t);yy =y + cos(t)
>>      plot(xx,yy)            %圆心
>>      hold on               %保留图形
>> end
```

结果如图 2.6 所示。

3. break 语句和 continue 语句

break 语句用于终止循环。当在循环体内执行到该语句时，程序将跳出循环，继续执行循环外的下一语句。

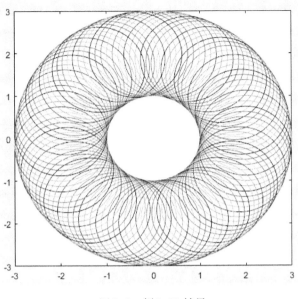

图 2.6 例 2-11 结果

continue 语句控制跳过循环体中的某些语句。当在循环体内执行到该语句时，程序将跳过循环体中所有剩下的语句，继续下一次循环。continue、break 与 if 语句联用，常用于 for 或 while 循环语句中。

【**例 2-12**】 求 100 ~ 200 之间能被 21 整除的最小整数。

程序命令：

```
>> for n =100:200
>> if rem(n,21) ~ =0
>> continue        % 重新循环
>> end
>> n
>> break           % 跳出循环
>> end
```

结果：

```
n =105
```

【**例 2-13**】 编写一个猜数小游戏，要求输入一个 100 以内的整数，允许用户猜 10 次，每次猜的结果由程序给出反馈。

程序命令：

```
>> a =randperm(100,1);     % 产生一个 100 以内的随机整数
>> for i =1:10             % 允许猜 10 次
>> b =input('请输入一个数? \n')
>> if b >a
>>      disp('太大了')
```

```
>> elseif b==a
>>        disp('猜对了,你真聪明!')
>>        break
>> else
>>        disp('太小了')
>> end
>> end
```

结果:

```
请输入一个数?
50
太大了
请输入一个数?
10
太小了
请输入一个数?
28
猜对了,你真聪明!
```

4. 循环嵌套语句

循环中还包括循环,称为循环嵌套,常用格式如图 2.7 所示。

```
for 初值;步长; 终值
    for 初值;步长; 终值
    …
    end
end
```

```
while 条件表达式
    for 初值;步长; 终值
    …
    end
end
```

```
for 初值;步长; 终值
    while 条件表达式
    …
    end
end
```

图 2.7　循环嵌套的常用格式

【例 2-14】　求 $1! + 2! + 3! + \cdots + 10!$。

程序命令:

```
>> sum=0
>> for i=1:1:10
>>     pdr=1
>>     for j=1:1:i
>>         pdr=pdr*j
>>     end
>>     sum=sum+pdr
>> end
>> sum
```

结果:

```
sum = 4037913
```

【例2-15】 已知苹果3元一个,香蕉1元一个,梨0.8元一个。要求用100元买这3种水果共100个,每种水果最少买5个,问有多少种买法?可以各买多少个?输出全部购买方案。

程序命令:

```
>> clc;n = 0
>> for apple = 5:33
>>      for banana = 5:100
>>        for pear = 5:125
>>          if(apple * 3 + banana + pear * 0.8 ==100)&(apple + banana + pear ==100)
>>          disp(['第',num2str(n +1),'种方案'])
>> disp(['苹果 = ',num2str(apple),',香蕉 = ',num2str(banana),',梨 = ',
   num2str(pear),'])
>>          n = n +1
>>          end
>>        end
>>      end
>> end
>> disp(['购买方案共有',num2str(n),'种'])
```

结果:

```
第 1 种方案
苹果 =5,  香蕉 =45,  梨 =50
第 2 种方案
苹果 =6,  香蕉 =34,  梨 =60
第 3 种方案
苹果 =7,  香蕉 =23,  梨 =70
第 4 种方案
苹果 =8,  香蕉 =12,  梨 =80
购买方案共有 4 种
```

2.2.4   try 语句

try 语句是一种试探性执行语句,语法格式:

```
try
  语句组 1
catch
  语句组 2
end
```

说明：

try 语句先试探性执行语句组 1，如果语句组 1 在执行过程中出现错误，则将错误信息由 catch 捕捉，执行语句 2。

【例 2-16】 矩阵乘法运算要求两矩阵的维数兼容，否则会出错。先求两矩阵的乘积，若出错，则自动转去求两矩阵的点乘。

程序命令：

```
>> clc
>> A =[1,2,3;4,5,6];
>> B =[7,8,9;10,11,12];
>> try
>>   C =A * B
>> catch
>>   C =A. * B
>> end
```

结果：

```
C =7    16    27
   40    55    72
```

2.3 M 文件

2.3.1 脚本文件与函数文件

MATLAB 的 M 文件可分为脚本文件（MATLAB scripts）和函数文件（MATLAB functions）。脚本文件是包含多条 MATLAB 命令的文件；函数文件可以包含输入变量，并把结果传送给输出变量。两者的简要区别如下：

1. 脚本文件

1）多条命令的综合体。

2）没有输入、输出变量被调用。

3）所有变量均使用 MATLAB 基本工作空间。

4）没有函数声明行。

2. 函数文件

1）常用于扩充 MATLAB 函数库。

2）可以包含输入、输出变量，用于多次调用。

3）运算中生成的所有变量都存放在函数工作空间。

4）包含函数声明行：function　输出变量 = 函数名称（输入变量）。

脚本文件可以理解为简单的 M 文件，脚本文件中的变量都是全局变量。函数文件是在脚本文件的基础之上多添加了一行函数声明行，其代码组织结构和调用方式与对应的脚本文件截然不同。函数文件是以函数声明行作为开始的，相当于用户在 MATLAB 函数库里编写的子函数。函数文件中的变量都是局部变量，除非使用了特别声明。函数运行完毕之后，其定义的变量将从工作区中清除。而脚本文件只是将一系列相关的代码集合封装，没有输入参数和输出参数，即不自带参数，也不一定要返回结果。另外，多数函数文件一般都有输入和输出变量。

2.3.2 函数文件的使用

函数文件的功能是建立一个函数，且这个文件与 MATLAB 的库函数一样使用。其扩展名为 .m。不能直接输入函数文件名来运行一个函数文件，它必须由其他语句来调用。函数文件允许有多个输入、输出参数值。

1. 函数定义

语法格式：

function[f1,f2,f3,…] = fun(x,y,z,…)　% f1,f2,f3,…表示形式输出参数;x,y,z,
　　　　　　　　　　　　　　　　　…表示形式输入参数;fun 表示函数名

调用函数格式：

[y1,y2,y3,…] = fun(x1,x2,x3,…)　% y1,y2,y3,…表示输出参数;x1,x2,x3,…
　　　　　　　　　　　　　　表示输入参数

2. 函数说明

1）如果在函数文件中插入了 return 语句，则当执行到该语句时就结束函数的执行，程序流程转至调用该函数的位置。如果函数文件中不含 return 语句，则当被调用函数执行完成后就自动返回。

2）函数文件从形式上与脚本文件不同，函数文件的第一行必须由关键字 function 引导，对于 function［返回变量］= 函数名称（输入变量），输入和返回变量的实际个数分别由 nargin 和 nargout 保留变量给出，无论是否直接使用这两个变量，只要进入该函数，MATLAB 就将自动生成这两个变量。

3）M 文件调用的函数名和文件名必须相同，函数调用时，参数顺序应与定义一致。

4）函数文件运行时，MATLAB 为它开辟一个临时函数工作空间，由函数执行的命令，以及由这些命令所创建的中间变量，都隐含其中。当文件执行完毕，该临时工作空间及其中的变量立即被清除。只能看到输入和输出内容，函数运行后只保留最后结果，不保留中间结果。函数中的变量均为局部变量。

5）函数可以嵌套调用，即一个函数可以被其他函数调用，甚至可以被它自身调用，此时称为递归调用。

【例 2-17】 利用函数文件，实现直角坐标（x，y）到极坐标（r，θ）的转换，建立 transfer.m 文件。

程序命令：

```
>> function[r,theta] = transfer(x,y)
>> r = sqrt(x^2 + y^2)
>> theta = atan(y/x)
在命令行窗口中键入:[r,theta] = transfer(3,4)
```

结果：

```
r = 5
theta = 0.9273
```

【例 2-18】 编写递归调用函数，求 n 的阶乘。
程序命令：

```
>> function f = factor(n)
>>   if n < =1
>>     f =1;
>>   else
>>     f = factor(n -1) * n;
>>   end
```

存储为 factor.m 文件,然后在命令行窗口中键入:factor(5)

结果：

```
120
```

3. 主函数与子函数

1）一个 M 文件可以包含多个函数，第一个为主函数，其他为子函数。
2）主函数必须放在最前面，子函数次序可以随意改变。
3）子函数仅能被主函数或同一文件的其他子函数所调用。
4）子函数仅能在主函数中编辑。

【例 2-19】 主函数与子函数的调用。
程序命令：

```
>> function c = fun(a,b)
>> c = fun1(a,b) * fun2(a,b);
>> end
>> function c = fun1(a,b)
>> c = a^2 +b^2;
>> end
>> function c = fun2(a,b)
>> c = a^2 -b^2;
>> end
```

在命令行窗口中键入:D = fun(3,2)

结果：

```
D = 65
```

2.4 文件操作

MATLAB 文件有两种格式：二进制文件（b）和文本文件（t）。打开文件默认是二进制格式，如果要以文本格式打开，则必须在打开方式中加上字符't'。

文件操作是一种重要的输入输出方式，MATLAB 提供了一系列输入输出函数，专门用于文件操作。MATLAB 文件操作主要有 3 个步骤：首先打开文件，然后对文件进行读写操作，最后关闭文件。

2.4.1 文件的打开

语法格式：

```
fid = fopen(文件名,打开方式)   %fid为文件句柄,其他函数可以用它对该文件进行
                               操作。如果句柄值大于0,则表示文件打开成功;
                               若打开失败,fid的返回值为-1。文件名用字符
                               串形式表示(可以带路径名)
```

2.4.2 二进制文件的读写

文件的读写操作分为"只读""只写""可读可写""可读可写可添加"等，其操作符号见表 2-3。

表 2-3　文件读写操作符号

表　示	说　明
r	只读，文件必须存在（默认的打开方式）
w	只写，若文件已存在则原内容将被覆盖；若文件不存在则新建一个
a	在文件末尾添加，若文件不存在则新建一个
r +	可读可写，文件必须存在
w +	可读可写，若文件已存在则原内容将被覆盖；若文件不存在则新建一个
a +	可读可写可添加，若文件不存在则新建一个

读写文件必须先要打开文件，有两个标准代码文件，不需打开就可以直接使用，分别为：fid = 1（标准输出文件）和 fid = 2（标准错误文件）。若不指定打开方式，则表示只读。

1. 二进制文件的读操作
语法格式：

```
[A,count] = fread(fid,size,precision)   %A用来存放读取的数据;count为返
                                          回读取数据的个数,是可选项;fid
                                          为文件句柄;precision代表读取
                                          的数据类型,size为可选项,默认为
                                          读取整个文件,取值选择是:Inf:读
                                          取整个文件;N:读取N个数据到一
                                          个列向量;[m,n]:读取m×n个数
                                          据到一个m×n矩阵中并按列存放
```

【例 2-20】 设已有二进制数据文件 output. dat，从文件中读入二进制数据。

程序命令：

```
>> fid = fopen('output.dat','r');
>> A = fread(fid,100,'double');      %从文件中读入二进制数据
>> status = fclose(fid);
>> fid = fopen('output.dat','r');
>> [A,count] = fread(fid,[100,100],'double');
>> status = fclose(fid);
```

2. 二进制文件的写操作

语法格式：

```
count = fwrite(fid,A,precision)  %按指定的数据类型将矩阵 A 中的元素写入到
                                   文件中。其中,count 为返回所写入的数据
                                   元素个数(可默认);fid 为文件句柄;A 用来
                                   存放写入文件的数据;precision 代表数据
                                   类型,常用的数据类型有:char、uchar、
                                   int、long、float、double 等,默认数据类
                                   型为 uchar,即无符号字符
```

【例 2-21】 将 4×4 帕斯卡矩阵转换为二进制数据写入文件 pascal4.dat 中。

程序命令：

```
>> clc;A = pascal(4);
>> fid = fopen('pascal4.dat','w');
>> fwrite(fid,A,'int8');       %用 8 位整形数把二进制数据写入文件
>> fclose(fid);
>> fid = fopen('pascal4.dat','r');
>> [B,count] = fread(fid,[4,inf],'int8');
>> fclose(fid);
>> B
```

结果：

```
B = 1   1   1   1
    1   2   3   4
    1   3   6   10
    1   4   10  20
```

2.4.3 文件的关闭

当不需要对文件进行操作之后，要使用 fclose 函数对这个文件进行关闭，以免数据丢失。

语法格式：

```
status = fclose(fid)  %fid 为所要关闭的文件句柄;status 为关闭文件的返回代
                        码,若关闭成功则为 0,否则为 -1
```

【例 2-22】 文件的读写操作，将 5×5 魔方阵存入二进制文件中，并读取输出。
程序命令：

```
>> fid = fopen('mofang.dat','w');
>> a = magic(5);
>> fwrite(fid,a,'long');   %用长整形数把二进制数据写入文件
>> fclose(fid);
>> fid = fopen('mofang.dat','r');
>> [A,count] = fread(fid,[5, inf],'long');
>> fclose(fid);
>> A
```

结果：

```
A =17   24    1    8   15
   23    5    7   14   16
    4    6   13   20   22
   10   12   19   21    3
   11   18   25    2    9
```

2.4.4　文本文件的读写

1. 文本文件的读操作
语法格式：

```
[A,count] = fscanf(fid,format,size)   %A 用来存放读取的数据;count 表示返回
```
读取数据的个数,为可选项;fid 为文件句柄;format 用来控制读取的数据格式,由%加上格式符组成,常见的格式符有:d(整型)、f(浮点型)、s(字符串型)、c(字符型)等,在%与格式符之间还可以插入附加格式说明符,如数据宽度说明等;size 为可选项,表示矩阵 A 中数据的排列形式,它可以取下列值:n(读取 n 个元素到一个列向量)、inf(读取整个文件)、[m,n](读数据到 m×n 的矩阵中,数据按列存放)

【例 2-23】 使用 fprintf 读取文本文件，计算 $x = [0, 1]$ 时，$f(x) = \exp$ 的值，并将结果写入到文件 output.txt 中，最后显示到命令行窗口中。
程序命令：

```
>> x = 0:0.1:1;   y = [x;exp(x)];   %y 有两行数据
>> fid = fopen('output.txt','w');
>> fprintf(fid,'%6.2f   %12.8f\n',y);
```

```
>> fclose(fid); fid=fopen('output.txt','r');
>> [a,count]=fscanf(fid,'%f %f',[2 inf]);
>> fprintf(1,'%f  %f\n',a);  fclose(fid);
```

结果:

```
0.000000 1.000000
0.100000 1.105171
0.200000 1.221403
0.300000 1.349859
0.400000 1.491825
0.500000 1.648721
0.600000 1.822119
0.700000 2.013753
0.800000 2.225541
0.900000 2.459603
1.000000 2.718282
```

2. 文本文件的写操作
语法格式:

```
fprintf(fid,format,A)  % 将数据按指定格式写入到文本文件中。其中,fid 为文
                         件句柄,指定要写入数据的文件;format 是用来控制所
                         写数据格式的格式符,与 fscanf 函数相同;A 是用来存
                         放数据的矩阵
```

也可使用: dlmwrite('filename', M) 将矩阵 M 写入文本文件 filename 中。
例如:

```
>> a=[1 2 3; 4 5 6; 7 8 9];
>> dlmwrite('test.txt',a);
```

则 test.txt 中的内容为:

```
1,2,3
4,5,6
7,8,9
```

【例 2-24】 创建一个字符矩阵并存入磁盘,然后再读出赋值给另一个矩阵。
程序命令:

```
>> clc;clear;
>> char1='创建一个字符矩阵并存入磁盘再读出赋值给另一个矩阵';
>> fid=fopen('mytest.txt','w+');
>> fprintf(fid,'%s',char1);
>> fclose(fid);
```

```
>> fid1 = fopen('mytest.txt','rt');
>> char2 = fscanf(fid1,'%s')
```

结果:

char2 = 创建一个字符矩阵并存入磁盘再读出赋值给另一个矩阵

2.4.5 文件定位和文件状态

1. 检测文件是否已经结束
语法格式:

status = feof(fid)　　% fid 为文件句柄;status 为状态逻辑值,若结束 status 返
回值为 0,否则返回值为 -1

2. 查询文件的输入、输出错误信息
语法格式:

ioerror = ferror(fid)　　% fid 为文件句柄;ioerror 为逻辑值,若文件的输入、输出
有错误则返回 0,否则为 1

3. 使位置指针重新返回文件的开头
语法格式:

Start = frewind(fid)　　% fid 为文件句柄;Start 为逻辑值,返回文件开头 Start =
0,否则 Start = 1

4. 设置文件的位置指针
语法格式:

status = fseek(fid,offset,origin)　　% 若定位成功,status 返回值为 0,否则返回值为
-1;fid 为文件句柄;offset 为位置指针相对
移动的字节数;origin 表示位置指针移动的参
照位置,有 3 种取值:'cof'表示当前位置,'bof
'表示文件的开始位置,'eof'表示文件末尾

5. 查询当前文件指针的位置
语法格式:

position = ftell(fid);　　% fid 为文件句柄;position 返回值为从文件开始到指针当前
位置的字节数,若返回值为 -1,则表示获取文件当前位置失败

【例 2-25】　读取例 2-24 的 output.txt 文件,查询该文件的文件大小和当前指针位置。
程序命令:

```
>> fid = fopen('mytest.txt','r');
>> fseek(fid,0,'eof');　x = ftell(fid);
>> fprintf(1,'File Size = %d\n',x);
>> frewind(fid);x = ftell(fid);
>> fprintf(1,'File Position = %d\n',x);
>> fclose(fid);
```

结果:

```
File Size = 25
File Position = 0
```

2.4.6 按行读取数据

1. fgetl 函数
语法格式:

```
tline = fgetl(fid)    % fid 为文件句柄。fgetl 从 fid 文件中读取一行数据并丢弃
                        其中的换行符。如果读取成功,tline 容纳了读取到的文本
                        字符串;如果遇到文件末尾的结束标志(EOF),则函数返回
                        -1,即 tline 值为 -1。
```

2. fgets 函数
语法格式:

```
tline = fgets(fid)         % 读取文件的下一行,包括换行符
tline = fgets(fid,nchar)   % 返回文件标识符指向的一行,最多 nchar 个字符
```

说明:读取一行数据,包括行终止符。

【例 2-26】 编写一个程序,用于读取生成的矩阵数据。
程序命令:

```
>> fid = fopen('output.txt','r');
>> while ~ feof(fid)        % 在文件没有结束时按行读取数据
>> s = fgets(fid);fprintf(1,'%s',s);
>> end
>> fclose(fid);
```

结果:

```
0.00    1.00000000
0.10    1.10517092
0.20    1.22140276
0.30    1.34985881
0.40    1.49182470
0.50    1.64872127
0.60    1.82211880
0.70    2.01375271
0.80    2.22554093
0.90    2.45960311
1.00    2.71828183
```

第 3 章

MATLAB 的静态与动态绘图功能

3.1 二维绘图功能

3.1.1 绘制一般函数曲线

1. plot 命令

MATLAB 的 plot 函数是二维图形最基本的函数之一，它可针对向量或矩阵绘制出以 x 轴和 y 轴为线性尺度的直角坐标曲线。

语法格式：

```
plot(x1,y1,option1,x2,y2,option2,…)   % x1、y1、x2、y2 给出的数据分别为 x
                                        轴和 y 轴坐标值;option 定义了图
                                        形曲线的颜色、字符和线型。使用该
                                        命令可以画一条或多条曲线。若 x1
                                        和 y1 都是数组,则按列取坐标数据
                                        绘制。
```

使用 option 来定义图形曲线的颜色、字符和线型，其含义分别见表 3-1、表 3-2 和表 3-3。

表 3-1　颜色表示

选　项	含　义	选　项	含　义	选　项	含　义
'r'	红色	'w'	白色	'k'	黑色
'g'	绿色	'y'	黄色	'm'	锰紫色
'b'	蓝色	'c'	亮青色	—	—

表 3-2　字符表示

选　项	含　义	选　项	含　义	选　项	含　义
'.'	画点号	'o'	画圈符	'd'	画菱形符
'*'	画星号	'+'	画十字符	'p'	画五角形符
'x'	画叉号	's'	画方块符	'h'	画六角形符
'^'	画上三角	'>'	画左三角	—	—
'V'	画下三角	'<'	画右三角	—	—

表 3-3　线型表示

选　项	含　义	选　项	含　义
'－'	画实线	'.－'	点画线
'－－'	画虚线	':'	画点线

【例 3-1】　绘制函数曲线 $y = 2\mathrm{e}^{-0.5t}\sin(2\pi t)$。
程序命令:

```
>> t = 0:pi/100:2 * pi;
>> y1 = 2 * exp( -0.5 * t). * sin(2 * pi * t);
>> y2 = sin(t);
>> plot(t,y1,'b - ',t,y2,'r - o')
```

所绘曲线如图 3.1 所示。

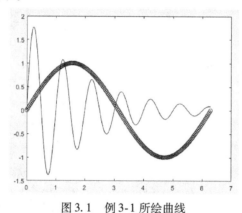

图 3.1　例 3-1 所绘曲线

【例 3-2】　绘制函数曲线 $x = t\sin3t$，$y = t\sin t\sin t$。
程序命令:

```
>> t = 0:0.1:2 * pi;
>> x = t. * sin(3 * t);
>> y = t. * sin(t). * sin(t);
>> plot(x,y,'r - p');
```

所绘曲线如图 3.2 所示。

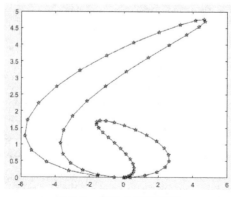

图 3.2　例 3-2 所绘曲线

2. 图形屏幕控制命令

figure：打开图形窗口

clf：清除当前图形窗口的内容

hold：保持当前图形窗口的内容

hold on：再次用 hold 就解除保持状态

grid on：给图形加上栅格线

grid off：删除图形中的栅格线

box on：在当前坐标系中显示一个边框

box off：在当前坐标系中去掉边框

close：关闭当前图形窗口

close all：关闭所有图形窗口

【例 3-3】 在不同窗口绘制图形。

程序命令：

```
>> t =0:pi/100:2 * pi;
>> y1 = cos(t);
>> y2 = sin(t).^2;
>> figure(1);plot(t,y1,'g-p');box on
>> figure(2);plot(t,y2,'r-o');grid on
```

结果如图 3.3 所示。

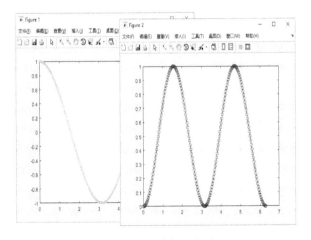

图 3.3　不同窗口绘图

3. 图形标注命令

title：图题标注

xlabel：x 轴说明

ylabel：y 轴说明

zlabel：z 轴说明

text：在图形中指定的位置（x，y）上显示字符串 string，例如 text(x，y，'string')

annotation：线条、箭头和图框标注，例如：annotation('arrow'，[0.1，0.45]，[0.3，0.5]) legend：图例标注

legend 函数用于绘制曲线所用线型、颜色或数据点标记图例，用法如下：

1）legend（'字符串 1'，'字符串 2'，…）：指定字符串顺序标记当前轴的图例。

2）legend（句柄，'字符串 1'，'字符串 2'，…）：指定字符串标记句柄图形对象图例。

3）legend（M）：用字符 M 矩阵的每一行字符串作为图形对象标记图例。

4）legend（句柄，M）：用字符 M 矩阵的每一行字符串作为指定句柄的图形对象标签标记图例。

4. 注释的字体属性

字体属性见表 3-4。

表 3-4　字体属性

属 性 名	注　　释	属 性 名	注　　释
FontName	字体名称	FontWeight	字形
FontSize	字体大小	FontUnits	字体大小单位
FontAngle	字体角度	Rotation	文本旋转角度
BackgroundColor	背景色	HorizontalAlignment	文本相对位置
EdgeColor	边框颜色	—	—

1）FontName 属性定义名称，取值是系统支持的一种字体名。

2）FontSize 属性设置文本对象的大小，其单位由 FontUnits 属性决定，默认值为 10 磅。

3）FontWeight 属性设置字体粗细，取值可以是 normal（默认值）、bold、light 或 demi。

4）FontAngle 属性设置斜体文字模式，取值可以是 normal（默认值）、italic 或 oblique。

5）Rotation 属性设置字体旋转角，取值是数值量，默认值为 0。取正值时表示逆时针方向旋转，取负值时表示顺时针方向旋转。

6）BackgroundColor 和 EdgeColor 属性设置文本对象的背景颜色和边框线的颜色，可取值为 none（默认值）或 ColorSpec。

7）HorizontalAlignment 属性设置文本与指定点的相对位置，其取值为 left（默认值）、center 或 right。

5. axis 的用法

语法格式：

$$axis([x_{min} \quad x_{max} \quad y_{min} \quad y_{max}]) \text{ 或 } axis([x_{min} \quad x_{max} \quad y_{min} \quad y_{max} \quad z_{min} \quad z_{max}])$$

说明： 该函数用来标注输出图形或曲线的坐标范围。若给出前 4 个参数绘制二维曲线。给出所有参数绘制出三维图形。

用法有：

1）axis equal：将两坐标轴设为相等。

2）axis on(off)：显示（关闭）坐标轴。

3）axis auto：将坐标轴设置为默认值。

4）axis square：产生正方形坐标系（默认为矩形）。

6. 子图分割
语法格式：

```
subplot(n,m,p)   %n表示行数,m表示列数,p表示绘图序号。按从左至右、从上至
                  下排列,把图形窗口分为n*m个子图,在第p个子图处绘制
                  图形。
```

【例3-4】 绘制正弦和余弦函数曲线。
程序命令：

```
>> t=0:pi/100:2*pi;
>> y1=sin(t);
>> y2=cos(t);
>> y3=sin(t).^2;
>> y4=cos(t).^2;
>> subplot(2,2,1),plot(t,y1);title('sin(t)')
>> subplot(2,2,2),plot(t,y2,'g-p');title('cos(t)')
>> subplot(2,2,3),plot(t,y3,'r-o');title('sin^2(t)')
>> subplot(2,2,4),plot(t,y4,'k-h');title('cos^2(t)')
```

所绘曲线如图 3.4 所示。

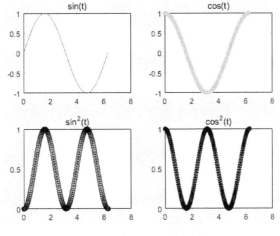

图 3.4　例 3-4 所绘曲线

3.1.2　图形对象及其句柄

1. 设置图形对象属性
语法格式：

```
set(句柄,属性名1,属性值1,属性名2,属性值2,…)  %"句柄"用于指明要操作的图形
                                              对象。如果在调用set函数时
                                              省略全部属性名和属性值,则将
                                              显示出句柄所有允许的属性
```

2. 获取图形对象属性

语法格式:

V = get(句柄,属性名)　%V是返回的属性值。如果在调用get函数时省略属性名,则将返回句柄所有的属性值。例如,col = get(h,'Color')用来获得曲线的颜色属性值

3. 建立曲线对象

曲线对象是坐标轴的子对象,它既可以定义在二维坐标系中,也可以定义在三维坐标系中。建立曲线对象使用line函数。

语法格式:

句柄变量 = line(x,y,属性名1,属性值1,属性名2,属性值2,…)

曲线对象的常用属性如下:

1) LineStyle 属性:定义线型。

2) LineWidth 属性:定义线宽,默认值为0.5磅。

3) Marker 属性:定义数据点标记符号,默认值为none。

4) MarkerSize 属性:定义数据点标记符号的大小,默认值为6磅。

5) XData、YData、ZData 属性:这3种属性的取值都是数值向量或矩阵,分别代表曲线对象的3个坐标轴数据。

【例3-5】　利用曲线对象绘制曲线 $y = e^{-t}\sin 2\pi t$。

程序命令:

```
>> t = 0:pi/100:pi;
>> y = sin(2*pi*t).*exp(-t);
>> title('修改颜色和线宽');
>> h1 = line('XData',t,'YData',y,'Marker','*');
>> text(1,0.6,'y = e^{-t}sin(2{\pi}t)','FontSize',16)
>> set(h1,'Color','r','LineWidth',3)
>> xlabel('时间','FontSize',20)
>> ylabel('幅度','FontSize',20)
>> grid on
```

所绘曲线如图3.5所示。

4. 矩形对象

在MATLAB中,矩形、椭圆以及二者之间的过渡图形(如圆角矩形)都称为矩形对象。创建矩形对象的函数是rectangle。

语法格式:

rectangle(属性名1,属性值1,属性名2,属性值2,…)

矩形对象的常用属性如下:

1) Position 属性:定义相对坐标轴原点的矩形位置。

2) Curvature 属性:定义矩形边的曲率。

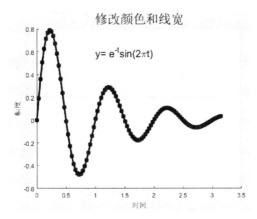

图 3.5   例 3-5 所绘曲线

3）LineStyle 属性：定义线型。

4）LineWidth 属性：定义线宽，默认值为 0.5 磅。

5）EdgeColor 属性：定义边框线的颜色。

【例 3-6】   在同一坐标轴上绘制矩形、圆角矩形和圆。

程序命令：

```
>> rectangle('Position',[6,1,10,3],'LineWidth',5,'EdgeColor','b')
>> rectangle('Position',[10.5,4.1,1.1,9],'LineWidth',3,'EdgeColor','g')
>> x =[11,9,7];y =[8,10,10];
>> px =[x,x(1)];py =[y,y(1)];line(px,py,'Color','b');
>> x =[15,12,11.5];y =[13,11,9];
>> px =[x,x(1)];py =[y,y(1)];line(px,py,'Color','b');
>> rectangle('Position',[1,1,20,18],'Curvature',0.4,'LineStyle','-.')
>> rectangle('Position',[10,15,2,2],'Curvature',[1,1],'Linewidth',
   2,'EdgeColor','r')
>> rectangle('Position',[9,16.7,2,2],'Curvature',[1,1],'Linewidth
   ',2,'EdgeColor','r')
>> rectangle('Position',[11,16.7,2,2],'Curvature',[1,1],'Linewidth
   ',2,'EdgeColor','r')
>> rectangle('Position',[8.05,14.7,2,2],'Curvature',[1,1],'Linewidth
   ',2,'EdgeColor','r')
>> rectangle('Position',[12,14.7,2,2],'Curvature',[1,1],'Linewidth
   ',2,'EdgeColor','r')
>> rectangle('Position',[11,13,2,2],'Curvature',[1,1],'Linewidth',
   2,'EdgeColor','r')
>> rectangle('Position',[9,13,2,2],'Curvature',[1,1],'Linewidth',
   2,'EdgeColor','r')
>> axis equal
```

例 3-6 所绘图形如图 3.6 所示。

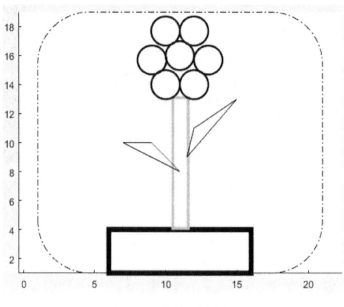

图 3.6　绘制基本图形

3.1.3　绘制对数坐标图

在实际应用中，常常使用到对数坐标，MATLAB 提供了绘制对数和半对数坐标曲线的函数。

语法格式：

```
semilogx(x1,y1,选项 1,x2,y2,选项 2,…)
semilogy(x1,y1,选项 1,x2,y2,选项 2,…)
loglog(x1,y1,选项 1,x2,y2,选项 2,…)
```

这些函数中选项的定义与 plot 函数完全一样，所不同的是坐标轴的选取。semilogx 函数使用半对数坐标，x 轴为对数刻度，而 y 轴仍保持线性刻度；semilogy 恰好和 semilogx 相反；loglog 函数使用全对数坐标，x、y 轴均采用对数刻度。

【例 3-7】　绘制不同坐标曲线。

程序命令：

```
>> x = 0:0.1:10;
>> subplot(2,2,1);plot(x,2.^x,'b - * ');title('双线性坐标')
>> subplot(2,2,3);semilogy(x,2.^x);title('x 线性 y 对数坐标')
>> x = logspace( -1,2);
>> subplot(2,2,2);semilogx(x,1./x);title('y 线性 x 对数坐标')
>> subplot(2,2,4);loglog(x,exp(x),' - s');title('双对数坐标')
>> grid on
```

所绘曲线如图 3.7 所示。

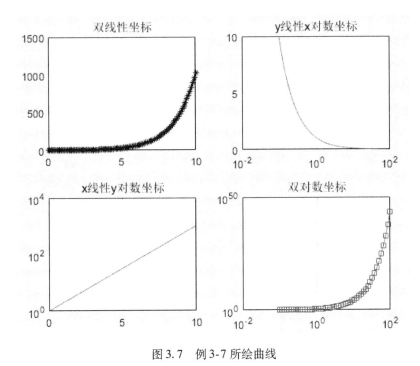

图 3.7　例 3-7 所绘曲线

3.1.4　绘制特殊二维图形函数曲线

特殊二维图形函数见表 3-5。

表 3-5　特殊二维图形函数

函　　数	说　　明
bar	条形图
polar	极坐标图
stairs	阶梯图
stem	火柴杆图
fill	实心图

【例 3-8】　绘制特殊二维图形函数曲线。

程序命令：

```
>> t = 0:0.2:2 * pi;
>> y = sin(t);
>> subplot(2,2,1),stairs(t,y);title('stairs')
>> subplot(2,2,2),stem(t,y);title('stem')
>> subplot(2,2,3),bar(t,y);title('bar')
>> subplot(2,2,4),polar(t,y);title('polar')
```

所绘曲线如图 3.8 所示。

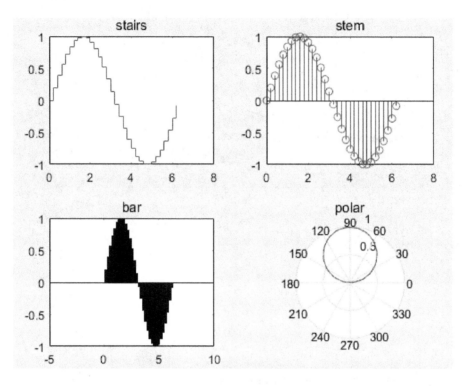

图 3.8　例 3-8 所绘曲线

3.1.5　绘制符号函数曲线

1. 绘制符号函数（显函数、隐函数和参数方程）曲线
语法格式：

```
ezplot('f(x)',[a,b])                      %表示在 a < x < b 绘制显函数 f = f
                                              (x)的函数图
ezplot(f,[xmin,xmax],figure(n))           %指定绘图窗口绘图
ezplot('f(x,y)',[xmin,xmax,ymin,ymax])    %表示在区间 xmin < x < xmax 和 ymin
                                              < y < ymax 绘制隐函数 f(x,y) = 0
                                              的函数图
ezplot('x(t)','y(t)',[tmin,tmax])         %表示在区间 tmin < t < tmax 绘制
                                              参数方程 x = x(t),y = y(t)的函
                                              数图
```

【**例 3-9**】　使用 ezplot 在 [-10, 10] 区间绘制函数 $y = \dfrac{\sin(\sqrt{2x^2})}{\sqrt{2x^2}}$ 曲线。

程序命令：

```
>> ezplot('sin(sqrt(2. * x.^2))/sqrt(2. * x.^2)',[ -10,10])
```

所绘曲线如图 3.9 所示。

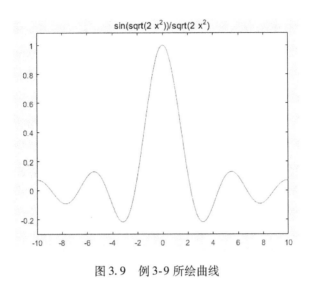

图 3.9 例 3-9 所绘曲线

【**例 3-10**】 在 $[0, 2\pi]$ 区间绘制函数 $y = \cos(t)$，$x = \sin3(t)$ 的星形图。
程序命令：

```
>> ezplot('cos(t)^3','sin(t)^3',[0,2*pi])
```

所绘图形如图 3.10 所示。

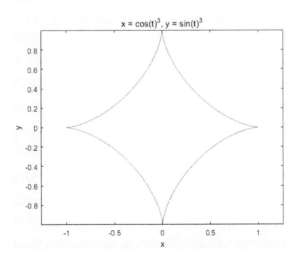

图 3.10 例 3-10 所绘图形

2. 函数图函数
语法格式：

```
fplot(fun,lims)           % 绘制函数 fun 在 x 区间 lims =[xmin,xmax]的函数图
fplot(fun,lims,'corline') % 以指定线形绘图
[x,y] = fplot(fun,lims)   % 只返回绘图点的值而不绘图,需用 plot(x,y)来绘图
```

说明：
1）fun 必须是 M 文件的函数名或是独立变量为 x 的字符串。

2）fplot 函数不能画参数方程和隐函数图形，但可以在一个图上画多个图形。

【例3-11】 建立函数文件 myfun1.m，在 $[-1, 2]$ 区间上绘制 $y = e^{2x} + \sin(3x^2)$ 曲线。

程序命令：

```
>> function Y = myfun1(x)
>> Y = exp(2*x) + sin(3*x.^2)
```

在命令窗口输入命令调用函数：

```
>> fplot('myfun1',[-1,2])
```

所绘曲线如图 3.11 所示。

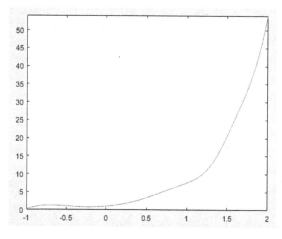

图 3.11　例 3-11 所绘曲线

【例3-12】 绘制函数 $\sin(x)$ 和 $\tan(x)\cos(x)$ 在 $[-2\pi, 2\pi]$ 区间的曲线。

程序命令：

```
>> fplot('[sin(x),tan(x),cos(x)]',2*pi*[-1 1 -1 1],'r-p')
```

所绘曲线如图 3.12 所示。

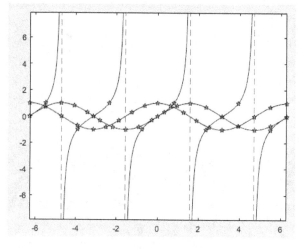

图 3.12　例 3-12 所绘曲线

3.2 三维绘图功能

3.2.1 绘制三维空间曲线

与 plot 函数类似，可以使用 plot3 函数来绘制一条三维空间的曲线。

语法格式：

```
plot3(x,y,z,option)          % 与 plot 函数中的 x、y 和 option 类似，多了一个 z
                               坐标轴。option 指定曲线的颜色、线形等
```

【**例 3-13**】 绘制三维曲线并标注坐标。

程序命令：

```
>> t = 0:pi/10:20 * pi;
>> x = sin(t);
>> y = cos(t);
>> z = t. * sin(t). * cos(t);
>> plot3(x,y,z,'k - p');
>> title('线性 三维空间');
>> xlabel('x 轴');ylabel('y 轴')
>> zlabel('z 轴')
```

所绘曲线如图 3.13 所示。

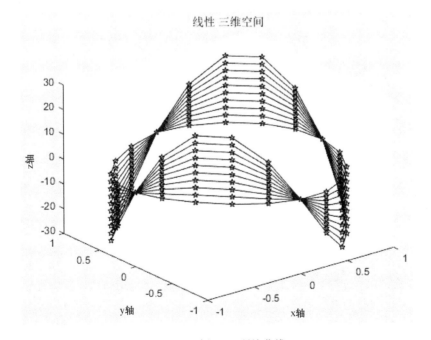

图 3.13　例 3-13 所绘曲线

3.2.2 绘制网格矩阵

meshgrid 函数产生二维阵和三维阵列。使用该函数时，用户需要知道各个四边形顶点的三维坐标值（x，y，z）。

语法格式：

[X,Y] = meshgrid(x,y)	%向量 x、y 分别指定 x 轴和 y 轴的数据点。当 x 为 n 维向量，y 为 m 维向量时，X、Y 均为 m×n 的矩阵。[X, Y] = meshgrid(x)等效于[X,Y] = meshgrid(x,x)
[X,Y,Z] = meshgrid(x,y,z)	%产生 x 轴、y 轴和 z 轴的三维阵列，它们指定了三维空间

【例 3-14】 利用 meshgrid 函数绘制三维曲线 $z = \tan(x/y)$。

程序命令：

```
>> a = -30:1:30;
>> b = -30:1:30;
>> [x,y] = meshgrid(a,b);
>> z = atan(x./y);
>> plot3(x,y,z);
```

所绘曲线如图 3.14 所示。

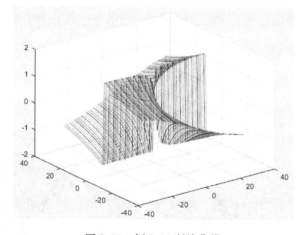

图 3.14 例 3-14 所绘曲线

【例 3-15】 利用 plot3 函数绘制三维曲线。

程序命令：

```
>> z = sin(x).cos(x);
>> x = 0:0.1:2*pi;
>> [x,y] = meshgrid(x);
>> z = sin(y).*cos(x);
>> plot3(x,y,z);
>> xlabel('x - axis'),ylabel('y - axis');
```

```
>> zlabel('z-axis');
>> title('三维曲线');
>> grid on;
```

所绘曲线如图 3.15 所示。

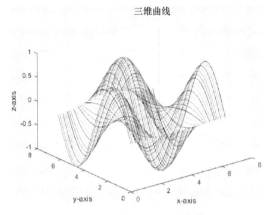

图 3.15　例 3-15 所绘曲线

3.2.3　绘制常用三维图形

1）bar3 为绘制三维条形图，语法格式为：

```
bar3(y)      % y 的每个元素对应于一个条形图
bar3(x,y)    % 在 x 指定的位置上绘制 y 中元素的条形图
```

2）stem3 为绘制针状形图，语法格式为：

```
stem3(z)         % 将数据序列 z 表示为从 xy 平面向上延伸的杆形图,x 和 y 自动生成
stem3(x,y,z)     % 在 x 和 y 指定的位置上绘制数据序列 z 的杆形图,x、y、z 的维数要相同
```

3）pie3 为函数绘制三维饼图，语法格式为：

```
pie3(x)      % x 为向量,用 x 中的数据绘制一个三维饼图
```

4）fill3 为函数可在三维空间内绘制出填充过的多边形，语法格式为：

```
fill3(x,y,z,c)     % 用 x、y、z 做多边形的顶点,而 c 指定了填充的颜色
```

【例 3-16】　绘制三维条形图和三维杆形图。

程序命令：

```
>> t=0:.1:2*pi;
>> x=t.^3.*sin(3*t).*exp(-t);
>> y=t.^3.*cos(3*t).*exp(-t);
>> z=t.^2;
>> plot3(x,y,z);hold on;
>> stem3(x,y,z);hold on;
>> bar3(x,y,z);hold on;
```

所绘图形如图 3.16 所示。

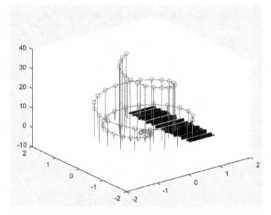

图 3.16　例 3-16 所绘图形

【例 3-17】　子图的使用和绘制，要求：

（1）绘制魔方阵的三维条形图；

（2）绘制曲线 $y = 2\sin x$ 的三维杆形图；

（3）已知 x = [2347，1827，2043，3025]，绘制三维饼图；

（4）用随机的顶点坐标值画出 5 个黄色三角形。

程序命令：

```
>> subplot(2,2,1);bar3(magic(4));
>> title('魔方阵的三维条形图')
>> subplot(2,2,2);y=2*sin(0:pi/6:2*pi);
>> stem3(y);title('三维杆形图');
>> subplot(2,2,3);pie3([25,20,22,33]);
>> title('饼形图');subplot(2,2,4);
>> fill3(rand(3,5),rand(3,5),rand(3,5),'y');
>> title('随机数填充图');
```

子图的使用和绘制如图 3.17 所示。

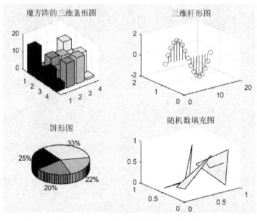

图 3.17　子图的使用和绘制

3.2.4 绘制三维曲面图

1. 三维网格曲面图

三维网格图是由一些四边形相互连接在一起构成的一种曲面图。

语法格式：

```
mesh(x,y,z,c)
```

说明：

1）x、y、z 是维数同样的矩阵，x、y 是网格坐标矩阵，z 是网格点上的高度矩阵，c 用于指定在不同高度下的颜色范围。

2）c 省略时，c=z，即颜色的设定是正比于图形的高度。

3）当 x、y 是向量时，要求 x 的长度必须等于 z 矩阵的列，y 的长度必须等于 z 的行。x、y 向量元素的组合构成网格点的 x、y 坐标，z 坐标则取自 z 矩阵，然后绘制三维曲线。

【例 3-18】 根据函数 $z=f(x,y)$ 的 x 和 y 坐标找出 z 的高度，绘制 $z=x^2+y^2$ 的三维网格图。

程序命令：

```
>> x = -5:5;y = x;
>> [X,Y] = meshgrid(x,y)
>> Z = X.^2 + Y.^2
>> mesh(X,Y,Z)
```

所绘图形如图 3.18 所示。

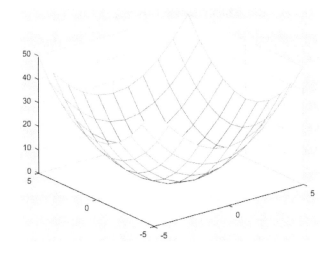

图 3.18 例 3-18 所绘图形

【例 3-19】 利用 mesh( ) 函数绘制 $z=\sin(x)\cos(x)$ 的三维网格图。

程序命令：

```
>> x =0:0.1:2*pi;
>> [x,y] =meshgrid(x);
>> z =sin(y).*cos(x);
>> mesh(x,y,z);
>> xlabel('x-axis');
>> ylabel('y-axis');
>> zlabel('z-axis');
>> title('mesh');pause;
```

所绘图形如图 3.19 所示。

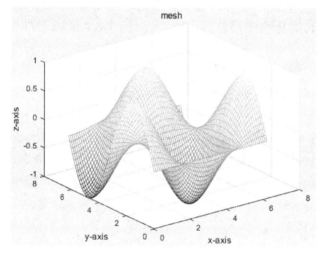

图 3.19　例 3-19 所绘图形

【例 3-20】　绘制函数 $z = \sin(x + \sin(y)) - x/10$ 在（0，4π）的三维网格图。
程序命令：

```
>> [x,y] =meshgrid(0:0.25:4*pi);
>> z =sin(x+sin(y)) -x/10;
>> mesh(x,y,z);
>> axis([0 4*pi 0 4*pi -2.5 1]);
```

所绘图形如图 3.20 所示。

2. 三维阴影曲面图
语法格式：

```
surf(x,y,z,c)     %其中 x、y、z、c 的含义与 mesh 函数中相同,它们均使用网格矩阵
                  meshgrid 函数产生坐标,然后绘图自动着色。其三维阴影曲面
                  surf 函数各个四边形的表面颜色分布通过 shading 命令来
                  指定。
```

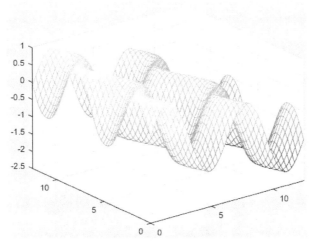

图 3.20　例 3-20 所绘图形

【**例 3-21**】　绘制函数 $z = \sin(x + \sin(y)) - x/10$ 在（0，4π）的三维曲面图。
程序命令：

```
>> [x,y]=meshgrid(0:0.25:4*pi);
>> z=sin(x+sin(y))-x/10;
>> surf(x,y,z);
>> axis([0 4*pi 0 4*pi -2.5 1]);
```

所绘图形如图 3.21 所示。

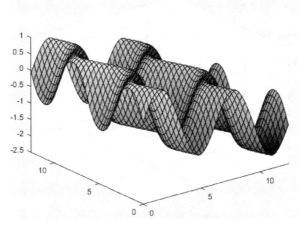

图 3.21　例 3-21 所绘图形

【**例 3-22**】　绘制马鞍函数 $z = f(x, y) = x^2 - y^2$ 的三维曲面图。
程序命令：

```
>> x=-10:0.1:10
>> [xx,yy]=meshgrid(x);
>> zz=xx.^2-yy.^2;
```

```
>> surf(xx,yy,zz );
>> title('马鞍面');xlabel('x轴')
>> ylabel('y轴')zlabel('z轴')
>> grid on;
```

结果如图 3.22 所示。

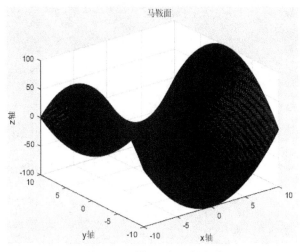

图 3.22　例 3-22 所绘图形

【例 3-23】　绘制函数 $z = f(x,\ y) = x + 2y^2$ 的曲面图。

程序命令:

```
>> xx = linspace(-1,1,50);
>> yy = linspace(-2,2,100);
>> [x,y] = meshgrid(xx,yy);
>> z = x.^2 + 2 * y.^2;
>> surf(x,y,z)
```

结果如图 3.23 所示。

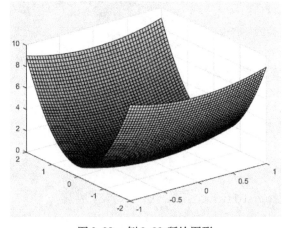

图 3.23　例 3-23 所绘图形

【例3-24】 绘制 $z = \dfrac{\sin(\sqrt{x^2 + y^2})}{\sqrt{x^2 + y^2}}$ 函数的网格图与网面图。

程序命令：

```
>> x = -10:0.5:10
>> [xx,yy] = meshgrid(x);
>> R = sqrt(xx.^2 + yy.^2);
>> zz = sin(R)./R;
>> subplot(1,2,1);mesh(xx,yy,zz);
>> subplot(1,2,2);surf(xx,yy,zz);
```

结果如图 3.24 所示。

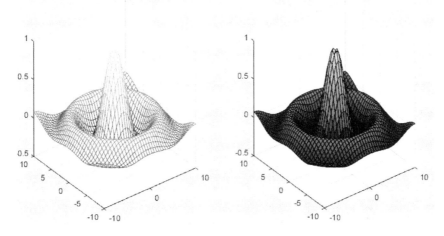

图 3.24 例 3-24 所绘图形

3.2.5 特殊三维立体图

MATLAB 提供了球面和柱面等标准的三维曲面绘制函数，使用户可以很方便地得到标准三维曲面图。

1. 球面图

语法格式：

```
sphere(n)          %画 n 等分球面,n 表示球面绘制的精度,默认半径 = 1,n = 20
[x,y,z] = sphere(n)   %获取球面 x、y、z 空间坐标位置
```

【例3-25】 绘制当 $n = 4$，6，20，40 时的不同球面图。
程序命令：

```
>> subplot(2,2,1);sphere(4);title('n = 4');
>> subplot(2,2,2);sphere(6);title('n = 6');
>> subplot(2,2,3);sphere(20);title('n = 20');
>> subplot(2,2,4);sphere(40);title('n = 40');
```

结果如图 3.25 所示。

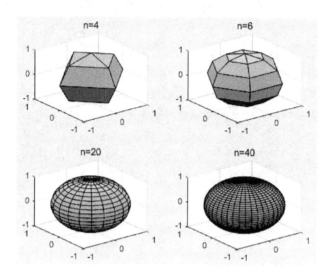

图 3.25　例 3-25 所绘图形

2. 柱面图
语法格式:

```
cylinder(R,n)                    %R 为半径,n 为柱面圆周等分数
[x, y, z] = cylinder(R,n)        %x、y、z 代表空间坐标位置
```

说明: 若在调用该函数时不带输出参数, 则直接绘制所需柱面。n 决定了柱面的圆滑程度, 其默认值为 20。若 n 值取的比较小, 则绘制出多面体的表面图。

【例 3-26】 绘制当 $n = 3$, 6, 20, 50 时的不同柱面图。
程序命令:

```
>> t = linspace(pi/2,3.5 * pi,50)
>> R = cos(t) + 2;
>> subplot(2,2,1);cylinder(R,3);title('n = 3');
>> subplot(2,2,2);cylinder(R,6);title('n = 6');
>> subplot(2,2,3);cylinder(R,20);title('n = 20');
>> subplot(2,2,4);cylinder(R,50);title('n = 50');
```

结果如图 3.26 所示。

【例 3-27】 绘制函数 $2 + \cos^2 t$ 的柱面图。
程序命令:

```
>> t = 0:pi/10:2 * pi;
>> [X,Y,Z] = cylinder(2 + (cos(t)).^2);
>> surf(X,Y,Z);
>> axis square
```

结果如图 3.27 所示。

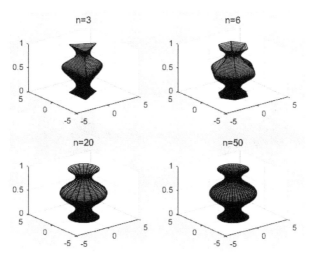

图 3.26　例 3-26 所绘图形

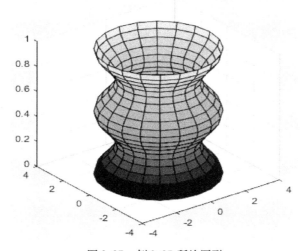

图 3.27　例 3-27 所绘图形

3. 利用多峰函数绘图

多峰函数为:

$$f(x,\ y)=3(1-x)^2\mathrm{e}^{-x^2-(y+1)^2}-10\left(\frac{x}{5}-x^3-y^5\right)\mathrm{e}^{-x^2-y^2}-\frac{1}{3}\mathrm{e}^{-(x+1)^2-y^2}$$

语法格式:

```
peaks(n)                % 输出 n×n 矩阵峰值函数图形
[x,y,z]=peaks(n)        % x、y、z 代表空间坐标位置
```

【例 3-28】　绘制多峰图。

程序命令:

```
>> [X,Y,Z]=peaks(30);
>> subplot(1,2,1);surf(X,Y,Z)
>> subplot(1,2,2);surfc(X,Y,Z)
```

结果如图 3.28 所示。

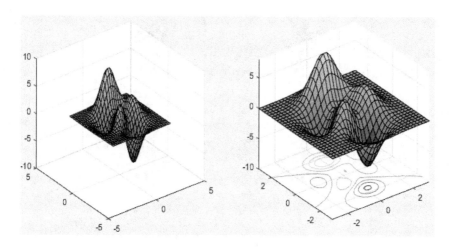

图 3.28 例 3-28 所绘图形

3.2.6 图形颜色的修饰

MATLAB 有极好的颜色表现功能，colormap 实际上是一个 m×3 的矩阵，m 为颜色维数。用 MAP 矩阵映射当前图形的色图，每一行的 3 个值都为 0～1 之间的数，分别代表颜色组成的 RGB 值，如［0 0 1］代表蓝色。系统自带了一些色图，例如输入 winter 就可以看到它是一个 64×3 的矩阵。

语法格式：

```
colormap(MAP)        %色图设定函数,MAP 为 m×3 维色图矩阵
colormap([R,G,B])   %绘制当前颜色。
```

1. 三基色调色

三基色调色见表 3-6。

表 3-6 三基色调色

三基色比例	颜　色	三基色比例	颜　色
［0 0 0］	黑色	［0.5 0.5 0.5］	灰色
［0 0 1］	蓝色	［0.5 0 0］	暗红色
［0 1 0］	绿色	［1 0.62 0.4］	铜色
［0 1 1］	浅蓝色	［0.49 1 0.8］	浅绿色
［1 0 0］	红色	［0.49 1 0.83］	宝石蓝
［1 0 1］	品红色	［1 0.5 0］	橘黄
［1 1 0］	黄色	［0.667 0.667 1］	天蓝
［1 1 1］	白色	［0.5 0 0.5］	紫色

2. 常见色图配置

常见色图配置见表 3-7。

表 3-7　常见色图配置

色图函数名称	颜色性质及说明	色图函数名称	颜色性质及说明
bone	黑色渐变到白色	jet	色图的一种变体，颜色从蓝、红、青、黄到品红变化
cool	青色渐变到品红色	pink	淡粉红色
copper	黑色渐变到亮铜色	prism	光谱，重复六种颜色：红、品红黄、绿、蓝、雪青
flag	红-白-蓝-黑交错色	spring	由品红和黄色构成的颜色
gray	线性灰度	summer	由绿色和黄色构成的颜色
hot	黑-红-黄-白交错色	autumn	由红色渐变到黄色
hsv（默认值）	带饱和值的色图，颜色从红、黄、绿、青、蓝到品红，循环变化	winter	由蓝色和绿色构成的颜色
line	产生由坐标系 ColorOrder 特性和暗灰色指定的颜色	white	全白的单色色图

例如：

```
sphere(30);colormap([1 1 0])          %绘制黄色球体
sphere(30);colormap([0.5 0 0.5])      %绘制紫色球体
sphere(30);colormap(hot)              %绘制白、黄、红渐变的暖色球体
sphere(30);colormap(winter)           %绘制由蓝色和绿色阴影组成的球体
```

3.2.7　色彩的渲染

1. 着色函数 shading

shading 是阴影函数。控制图形对象着色及图形的渲染方式包括以下三种形式：

1）shading faceted：在曲面或图形对象上叠加黑色的网格线。

2）shading flat：在 shading faceted 的基础上去掉图上的网格线。

3）shading interp：对图形对象的颜色进行色彩的插值处理，使色彩平滑过渡。

2. 关于着色的说明

1）shading faceted 命令将每个网格片用其高度对应的颜色进行着色，但网格线仍保留，其颜色是黑色。这是系统的默认着色方式。

2）shading flat 命令将图形渲染为平坦状态，即每个小方块表面取一种颜色，其值由线段两端点或小方块四角的颜色值决定。

3）shading interp 命令表示每条线段或每个小方块面的颜色是线性渐变的，其值由两端点或小方块四角颜色的插值决定。

4）三维表面图形的着色是在网格图的每一个网格片上涂上颜色。shading flat 命令将每个网格片用同一个颜色进行着色，且网格线也用相应的颜色，从而使得图形表面显得更加光滑。shading interp 命令在网格片内采用颜色插值处理，得出的表面图显得最光滑。

5）surf 函数用默认的着色方式对网格片着色。除此之外，还可以用 shading 命令来改变着色方式。

例如：

```
peaks(30);shading faceted              %默认的自动着色
peaks(30);shading flat                 %去掉黑色线条,根据小方块的值确定颜色
peaks(30);shading interp               %每条线段或每个小方块表面的颜色
                                        是线性渐变的,其值曲线段两端点
                                        或小方块四角颜色的插值决定
peaks(30);shading interp;colormap(hot) %在暖色基础上,将网格片内采用颜
                                        色插值处理,得出的表面图显得最
                                        光滑
```

【例 3-29】 对球体进行不同着色处理。

程序命令：

```
>> [x,y,z]=sphere(20);
>> colormap(copper);
>> subplot(1,3,1);surf(x,y,z);
>> axis equal;subplot(1,3,2);
>> surf(x,y,z);shading flat;
>> axis equal;subplot(1,3,3);
>> surf(x,y,z);shading interp;
>> axis equal
```

结果如图 3.29 所示。

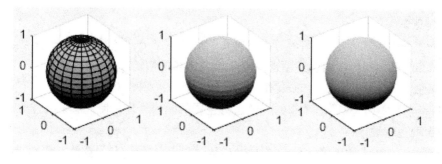

图 3.29　例 3-29 所绘图形

3.3　创建动画过程

3.3.1　三维图形不同姿态

从不同的角度观察物体，所看到的物体形状是不一样的。同样，从不同视点绘制的三维图形其形状也是不一样的。视点位置可由方位角和仰角表示，MATLAB 提供了设置视点的函数。

语法格式:

view(az,el) % az 为方位角,el 为仰角,它们均以度为单位。系统默认的视点定义
为:方位角 -37.5 度,仰角 30 度

【例 3-30】 从不同视点绘制多峰函数曲面。

程序命令:

```
>> subplot(2,2,1);mesh(peaks);
>> view(-37.5,30);title('方位角 = -37 度,仰角 =30 度');
>> subplot(2,2,2);mesh(peaks);
>> view(0,90);title('方位角 =0 度,仰角 =90 度');
>> subplot(2,2,3);mesh(peaks);
>> view(90,0);title('方位角 =90 度,仰角 =0 度');
>> subplot(2,2,4);mesh(peaks);
>> view(-7,-10);title('方位角 = -7 度,仰角 = -10 度');
```

结果如图 3.30 所示。

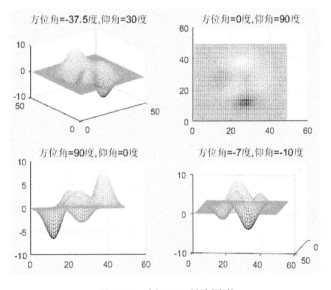

图 3.30　例 3-30 所绘图形

3.3.2　动画函数

1. getframe 函数

getframe(n) % 生产动画的数据矩阵,它截取每幅画面信息(动画中的一帧)并保存为
一个 n 幅图面的列向量

2. moviein 函数

moviein(n) % 用来建立一个足够大的 n 列矩阵。为保存 n 幅画面的数据创建一个空
间,以备快速播放

3. movie 函数

```
movie(m,n)   %播放由矩阵m所定义的画面n次,默认时播放一次
```

4. drawnow 函数

```
drawnow   %刷新屏幕。当代码执行时间长,需要反复执行绘图时,该函数可实时看到图
          像每一步的变化情况
```

3.3.3 创建动画步骤

1）调用 moviein 函数对内存进行初始化，创建一个足够大的矩阵，使之能够容纳基于当前坐标轴大小的一系列指定图形。

2）调用 getframe 函数把捕捉的动画逐一生成帧。该函数返回一个列矢量，利用这个矢量创建一个电影动画矩阵。一般将该函数放到 for 循环中可得到一系列的动画帧。

语法格式：

```
F=gefframe          %从当前图形框中得到动画帧
F=gefframe(h)       %从图形句柄h中得到动画帧
F=getframe(h,rect)  %从图形句柄h的指定区域rect中得到动画帧
```

3）调用 movie 函数按照指定的速度和次数运行该电影动画。当创建了一系列的动画帧后，可以利用 movie 函数播放这些动画帧。

语法格式：

```
movie(M)          %将矩阵M中的动画帧播放一次
movie(M,n)        %将矩阵M中的动画帧播放n次
movie(M,n,fps)    %将矩阵M中的动画帧以每秒fps帧的速度播放n次
```

【例3-31】 绘制 peaks 函数曲面并且播放将它绕 z 轴旋转的动画。
程序命令：

```
>> clear;
>> peaks(30);axis off;
>> shading interp;colormap(hot);
>> m=moviein(20);               %建立20列矩阵
>> for i=1:20
>> view(-37.5+24*(i-1),30)    %改变视点
>> m(:,i)=getframe;            %将图形保存到m矩阵
>> end
>> movie(m,2);                  %播放画面两次
```

结果如图 3.31 所示

【例3-32】 播放一个直径不断变化的球体动画。

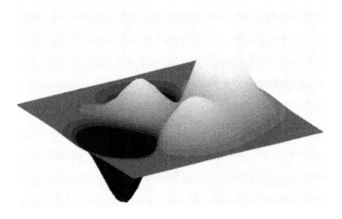

图 3.31　例 3-31 所绘图形

程序命令：

```
>> n = 30
>> [x,y,z] = sphere
>> m = moviein(n);
>> for i = 1:n
    surf(i * x,i * y,i * z)
    m(:,i) = getframe;
>> end
>> movie(m,30);
```

结果如图 3.32 所示。

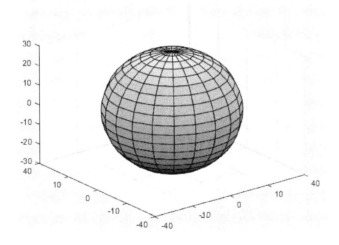

图 3.32　例 3-32 所绘图形

【例 3-33】　播放在圆环上画圆的动画。

程序命令:

```
>> x =0:0.01:2*pi;
>> y = sin(x);z = cos(x);
>> h = plot(y,z,'b-');axis([-2 2 -2 2]);
>> hold on;axis square;
>> for k =0:0.01:2*pi
       x = sin(k);
       y = cos(k);
>> plot(x,y,'r*');
>> drawnow;
>> end
```

结果如图 3.33 所示。

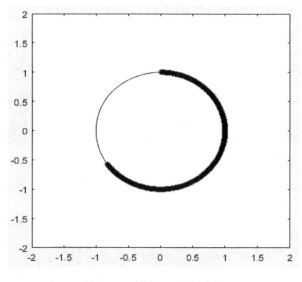

图 3.33　例 3-33 所绘图形

【例 3-34】　播放绘制衰减曲线 $y = \sin(x+k)\mathrm{e}^{-\frac{x}{5}}$ 的动画。
程序命令:

```
>> x =0:0.1:8*pi;
>> h = plot(x,sin(x).*exp(-x/5),'EraseMode','xor');
>> axis([-inf inf -1 1]);grid on
>> for i =1:5000
       y = sin(x+i/50).*exp(-x/5);
       set(h,'ydata',y);          %设定新坐标
       drawnow                     %刷新
>> end
```

结果如图 3.34 所示。

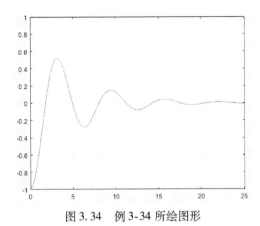

图 3.34　例 3-34 所绘图形

【例 3-35】　绘制带圆盘的峰值动画效果图。

程序命令：

```
>> clear;r=linspace(0,4,30);          %圆盘半径
>> t=linspace(0,2*pi,50);             %圆盘极坐标角
>> [rr,tt]=meshgrid(r,t);
>> xx=rr.*cos(tt);                    %圆盘 x 坐标
>> yy=rr.*sin(tt);                    %圆盘 y 坐标
>> zz=peaks(xx,yy);                   %画小山
>> n=30;                              %30 个画面
>> scale=cos(linspace(0,2*pi,n));
>> for i=1:n
>> surf(xx,yy,zz*scale(i));           %画图
>> axis([-inf inf -inf inf -8.5 8.5]); %轴范围
>> box on  M(i)=getframe;             %存 M 矩阵
>> end
>> movie(M,5);                        %播放 5 次
```

结果如图 3.35 所示。

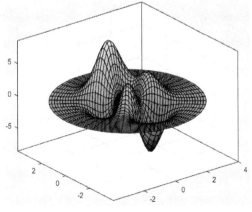

图 3.35　例 3-35 所绘图形

3.4 图像动画

3.4.1 图像文件操作

1. imread 和 imwrite 函数

imread 和 imwrite 函数分别用于将图像文件读入 MATLAB 工作空间，以及将图像数据和色图数据一起写入一定格式的图像文件。MATLAB 支持多种图像文件格式，包括 .bmp、.jpg、.jpeg、.tif 等。

2. image 和 imagesc 函数

image 和 imagesc 函数用于图像显示。为了保证图像的显示效果，一般还应使用 colormap 函数设置图像色图。

【例 3-36】 在图形窗口显示某一图像文件 bb.jpg。

程序命令：

```
>> [x,cmap]=imread('bb.jpg');      % 读取图像的数据阵和色图阵
>> image(x);                        % 放图
>> colormap(cmap);                  % 保持颜色
>> axis image off                   % 保持宽高比并取消坐标轴
```

结果如图 3.36 所示。

图 3.36　显示一幅图像

3.4.2 播放电影动画

从不同的视角拍下一系列对象的图形，并保存到变量中，然后按照一定的顺序像电影一样播放。

【例 3-37】 设图片文件是 5 幅圣诞老人图片：old1.jpg，old2.jpg，…old5.jpg，编写程序播放动画。

程序命令：

```
>> clear;theta = 0:0.1:2 * pi;
>> r1 = 3;clear;clc;
>> for i = 1:5;
>> c = strcat('old',num2str(i));c = strcat(c,'.gif');
>> [n,cmap] = imread(c);          %读图像数据和色阵
>> image(n);colormap(cmap);
>> m(:,i) = getframe;              %保存画面
>> end
>> movie(m,20)                     %播放 m 矩阵定义的画面 20 次
```

结果如图 3.37 所示。

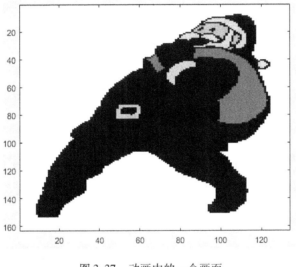

图 3.37　动画中的一个画面

3.4.3　电影动画文件保存

保存电影动画是指将动画一帧一帧地保存下来，它可以脱离 MATLAB 环境运行。VideoWrite 与 open、writeVideo 和 close 函数配合，可从图像（figure）中创建视频和图片文件，也可以创建 MPEG-4 文件，在 Window 平台或其他平台上播放。VideoWrite 函数支持大于 2GB 的视频文件。写入视频的前提是不断获取图像帧，而这一步骤则是每次更新 figure 上的图像来完成。即在绘图循环中，所有图像重绘结束后，使用 getframe 方法获取当前 figure 上的图像并写入打开的视频文件，VideoWrite 函数可设置加上 .avi、.mj2、.mp4 和 .m4v 的扩展名，函数默认保存为 .avi 文件。

1）open：打开视频写入对象。

调用格式：

```
open(myObj)
```

2）close：关闭视频写入对象，与 open 对应。

调用格式：

```
close(myObj)
```

这两个函数分别在写入视频对象前和写入完成后使用。

3）getProfiles：获取在该系统平台下，VideoWriter 可以支持写入的视频类型。

调用格式：

```
profiles = VideoWriter.getProfiles()
```

4）writeVideo：写入视频帧。

调用格式：

```
writeVideo(myObj,frame)      %将一帧图像 frame 写入视频对象中,frame 可以通
                               过 getframe 获得
writeVideo(myObj,mov)        %将 MATLAB 的 movie 对象写入视频中,mov 是一个帧
                               结 构 序 列, 每 一 个 结 构 包 括 mov.cdata
                               和 mov.colormap
writeVideo(myObj,img)        %将一个图像写入视频对象中
writeVideo(myObj,images)     %将一序列图像写入视频对象中
```

【例 3-38】 保存例 3-37 动画为一个视频文件。

程序命令：

```
>> myObj = VideoWrite('newfile.avi');   %初始化视频文件
>> writerObj.FrameRate = 30;
>> open(myObj);
>> for i = 1:5
>>      fname = strcat('old',num2str(i),'.gif');
>>      frame = imread(fname);
>>      writeVideo(myObj,frame);
>> end
>> close(myObj);
```

第4章

MATLAB 在时域分析中的应用

4.1 传递函数的建立方法及形式转换

4.1.1 自动控制理论中常用传递函数的表示

1. 多项式传递函数

$$G(s) = \frac{C(s)}{R(s)} = \frac{b_1 s^m + b_2 s^{m-1} + \cdots + b_n s + b_{m+1}}{a_1 s^n + a_2 s^{n-1} + \cdots + a_n s + a_{n+1}} \tag{4-1}$$

语法格式:

G = tf(num,den)   % num = [b_1, b_2, $\cdots$, b_m, b_{m+1}]为分子向量;den = [a_1, a_2, $\cdots$, a_{n-1}, a_n]为分母向量

也可直接写入传递函数系数,语法格式为:

G = tf([b_1, b_2, $\cdots$, b_m, b_{m+1}], [a_1, a_2, $\cdots$, a_{n-1}, a_n])

若已知传递函数 G,可以反推传递函数的分子向量和分母向量,语法格式:

num = G.num{1}   % 取分子向量
den = G.den{1}   % 取分母向量

【例4-1】 建立闭环传递函数 $\phi(s) = \dfrac{13s^3 + 4s^2 + 6}{5s^4 + 3s^3 + 16s^2 + s + 7}$。

程序命令:

```
>> num = [13,4,0,6];den = [5,3,16,1,7]
>> G = tf(num,den)
```

结果:

```
Transfer function:
     13 s^3 + 4 s^2 + 6
——————————————————————————————
5s^4 + 3s^3 + 16s^2 + s + 7
```

或直接键入分子和分母系数：

```
G =tf([13,4,0,6],[5,3,16,1,7])
```

得出同样的传递函数：

```
Transfer function:
     13s^3 +4s^2 +6
----------------------------
5s^4 +3s^3 +16s^2 +s +7
```

【例4-2】 建立微分方程传递函数$\dfrac{d^2 y(t)}{dt^2} + 1.414 \dfrac{dy(t)}{dt} + y(t) = u(t)$。

程序命令：

```
>> num =1;
>> den =[1,1.414,1];
>> G =tf(num,den)
```

结果：

```
       1
----------------------------
s^2 +1.414s +1
```

2. 零极点传递函数

$$G(z) = k \frac{(z + z_1)(z + z_2) \cdots (z + z_m)}{(z + p_1)(z + p_2) \cdots (z + p_n)} \tag{4-2}$$

语法格式：

```
G =zpk(z,p,k)    %z 为零点列向量;p 为极点列向量;k 为增益
```

【例4-3】 建立零极点传递函数 $G(s) = \dfrac{10(s+3)}{(s+2)(s+4)(s+5)}$。

程序命令：

```
>> z = -3;
>> p =[ -2, -4, -5];
>> k =10
>> G =zpk(z,p,k)
```

结果：

```
Zero/pole/gain:
      10(s +3)
----------------------------
(s +2)(s +4)(s +5)
```

3. 状态空间模型

状态空间模型的标准形式为：

$$\begin{cases} \dot{x} = Ax + Bu \\ y = Cx + Du \end{cases} \tag{4-3}$$

状态空间描述法是用状态方程模型来描述控制系统，用 **A**、**B**、**C**、**D** 四个系数矩阵表示状态空间模型。建立连续系统模型传递函数使用 ss 函数，由传递函数获取系数矩阵使用 ssdata 函数。语法格式：

```
G = ss(A,B,C,D)        % 由 A、B、C、D 系数矩阵获得传递函数
[A,B,C,D] = ssdata(G)  % 由传递函数获取状态模型四个系数矩阵
```

例如：构造状态空间模型的程序命令如下：

```
>> A = [a11,a12,…,a1n;a21,a22,…,a2n;…;an1,an2,…,ann];
>> B = [b0,b1,…,bn];
>> C = [c1,c2,…,cn];
>> D = d;
>> ss(A,B,C,D)
```

若已知由多项式或零极点建立的传递函数 Sys，也可以得到状态空间系数矩阵，语法格式：

```
[A,B,C,D] = ssdata(Sys)
```

【例 4-4】 创建状态空间传递函数 $\dot{x} = \begin{bmatrix} 0 & 1 & 0 & 0 \\ 0 & 0 & -1 & 0 \\ 0 & 0 & 0 & 1 \\ 0 & 0 & 5 & 0 \end{bmatrix} x + \begin{bmatrix} 0 \\ 1 \\ 0 \\ -2 \end{bmatrix} u$，$y = \begin{bmatrix} 1 & 0 & 0 & 0 \end{bmatrix} x$。

程序命令：

```
>> A = [0,1,0,0;0,0,-1,0;0,0,0,1;0,0,5,0];
>> B = [0;1;0;-2];
>> C = [1,0,0,0];
>> D = 0;
>> G = ss(A,B,C,D);
>> G1 = tf(G)
```

结果：

```
Transfer function:
s^2 +1.334e -013s -3
------------------------
    s^4 -5s^2
```

【例 4-5】 写出当 $\zeta = 0.707$，$\omega_n = 1$ 时二阶系统的状态方程。

$$\frac{d^2 y(t)}{dt^2} + 2\zeta\omega_n \frac{dy(t)}{dt} + \omega_n^2 y(t) = \omega_n^2 u(t) \tag{4-4}$$

程序命令：

```
>> tao = 0.707;
>> wn = 1;
>> A = [0 1; -wn^2 -2*tao*wn];
```

```
>> B = [0;wn^2];
>> C = [1 0];
>> D = 0;
>> G = ss(A,B,C,D)
```

结果：

```
a =          x1        x2
     x1       0         1
     x2      -1       -1.414
b =          u1
     x1       0
     x2       1
c =          x1        x2
     y1       1         0
d =          u1
     y1       0
Transfer function:
         1
--------------------------------
s^2 + 1.414s + 1
```

使用conv函数还可建立乘积运算传递函数。

【例4-6】 建立复杂对象传递函数 $\phi(s) = \dfrac{4(s+3)(s^2+7s+6)^2}{s(s+1)^3(s^3+3s^2+5)}$。

程序命令：

```
>> den = conv([1 0],conv([1 1],conv([1 1],conv([1 1],[1 3 0 5]))));
>> num = 4 * conv([1,3],conv([1,7,6],[1,7,6]));
>> G = tf(num,den)
```

结果：

```
Transfer function:
4s^5 + 68s^4 + 412s^3 + 1068s^2 + 1152s + 432
--------------------------------------------------------
s^7 + 6s^6 + 12s^5 + 15s^4 + 18s^3 + 15s^2 + 5s
```

4. 离散系统传递函数
语法格式：

```
G = tf(num,den,Ts)   % 由分子分母得出脉冲传递函数，其中 Ts 为采样周
                        期，当采样周期未指明可以用 -1 表示，自变量用 z 表示
```

【例4-7】 创建离散系统脉冲传递函数 $G(z) = \dfrac{0.5z}{z^2 - 2.5z + 1.5}$。

程序命令：

```
>> num = [0.5 0];
>> den = [1 -2.5 1.5];
>> G = tf(num,den, -1)
```

结果：

```
     0.5z
--------------------------------
z^2 - 2.5z + 1.5
```

此外，MATLAB 中还可以用 filt 命令产生脉冲传递函数，语法格式为：

```
G = filt(num,den)
```

如【例 4-7】离散系统的传递函数还可以写成 $G(z) = \dfrac{0.5z^{-1}}{1 - 2.5z^{-1} + 1.5z^{-2}}$。

程序命令：

```
>> num = [0 0.5];
>> den = [1 -2.5 1.5];
>> G = filt(num,den)
```

结果：

```
      0.5z^-1
--------------------------------
1 - 2.5z^-1 + 1.5z^-2
```

4.1.2 传递函数的形式转换

多种传递函数形式可以通过转换函数进行转换，转换的形式分别是多项式形式、零极点形式，状态空间形式之间的相互转换。语法格式如下：

```
1)传递函数→零极点增益:[z,p,k] = tf2zp(num,den);
                  G = zpk(z,p,k)
2)零极点→多项式形式:[num,den] = zp2tf(z,p,k);
                  G = tf(num,den)
3)多项式→状态空间形式:[A,B,C,D] = tf2ss(num,den);
                  G = ss(A,B,C,D)
4)状态空间→多项式形式:[num,den] = ss2tf(A,B,C,D);
                  G = tf(num,den)
5)零极点→状态空间形式:[A,B,C,D] = zp2ss(z,p,k);
                  G = ss(A,B,C,D)
6)状态空间→零极点形式:[z,p,k] = ss2zp(A,B,C,D);
                  G = zpk(z,p,k)
```

当传递函数不包含中间变量时，则可以直接写出，语法格式如下：

```
G1 = tf(G);G2 = zpk(G);G3 = ss(G)
```

【例4-8】 已知 $G(s) = \dfrac{4(s+7)(s+2)}{(s+3)(s+5)(s+9)}$，建立零极点传递函数并转换成多项式形式，然后再将多项式形式转换成零极点传递函数。

程序命令：

```
>> z = [-7;-2];  %z 必须是列向量
>> p = [-3,-5,-9];
>> k = 4;
>> G = zpk(z,p,k)
>> [num,den] = zp2tf(z,p,k);
>> G = tf(num,den)
```

结果：

```
Zero/pole/gain:
    4(s+7)(s+2)
--------------------
(s+3)(s+5)(s+9)
Transfer function:
    4s^2 +36s +56
--------------------
s^3 +17s^2 +87s +135
```

然后，根据上述结果再键入多项式系数，转换成零极点形式：

```
>> num = [4,36,56];
>> den = [1,17,87,135];
>> G = tf(num,den)
>> [z,p,k] = tf2zp(num,den);
>> G = zpk(z,p,k)
```

得出传递函数：

```
Transfer function:
    4s^2 +36s +56
--------------------
s^3 +17s^2 +87s +135
Zero/pole/gain:
    4(s+7)(s+2)
--------------------
(s+9)(s+5)(s+3)
```

【例4-9】 已知多项式传递函数 $g(s) = \dfrac{s^3 +7s^2 +24s +24}{s^4 +10s^3 +35s^2 +50s +24}$，试生成 A、B、C、D 阵，并转换成状态空间模型。

程序命令:

```
>> num = [1,7,24,24];
>> den = [1,10,35,50,24];
>> [A,B,C,D] = tf2ss(num,den)
>> G = ss(A,B,C,D)
```

结果:

```
A = -10    -35    -50    -24
     1      0      0      0
     0      1      0      0
     0      0      1      0
B = 1
    0
    0
    0
C = 1  7  24  24
D = 0
a =       x1       x2        x3        x4
    x1   -10     -4.375    -3.125    -1.5
    x2    8        0         0         0
    x3    0        2         0         0
    x4    0        0         1         0
b =       u1
    x1    2
    x2    0
    x3    0
    x4    0
c =       x1     x2       x3      x4
    y1   0.5    0.4375   0.75    0.75
d =       u1
    y1    0
```

【例 4-10】 将下列状态空间模型转换成多项式和零极点形式的传递函数。

$$\begin{bmatrix} \dot{x}_1 \\ \dot{x}_2 \\ \dot{x}_3 \end{bmatrix} = \begin{bmatrix} -6 & -5 & -10 \\ 1 & 0 & 0 \\ 0 & 1 & 0 \end{bmatrix} \begin{bmatrix} x_1 \\ x_2 \\ x_3 \end{bmatrix} + \begin{bmatrix} 1 \\ 0 \\ 0 \end{bmatrix} u$$

$$y = \begin{bmatrix} 0 & 10 & 10 \end{bmatrix} \begin{bmatrix} x_1 \\ x_2 \\ x_3 \end{bmatrix}$$

程序命令:

```
>> A = [-6, -5, -10;1,0,0;0,1,0];
>> B = [1;0;0];
>> C = [0,10,10];
>> D = 0;
>> [num,den] = ss2tf(A,B,C,D);
>> G1 = tf(num,den)
>> [z,p,k] = ss2zp(A,B,C,D);
>> G2 = zpk(z,p,k)
```

结果:

```
Transfer function:
      10s +10
-------------------------------------
 s^3 +6s^2 +5s +10

Zero/pole/gain:
            10(s +1)
-------------------------------------
(s +5.418)(s^2 +0.5822s +1.846)
```

4.1.3 多项式传递函数分解

使用零极点传递函数转换成部分分式法，是为了得出各系数零极点，再将传递函数表示成部分分式或留数的形式，即:

$$G(s) = \frac{r_1}{s-p_1} + \frac{r_2}{s-p_2} + \cdots + \frac{r_n}{s-p_n} + k(s) \tag{4-5}$$

语法格式:

```
[z,p,k] = residue(num,den)
```

【**例 4-11**】 已知 $G(s) = \dfrac{4(s+7)(s+2)}{(s+3)(s+5)(s+9)}$，建立零极点传递函数，使用留数转换成部分分式的形式。

程序命令:

```
>> z = [-7, -2];
>> p = [-3, -5, -9];
>> k = 4;
>> G = zpk(z,p,k)
>> [z,p,k] = residue(num,den)
```

结果:

```
Zero/pole/gain:
   4(s +7)(s +2)
-------------------------------------
(s +3)(s +5)(s +9)
```

```
z =2.3333
   3.0000
    -1.3333
p = -9.0000
    -5.0000
    -3.0000
k =[]
```

相当于传递函数为

```
 2.333           3           -1.333
--------- + ----------- + ----------
 (s +9)       (s +5)        (s +3)
```

4.2 框图化简

4.2.1 串联结构

单输入单输出（SISO）系统的串联结构如图 4.1 所示。

u(t)
G1(s)
G2(s)
y(t)

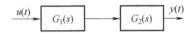

图 4.1　SISO 系统的串联结构

语法格式：

```
G =G1 * G2
G =series(G1,G2)
```

也可直接写成：

```
[num,den] =series(num1,den1,num2,den2)
```

【例 4-12】 已知串联结构传递函数如图 4.2 所示，要求化简传递函数。

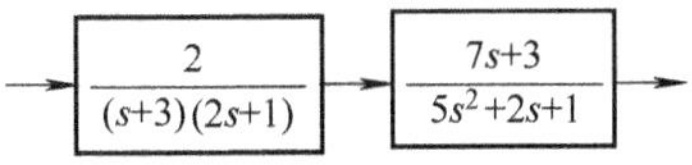

2
(s+3)(2s+1)
7s+3
5s2+2s+1

图 4.2　串联结构传递函数

程序命令：

```
>> z =[ ];p =[ -3, -1/2]      %要转化成 s +1/2,开环增益为 1
>> k =1;[num1,den1] =zp2tf(z,p,k);G1 =tf(num1,den1)
>> num2 =[7,3];den2 =[5,2,1];G2 =tf(num2,den2)
>> G =G1 * G2
```

也可直接写成串联传递函数：

程序命令:

```
>> z=[ ];p=[-3,-1/2];k=1;[num1,den1]=zp2tf(z,p,k);
>> num2=[7,3];den2=[5,2,1];
>> [num,den]=series(num1,den1,num2,den2)
>> G=tf(num,den)
```

结果:

$$G = \frac{7s+3}{5s^4+19.5s^3+15.5s^2+6.5s+1.5}$$

4.2.2 并联结构

SISO 系统的并联结构如图 4.3 所示。

图 4.3 SISO 系统的并联结构

语法格式:

```
G=G1+G2
G=parallel(G1,G2)
```

也可直接写成:

```
[num,den]=parallel(num1,den1,num2,den2)
```

拓展: G = G1 + G2 + ··· + Gn

【例 4-13】 已知并联结构传递函数如图 4.4 所示,要求化简传递函数。

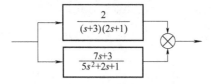

图 4.4 并联结构传递函数

程序命令:

```
>> clc;z=[ ];p=[-3,-1/2];k=1;
>> [num1,den1]=zp2tf(z,p,k);
>> G1=tf(num1,den1);
>> num2=[7,3];den2=[5,2,1];
>> G2=tf(num2,den2);
>> G=G1+G2
```

也可直接写成并联传递函数:

程序命令:

```
>> z =[ ];p =[ -3, -1/2];k =1;[num1,den1] =zp2tf(z,p,k);
>> num2 =[7,3];den2 =[5,2,1];
>> [num,den] =parallel(num1,den1,num2,den2);
>> G =tf(num,den)
```

结果:

```
       7s^3 +32.5s^2 +23s +5.5
G = --------------------------------
    5s^4 +19.5s^3 +15.5s^2 +6.5s +1.5
```

4.2.3　反馈结构

前向信道和反馈信道模块构成正反馈和负反馈,SISO 系统的反馈结构如图4.5 所示。

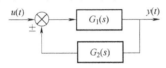

图 4.5　SISO 系统的反馈结构

语法格式:

```
G =feedback(G1,G2,Sign)    % Sign 用来表示反馈的符号,Sign =1 表示正反馈,
                    Sign = -1 或省略表示负反馈
```

也可以直接写成:

```
[num,den] =feedback(num1,den1,num2,den2,sign)
```

对于单位负反馈,设 G2 =1,则: G =feedback(G1, 1)

【例 4-14】 已知反馈结构传递函数如图4.6 所示,要求化简传递函数。

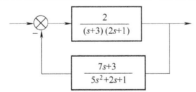

图 4.6　反馈结构传递函数

程序命令:

```
>> z =[ ];p =[ -3, -1/2];k =1;
>> [num1,den1] =zp2tf(z,p,k);
>> G1 =tf(num1,den1);
>> num2 =[7,3];den2 =[5,2,1];
>> G2 =tf(num2,den2);
>> G =feedback(G1,G2)
```

也可以直接写成反馈传递函数：

```
>> z = [ ];p = [ -3, -1/2];k = 1;
>> [num1,den1] = zp2tf(z,p,k);
>> num2 = [7,3];den2 = [5,2,1];
>> [num,den] = feedback(num1,den1,num2,den2);
```

结果：

```
                5s^2 +2s +1
G = --------------------------------------
    5s^4 +19.5s^3 +15.5s^2 +13.5s +4.5
```

【例 4-15】 已知 SISO 系统的混合结构如图 4.7 所示，其中，$G_1(s) = \dfrac{1}{s^2 +2s +1}$，

$G_2(s) = \dfrac{1}{s+1}$，$G_3(s) = \dfrac{1}{2s+1}$，$G_4(s) = \dfrac{1}{s}$，要求化简传递函数。

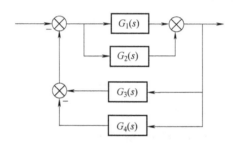

图 4.7　SISO 系统的混合结构

1）写出各单元传递函数：

```
>> G1 = tf(1,[1 2 1]);
>> G2 = tf(1,[1 1]);
>> G3 = tf(1,[2 1]);
>> G4 = tf(1,[1 0]);
```

2）找出串联、并联及反馈关系并进行化简：

```
>> G12 = G1 + G2;          % G1、G2 并联
>> G34 = G3 - G4;          % G3、G4 并联
>> G = feedback(G12,G34,-1)  % G3、G4 并联后与 G1、G2 并联反馈
```

3）化简结果：

```
        2s^4 +7s^3 +7s^2 +2s
G = ----------------------------------
    2s^5 +7s^4 +8s^3 +s^2 -4s -2
```

4.2.4　复杂结构

对于复杂系统，一般求其传递函数的步骤为：

1）将各模块的通路排序编号。

2）建立无连接的数学模型：使用 append 命令创建各模块未连接的系统矩阵：G = append（G1，G2，G3，…）。

3）指定连接关系：写出各通路的输入输出关系矩阵 Q，其第一列是模块通路编号，从第二列开始的各列分别为进入该模块的所有通路编号；INPUTS 为系统整体的输入信号所加入的通路编号；OUTPUTS 为系统整体的输出信号所在通路编号。

4）使用 connect 命令构造整个系统的模型：Sys = connect（G，Q，INPUTS，OUTPUTS）。

若各模块都使用传递函数，也可以用 blkbuild 命令建立无连接的数学模型，则第二步应修改为：将各通路的信息存放在变量中：通路数放在 nblocks，各通路传递函数的分子和分母分别放在不同的变量中。用 blkbuild 命令求取系统的状态方程模型。

【例 4-16】 已知 SISO 系统的复杂结构如图 4.8 所示，要求化简框图。

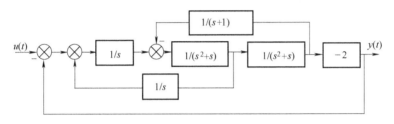

图 4.8　SISO 系统的复杂结构

1）将各模块的通路排序编号，如图 4.9 所示。

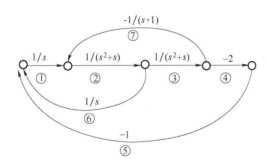

图 4.9　模块的通路排序编号

2）使用 append 命令实现各模块未连接的系统矩阵：

```
>> G1 = tf(1,[1 0]);
>> G2 = tf(1,[1 1 0]);
>> G3 = tf(1,[1 1 0]);
>> G4 = tf(-2,1);
>> G5 = tf(-1,1);
>> G6 = tf(1,[1 0]);
>> G7 = tf(-1,[1 1]);
>> G = append(G1,G2,G3,G4,G5,G6,G7)
```

3）指定连接关系：

```
>> Q=[1 6 5;             % 通路①的输入信号为通路⑥和通路⑤
2 1 7;                   % 通路②的输入信号为通路①和通路⑦
3 2 0;                   % 通路③的输入信号为通路②
4 3 0;                   % 通路④的输入信号为通路③
5 4 0;                   % 通路⑤的输入信号为通路④
6 2 0;                   % 通路⑥的输入信号为通路②
7 3 0];                  % 通路⑦的输入信号为通路③
>> INPUTS =1;            % 系统总输入由通路①输入
>> OUTPUTS =4;           % 系统总输出由通路④输出
```

4）使用 connect 命令构造整个系统的模型：

```
>> Sys = connect(G,Q,INPUTS,OUTPUTS)
```

结果：

$$Sys = \frac{-2s^2 - 2s - 1.11e - 016}{s^7 + 3s^6 + 3s^5 + s^4 - s^3 - 3s^2 - 3s - 2.815e - 016}$$

4.3 二阶系统阶跃响应

4.3.1 典型二阶系统

1. 典型二阶系统结构

典型二阶系统结构如图 4.10 所示。其中，$R(s)$ 为二阶系统输入函数；$Y(s)$ 为二阶系统输出响应函数；框图中开环传递函数 ζ 为阻尼比，表示振动衰减的各种摩擦和其他阻碍作用；ω_n 为自由振荡频率，表示系统的固有频率。ζ 和 ω_n 是二阶系统重要的特征参数。

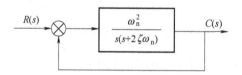

图 4.10　典型二阶系统结构

2. 传递函数

开环传递函数为：

$$G(s) = \frac{\omega_n^2}{s^2 + 2\zeta\omega_n s} \tag{4-6}$$

闭环传递函数为：

$$\phi(s) = \frac{G(s)}{1 + G(s)} = \frac{\omega_n^2}{s^2 + 2\zeta\omega_n s + \omega_n^2} \tag{4-7}$$

从二阶闭环系统的特征方程看出，系统参数 ζ 和 ω_n 的取值不同，特征方程的根（即闭环极点）可能是复数，也可能是实数，系统的响应形式也会有较大的区别。下面讨论这两个参数的变化对系统阶跃响应的影响。

4.3.2 阶跃响应曲线

语法格式:

```
y = step(sys,t);          % 绘制指定时间 t 的系统传递函数 sys 的阶跃响应曲线
[y,t] = step(sys)         % 得到系统传递函数 sys 阶跃响应的横坐标时间 t 和
                            纵坐标幅值 y

[y,t] = step(sys,Tfinal); % 得到系统传递函数 sys 从时间 t = 0 到 t = Tfinal
                            的阶跃响应 y 和 t 的值

[y,t,x] = step(sys)       % 得到系统传递函数 sys 横坐标时间 t、纵坐标幅值 y
                            和状态轨迹 x,仅适用于状态空间模型
```

【例 4-17】 已知系统的传递函数为 $G = \dfrac{100}{s^2 + 3s + 100}$，根据系统传递函数画出阶跃响应曲线，求取稳态值、最大值和达到最大值的时间。

程序命令:

```
>> num = [100];den = [1,3,100];
>> G = tf(num,den);step(G)
```

结果:

用鼠标单击最高点和到达稳态点（稳态误差 = 2%），可以看到超调量 $\sigma_p = \dfrac{1.62 - 1}{1} \times 100\% = 62\%$，稳态时间 ts = 2.58s（稳态误差 = 2%）。曲线如图 4.11 所示。

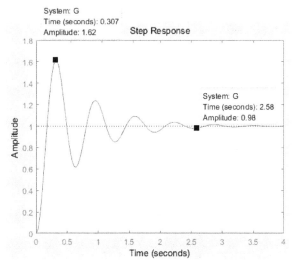

图 4.11 二阶系统的单位阶跃响应曲线

【例 4-18】 已知二阶系统标准传递函数形式 $\dfrac{C(s)}{R(s)} = \dfrac{\omega_n^2}{s^2 + 2\zeta\omega_n s + \omega_n^2}$，试画出在不同 ζ 和

ω_n 时二阶系统阶跃响应曲线。

1）ω_n 为 1 时，在无阻尼（$\zeta=0$）、欠阻尼（$0<\zeta<1$，此处取 $\zeta=0.25$）、临界阻尼（$\zeta=1$）和过阻尼（$\zeta=2$）状态下对二阶系统性能的影响。

程序命令：

```
>> num =1;den1 =[1 0 1];den2 =[1 0.5 1];
>> den3 =[1 2 1];den4 =[1 4 1];
>> t =0:0.1:10;                %横坐标的线性空间
>> G1 =tf(num,den1);
>> step(G1,t);hold on;         %保持曲线
>> text(2.6,1.8,'无阻尼')      %标注曲线
>> G2 =tf(num,den2);
>> step(G2,t);hold on;text(2.8,1.3,'欠阻尼')
>> G3 =tf(num,den3);
>> step(G3,t);hold on;
>> text(2.9,0.7,'临界阻尼')
>> G4 =tf(num,den4);
>> step(G4,t);hold on;text(3,0.4,'过阻尼')
```

阻尼比变化的单位阶跃响应曲线如图 4.12 所示。

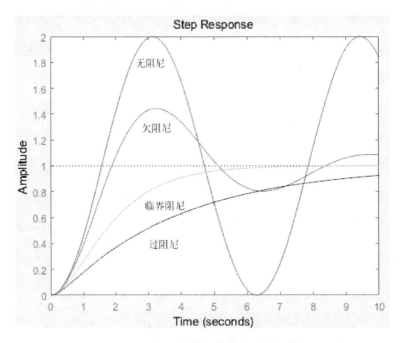

图 4.12　阻尼比变化的单位阶跃响应曲线

结论：阻尼比 ζ 越大，超调量越小，达到稳定时间越长，且当临界阻尼时超调量为零。

2）在欠阻尼（$\zeta=0.25$）状态下，ω_n 分别取 1、2、3 时对二阶系统性能的影响。

程序命令：

```
>> t =[0:0.1:10];
>> num1 =1;den1 =[1,1,1];
>> G1 =tf(num1,den1);step(G1,t);hold on;
>> text(0.2,1.1,'频率=3');
>> num2 =4;den2 =[1,2,4];
>> G2 =tf(num2,den2);step(G2,t); hold on;
>> text(2,1.15,'频率=2');
>> num3 =9;den3 =[1,3,9];G3 =tf(num3,den3);
>> step(G3,t);hold on;text(5.2,1.1,'频率=1');
```

频率变化的单位阶跃响应曲线如图 4.13 所示。

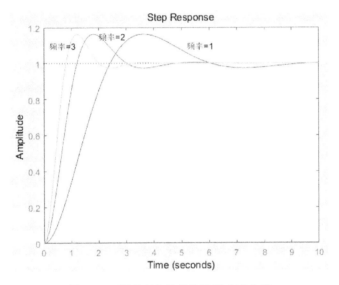

图 4.13　频率变化的单位阶跃响应曲线

结论：ω_n 相同，ζ 越大相应越快；ζ 相同，ω_n 越大，相应越快。

4.3.3　计算二阶系统特征参数

1. 计算阻尼比和自由振荡频率
语法格式：

```
[wn,zeta,p]=damp(G)    % wn 为自由振荡频率 ωn,zeta 为阻尼系数 ζ,p 为极点
```

说明：极点 p 可以省略，它可用 pole 函数获得。MATLAB 也提供了用阻尼比和自由振荡频率生成连续二阶系统的函数 ord2。

语法格式：

```
[num,den]=ord2(wn,zeta)       % wn 为自由振荡频率 ωn,zeta 为阻尼系数 ζ
[A,B,C,D]=ord2(wn,zeta)       % wn 为自由振荡频率 ωn,zeta 为阻尼系数 ζ
```

【例4-19】 计算下列二级闭环传递函数的阻尼比 ζ 和自由振荡频率 ω_n，再由 ζ 和 ω_n 计算二阶系统分子分母，并绘制零极点图。

程序命令：

```
>> num =[1,3,2];
>> den =[1,5,25];
>> sys =tf(num,den);
>> [wn,zeta,p]=damp(sys)
>> [num1,den1]=ord2(wn(1),zeta(1))
>> pzmap(sys)
>> sgrid(zeta,wn)   %绘制带 zeta 和 wn 的零极点图
```

结果：

```
wn =5.0000
zeta =0.5000
p = -2.5000 +4.3301i
    -2.5000 -4.3301i
num1 =1      %二阶系统该值计算都是 1
den1 =1.0000  5.0000  25.0000
```

说明：由 ζ 和 ω_n 计算二阶系统分子不能对应原值，分母能对应原值。带 zeta 和 wn 的零极点图如图 4.14 所示，图中"×"表示极点，"〇"表示零点。

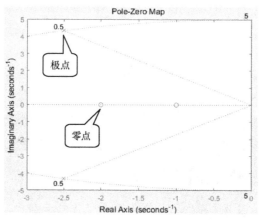

图 4.14　带 zeta 和 wn 的零极点图

2. 二阶系统典型动态特性参数

若已知闭环二阶系统传递函数，可以求出动态特性参数。其中：

超调量：

$$\sigma_p = e^{-\frac{\zeta\pi}{\sqrt{1-\zeta^2}}} \times 100\%$$

上升时间：

$$t_r = \frac{\pi - \arccos\zeta}{\omega_n \sqrt{1-\zeta^2}}$$

峰值时间：

$$t_p = \frac{\pi}{\sqrt{1-\zeta^2}}$$

稳态时间：

$$t_s = \frac{3}{\zeta\omega_n} \quad (\Delta = 5\%), \quad t_s = \frac{4}{\zeta\omega_n} \quad (\Delta = 2\%)$$

MATLAB 提供了求稳态值的公式，语法格式：

```
k = dcgain(G)        % 获得稳态增益
```

【例4-20】 已知二阶闭环传递函数 $\phi(s) = \dfrac{384.16}{s^2 + 17.84s + 384.16}$，绘制其阶跃响应曲线，使用图形法计算稳态增益、峰值时间、上升时间、超调量和稳态误差在 2% 时的稳态时间。

程序命令：

```
>> G = tf(384.16,[1,17.84,384.16]);css = dcgain(G)    % css 为稳态增益值
>> [y,t] = step(G);                                   % y 为阶跃响应曲线幅
                                                         值,t 为采样时间

>> [ymax,k] = max(y);                                 % ymax 为峰值,k 为峰
                                                         值时间点

>> tp = t(k);                                         % 取峰值时间
>> Mp = (ymax - css)/css * 100;                       % 计算超调量
>> n = 1;while y(n) < = css;
>> n = n + 1;end;tr = t(n);                            % 计算上升时间
>> i = length(t);
>> while(y(i) > 0.98 * css)&(y(i) < 1.02 * css)        % 稳态误差2%,计算稳
                                                         态区间图形点

>> i = i - 1;end;ts = t(i);                            % 计算稳态时间
>> disp(['稳态值:css = ',num2str(css) ])
>> disp(['峰值时间:tp = ',num2str(tp) ])
>> disp(['上升时间:tr = ',num2str(tr) ])
>> disp(['超调量:Mp = ',num2str(Mp),'% '])
>> disp(['稳态时间:ts = ',num2str(ts) ])
```

结果：

```
稳态值:css = 1
峰值时间:tp = 0.1807
上升时间:tr = 0.11874
超调量:Mp = 20.0738%
稳态时间:ts = 0.42335
```

二阶系统阶跃响应曲线如图 4.15 所示。

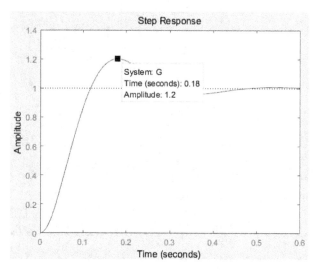

图 4.15　二阶系统阶跃响应曲线

【**例 4-21**】　根据例 4-20 的二阶传递函数，要求使用公式法重新计算稳态值、峰值时间、上升时间、超调量和稳态误差在 2% 时的稳态时间，并与例 4-20 结果进行对比。

　　程序命令：

```
>> G = tf(384.16,[1,17.84,384.16])
>> [wn,zeta] = damp(G)
>> css = dcgain(G);          % css 稳态值
>> Mp = exp(-pi*zeta(1)/sqrt(1-zeta(1)^2))*100;
>> tr = (pi-acos(zeta(1))/(wn(1)*sqrt(1-zeta(1)^2));
>> tp = pi/(wn(1)*sqrt(1-zeta(1)^2));
>> ts = 4/(zeta(1)*wn(1));
>> disp(['稳态值:css = ',num2str(css) ])
>> disp(['峰值时间:tp = ',num2str(tp) ])
>> disp(['上升时间:tr = ',num2str(tr) ])
>> disp(['超调量:Mp = ',num2str(Mp),'% '])
>> disp(['稳态时间:ts = ',num2str(ts) ])
```

　　结果：

```
稳态值:css = 1
峰值时间:tp = 0.18001
上升时间:tr = 0.11708
超调量:Mp = 20.0756%
稳态时间:ts = 0.44843
```

二阶系统阶跃响应曲线如图 4.15 所示。

　　结论：使用公式法和图形法计算的动态特性参数存在一点误差，原因是图形法取点有误差所致。

4.4 提高系统动态品质的方法

4.4.1 微分反馈

带微分反馈环节的二阶系统框图如图 4.16 所示。

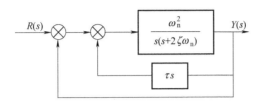

图 4.16 带微分反馈环节的二阶系统框图

此时，闭环传递函数为

$$G(s) = \frac{Y(s)}{R(s)} = \frac{\omega_n^2}{s^2 + 2\left(\zeta + \frac{1}{2}\tau\omega_n\right)s + \omega_n^2}$$

加入微分反馈环节后，系统的固有频率 ω_n 不变，而阻尼比提高了。因此，在实际中可通过提高 ω_n 来进一步提高快速性，而用 τ 来保证必要的相对稳定性。

【例 4-22】 根据图 4.16，选择 $\omega_n = 1.2$，$\zeta = 0.3$，试绘制 τ 分别为 0、0.2、0.5、1.0 时，系统的单位阶跃响应曲线。

程序命令：

```
>> clc;
>> wn =1.2;
>> ksai =0.3;
>> for tao = [0,0.2,0.5,1.0]
>>     G =tf(wn^2,[1,2 * wn * (ksai +0.5 * tao * wn),wn^2])
>>     step(G);hold on;
>> end
>> title('采用微分反馈的单位阶跃响应')
>> gtext('tao =0');gtext('tao =0.2');
>> gtext('tao =0.5');gtext('tao =1');
```

采用微分反馈的单位阶跃响应曲线如图 4.17 所示。

4.4.2 串联比例微分环节

串联比例微分环节的框图如图 4.18 所示。其闭环传递函数为

$$G(s) = \frac{(1 + \tau s)\omega_n^2}{s^2 + 2\left(\zeta + \frac{1}{2}\tau\omega_n\right)s + \omega_n^2}$$

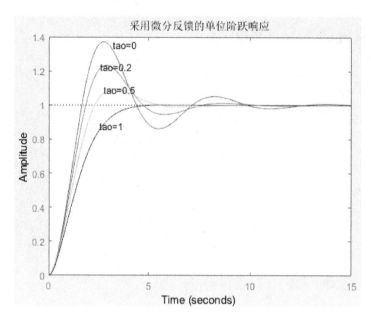

图 4.17 采用微分反馈的单位阶跃响应曲线

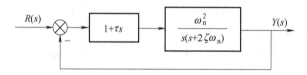

图 4.18 串联比例微分环节的二阶系统

从传递函数看出，添加比例微分环节后，其闭环特征方程与微分反馈相同，它同样能实现在不改变 ω_n 的条件下提高系统阻尼比，其作用类似输出微分反馈。它与输出微分反馈控制不同的是，在闭环传递函数中增加了一个零点。

【例 4-23】 根据图 4.18 所示系统，选择 $\omega_n = 1.2$，$\zeta = 0.3$，试绘制 τ 分别为 0、0.2、0.5、1.0 时，系统的单位阶跃响应曲线。

程序命令：

```
>> clc;
>> wn = 1.2;
>> ksai = 0.3;
>> for tao = [0,0.2,0.5,1]
>>     G = tf([wn^2 * tao,wn^2],[1,2 * wn * (ksai +0.5 * tao * wn),wn^2])
>>     step(G);hold on;
>> end
>> title('采用串联比例微分环节的单位阶跃响应')
>> gtext('tao =0');gtext('tao =0.2');
>> gtext('tao =0.5');gtext('tao =1');
```

串联比例微分环节的单位阶跃响应曲线如图 4.19 所示。

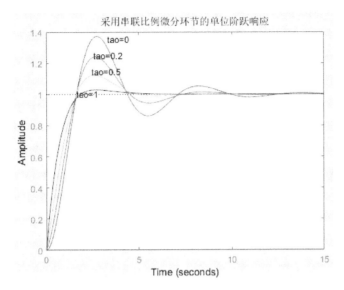

图 4.19　串联比例微分环节的单位阶跃响应曲线

4.5　高阶系统稳定性分析

稳定性是控制系统的重要性能指标，也是判断系统能否正常工作的充要条件。自动控制原理这门课程中有很多内容围绕稳定性进行讨论，包括时域的劳斯判据、频域的伯德图、根轨迹分析及状态空间的可控性分析等。在实际控制系统应用中，由于外部条件环境的改变、系统参数的变化或突发的扰动作用，均可引起系统发散。因此，分析系统的稳定性是重要内容。

4.5.1　特征方程的根对稳定性的影响

在自动控制的稳定性分析中，若能够求得闭环系统的特征方程，即可判定系统的稳定性。若特征方程的所有根实部都小于零，则系统是稳定的；只要有一个根的实部不小于零，则系统不稳定，即：系统稳定的充要条件是闭环特征方程的根都位于 S 平面的左半平面。

【例 4-24】　已知闭环系统的特征方程为 $3s^4 + 10s^3 + 5s^2 + s + 2 = 0$，判断系统的稳定性。

程序命令：

```
>> clc
>> den = [3 10 5 1 2];
>> p = roots(den)
>> if real(p) < 0
>>    disp(['系统是稳定的'])
>> else
>>    disp(['系统是不稳定的'])
>> end
```

结果：

```
p =
  -2.7362
  -0.8767
  0.1398 +0.5083i
  0.1398 -0.5083i
系统是不稳定的
```

【例4-25】 已知状态空间传递函数系数矩阵 A、B、C、D，判断系统的稳定性。

$$A = \begin{pmatrix} 1 & 0 & 0 & 0 \\ 2 & -3 & 0 & 0 \\ 0 & -2 & 0 & 0 \\ 4 & -1 & -2 & -4 \end{pmatrix} \quad B = \begin{pmatrix} 0 \\ 0 \\ 1 \\ 2 \end{pmatrix} \quad C = \begin{bmatrix} 3 & 0 & 1 & 0 \end{bmatrix} \quad D = 0$$

程序命令：

```
>> clc
>> A=[1 0 0 0;2 -3 0 0;1 0 -2 0;4 -1 -2 -4];B=[0;0;1;2];C=[3 0 1 0];D=[0];
>> flag=0;[z,p,k]=ss2zp(A,B,C,D);n=length(A);for i=1:n
>>   if real(p(i))>0
     flag=1;  end
>> end
>>   if flag==1
 disp(['系统不稳定']);
>> else
disp(['系统是稳定的']);
>> end
```

结果：

系统是不稳定的

4.5.2 使用劳斯判据分析系统稳定性

若系统的特征方程为

$$a_0 s^n + a_1 s^{n-1} + a_2 s^{n-2} + \cdots + a_{n-1} s + a_n = 0$$

将各项系数，按下面的格式排成阵列：

$$\begin{cases} s^n & a_0 & a_2 & a_4 & a_6 & \cdots \\ s^{n-1} & a_1 & a_3 & a_5 & a_7 & \cdots \\ s^{n-2} & b_1 & b_2 & b_3 & a_4 & \cdots \\ s^{n-3} & c_1 & c_2 & c_3 & \cdots \\ & & \vdots \\ s^2 & d_1 & d_2 & d_3 \\ s^1 & e_1 & e_2 \\ s^0 & f_1 \end{cases} \qquad (4\text{-}8)$$

其中：

$$
\begin{cases}
b_1 = \dfrac{a_1 a_2 - a_0 a_3}{a_1}, \quad b_2 = \dfrac{a_1 a_4 - a_0 a_5}{a_1}, \quad b_3 = \dfrac{a_1 a_6 - a_0 a_7}{a_1} \cdots \\[3mm]
c_1 = \dfrac{b_1 a_3 - a_1 b_2}{b_1}, \quad c_2 = \dfrac{b_1 a_5 - a_1 b_3}{b_1}, \quad c_3 = \dfrac{b_1 a_7 - a_1 b_4}{b_1} \cdots \\[3mm]
\vdots \\[1mm]
f_1 = \dfrac{e_1 d_2 - d_1 e_2}{e_1}
\end{cases} \tag{4-9}
$$

【例 4-26】 已知系统的闭环特征方程为 $s^5 + 2s^4 + s^3 + 3s^2 + 4s + 5 = 0$，判断系统的稳定性。

程序命令：

```
>> clc;p = [1,2,3,4,5];p1 =p;
>> n = length(p);                  %计算闭环特征方程系数的个数 n
>> if mod(n,2) == 0                 %判断 n 是否为偶数
       n1 = n/2;                    %n 为偶数,劳斯阵列的列数为 n/2
>> else
       n1 = (n +1)/2;              %n 为奇数,劳斯阵列的列数为 (n +1)/2
       p1 = [p1,0];                %劳斯阵列左移一位,后面填写 0
>> end
>> routh = reshape(p1,2,n1);        %列出劳斯阵列前两行
>> RouthTable = zeros(n,n1);        %初始化劳斯阵列行和列为零矩阵
>> RouthTable(1:2,:) = routh;       %将前两行系数放入劳斯阵列
>> for i = 3:n                      %从第三行开始到 s⁰ 计算劳斯阵列数值
>> ai = RouthTable(i -2,1)/RouthTable(i -1,1);
>>     for j =1:n1 -1               %按照式(4-10)计算劳斯阵列所有值
>>     RouthTable(i,j) = RouthTable(i -2,j +1) - ai * RouthTable(i -1,j +1)
>>     end
>> end
>> p2 = RouthTable(:,1)             %输出劳斯阵列的第一列数值
>> if   p2 >0                       %取劳斯阵列的第一列进行判定
>> disp(['所要判定系统是稳定的'])
>> else
>>     disp(['所要判定系统是不稳定的'])
>> end
```

结果：

```
RouthTable =1    3    5
                2    4    0
                1    5    0
               -6    0    0
                5    0    0

p2 =1
     2
     1
    -6
     5
```

所要判定系统是不稳定的

【**例4-27**】 已知系统的开环传递函数 $G(s) = \dfrac{Ke^{-\tau s}}{s+1}$，其中 $\tau = 0.1s$。使用劳斯判据，判断当 $k = 2$ 时系统的稳定性。

纯时间环节可以用有理函数来近似，MATLAB 提供了 pade 函数来实现这一功能，其调用格式为：

```
[num,den] =pade(T,n)    % T 为延迟时间常数,n 为要求拟合的阶数
[A,B,C,D] =pade(T,n)
```

1）当 $\tau = 0.1s$，用 MATLAB 实现二阶拟合表达式，程序命令如下：

```
>> [num,den] =pade(0.1,2)
>> printsys(num,den,'s')
```

结果：

```
             s^2 -60s +1200
num/den = -------------------------
             s^2 +60s +1200
```

2）此时相当于两个系统串联，系统框图如图 4.20 所示。

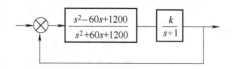

图 4.20 例 4-27 所示系统框图

3）将 $K = 2$ 代入系统，程序命令如下：

```
>> g1 =tf([1 -60 1200],[1 60 1200]);g2 =tf(2,[1 1]);G =g1 * g2;
>> sys =feedback(G,1);p =sys. den{1}          % 取闭环的分母系数
>> p1 =p;n =length(p);if mod(n,2) ==0;n1 =n/2;else
>> n1 = (n +1)/2;p1 = [p1,0];end
```

```
>> routh = reshape(p1,2,n1);RouthTable = zeros(n,n1);
>> RouthTable(1:2,:) = routh;
>> for i = 3:n
>> ai = RouthTable(i-2,1)/RouthTable(i-1,1);
>>      for j = 1:n1-1
>>      RouthTable(i,j) = RouthTable(i-2,j+1) -ai * RouthTable(i-1,j+1)
>>      end
>> end
>> p2 = RouthTable(:,1)                 %取劳斯阵列第一列
>> if  p2 >0
>>      disp(['所要判定系统是稳定的'])
>> else
>>      disp(['所要判定系统是不稳定的'])
>> end
```

结果:

```
RouthTable =1.0e +03 *
             0.0010    1.1400
             0.0630    3.6000
             1.0829         0
             3.6000         0
p2 =1.0e +03 *
    0.0010
    0.0630
    1.0829
    3.6000
所要判定系统是稳定的
```

4.5.3 系统零极点对稳定性的影响

1. 极点
语法格式:

```
p = pole(G)      %p 表示极点,G 表示系统传递函数
```

说明: 当系统有重极点时, 计算结果不一定准确。

2. 零点
语法格式:

```
z = tzero(G)          %得出连续和离散系统的零点
[z,gain] = tzero(G)   %获得零点和零极点增益
```

说明: 对于单输入单输出系统, tzero 命令也用来计算零极点增益。

【例4-28】 已知传递函数 $G(s) = \dfrac{5s+100}{s^4+8s^3+32s^2+80s+100}$，计算其零极点并判定系统的稳定性。

程序命令：

```
>> num = [5 100];
>> den = [1 8 32 80 100];
>> G = tf(num,den);
>> P = pole(G)
>> if real(P) < 0
>>    disp(['系统稳定']);
>> else
>>    disp(['系统不稳定']);
>> end
>> [z,gain] = tzero(G)
```

结果：

```
P = -1.0000 +3.0000i
    -1.0000 -3.0000i
    -3.0000 +1.0000i
    -3.0000 -1.0000i
系统稳定
z = -20.0000
gain =1
```

3. 画系统极点和零点图
语法格式：

```
pzmap(G)    %G 表示系统传递函数
```

【例4-29】 已知系统框图如图4.21所示，画出系统的零极点图，并判断系统的稳定性。

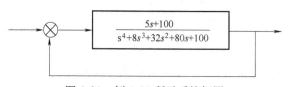

图4.21 例4-29 所示系统框图

程序命令：

```
>> clear;num = [5,100];den = [1 8 32 80 100];
>> G = tf(num,den);sys = feedback(G,1);
>> pzmap(sys)           %绘制系统零极点图
>> [p,z] = pzmap(sys)   %输出系统零极点
```

```
>> if real(p) < 0
>>    disp(['该系统是稳定的']);
>> else
>>    disp(['该系统是不稳定的']);
>> end
```

结果：

```
p = - 3.8526 + 2.1443i
    - 3.8526 - 2.1443i
    - 0.1474 + 3.2041i
    - 0.1474 - 3.2041i
z = -20
该系统是稳定的
```

系统零极点图如图 4.22 所示。由于系统的极点都落到图的左半平面，因此系统是稳定的。

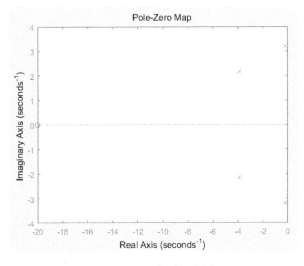

图 4.22　系统零极点图

4.5.4　系统增益对稳定性的影响

系统的开环增益增大会使得系统的精确性提高，但 k 值取得过大会使系统的稳定性变差，甚至造成系统的不稳定。

【例 4-30】　系统框图如图 4.23 所示。分别令 $k = 2.22$、12、16.7，观察和分析 Ⅰ 型三阶系统在阶跃信号输入时，闭环系统的稳定情况。

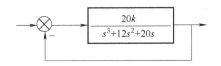

图 4.23　例 4-30 所示系统框图

程序命令：

```
>> clear;num1 =2.22 *20;
>> num2 =12 *20;num3 =16.7 *20;
>> den = [1,12,20 0];G1 = tf(num1,den);
>> G11 = feedback(G1,1);
>> G2 = tf(num2,den);
>> G22 = feedback(G2,1);
>> G3 = tf(num3,den);
>> G33 = feedback(G3,1);
>> t = [0:0.1:5];
>> plot(t,step(G11,t),'b - *');hold on;
>> plot(t,step(G22,t),'r -p');hold on;
>> plot(t,step(G33,t),'k - -');hold on;
>> legend('k =2.22','k =12','k =16.7');
```

不同 k 值时例 4-30 所示系统的仿真曲线如图 4.24 所示。$k = 2.22$ 时系统是稳定的，$k = 12$ 时系统为临界稳定，$k = 16.7$ 时系统变得不稳定。

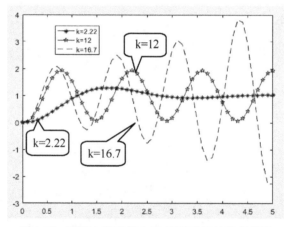

图 4.24　不同 k 值时例 4-30 所示系统的仿真曲线

【例 4-31】　根据下列传递函数，判断 $k = -1$、1、5、10 时系统的稳定性，并画出阶跃响应曲线。

$$G(s) = \frac{k(0.5s + 1)}{0.5s^4 + 1.5s^3 + 2s^2 + (1 + 0.5k)s + k}$$

程序命令：

```
>> clc
>> t =5:0.01:30;
>> for k = [-1,1,5,10]
>>     num = [0.5 * k k];
>>     den = [0.5 1.5 2 1 +0.5 * k k];
```

```
>>       sys = tf(num,den);
>>       p = roots(den);
>> disp(['当前 k = ',num2str(k)])
>> if real(p) < 0
>>    disp(['该系统是稳定的']);
>> else
>>    disp(['该系统是不稳定的']);
>> end
>> axis([5 30 -8e4 4e4]);
>>       step(sys,t);hold on;
>>       legend('k = -1','k = 1','k = 5','k = 10');
>> end
```

结果：

```
当前 k = -1
该系统是不稳定的
当前 k = 1
该系统是稳定的
当前 k = 5
该系统是不稳定的
当前 k = 10
该系统是不稳定的
```

不同 k 值时例 4-31 所示系统的阶跃响应曲线如图 4.25 所示。

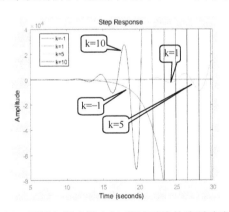

图 4.25　不同 k 值时例 4-31 所示系统的阶跃响应曲线

4.5.5　控制系统稳态误差计算

控制系统的稳态误差，是表明系统在典型外作用下稳态精度的指标，误差系数越大，误差越小，精度越高。在控制系统的分析中，通常采用静态误差系数作为衡量系统稳态性能的一种品质指标。静态误差系数能表征系统所具有的减小或消除稳态误差的能力。当静态误差系数为∞时，系统没有稳态误差。静态误差系数分为三种：静态位置误差系数 K_p、静态速度误差系数 K_v、静态加速度误差系数 K_a。三种误差系数分别代表了控制系统中，一个系统对阶跃输入、斜坡输入、抛物线信号输入响应消除或减少稳态误差的能力。

1. 控制系统的稳态误差定义

设系统的开环传递函数是 $G(s)$，则：

静态位置误差系数 K_p：

$$K_p = \lim_{s \to 0} G(s) \tag{4-10}$$

静态速度误差系数 K_v：

$$K_v = \lim_{s \to 0} sG(s) \tag{4-11}$$

静态加速度误差系数 K_a：

$$K_a = \lim_{s \to 0} s^2 G(s) \tag{4-12}$$

其中，K_p、K_v、K_a 分别表明系统在给定阶跃输入、斜坡输入、等加速度输入下的稳态误差。

2. 控制系统稳态误差的计算

【例 4-32】 已知闭环传递函数 $G(s) = \dfrac{s+1}{s^3 + 6s^2 + 15s + 7}$，判断系统稳定性。若系统稳定，求出系统的位置误差、速度误差与加速度误差系数。

程序命令：

```
>> clc
>> p = [1 6 15 7];
>> r = roots(p);
>> if real(r) < 0
   disp(['该系统是稳定的']);
>> syms s G Gb Kp Kv Ka;
>> G = (s+1)/(s^3 + 6*s^2 + 15*s + 7);
>> [Gb] = solve('s+1/(s^3 + 6*s^2 + 15*s + 7) = Gb/(1 + Gb)', Gb);
>> Kp = limit(Gb,s,0)              %计算闭环位置稳态误差系数
>> Kv = limit(s*Gb,s,0)
>> Ka = limit(s^2*Gb,s,0)
>> else
   disp(['该系统是不稳定的,没有稳态误差']);
>> end
```

结果：

```
系统是稳定的
Kp = 1/6
Kv = 0
Ka = 0
```

【例 4-33】 已知系统的开环传递函数 $G(s) = \dfrac{20}{(s+1)(s^2 + 5s + 5)}$，判断系统的稳定性。

若系统稳定，绘制单位阶跃响应曲线并求出位置稳态误差系数 K_p。

程序命令：

```
>> n1 =20;d1 =conv([1 1],[1 5 5]);
>> s =tf(n1,d1);sys =feedback(s,1);
>> root_sys =roots(sys.den{1});
>> p =real(root_sys);n =length(p);
>> flag =0;for i =1:n
>> if p(i) > =0;flag =1;
>> end;end
>> if flag ==0
   disp(['该系统是稳定的'])
>> t =[0:0.001:15];y =step(sys,t);
>> plot(t,y),grid on;
>> ess =1 - y;Kp =ess(length(ess))
>> else
   disp(['该系统是不稳定的'])
>> end
```

结果：

该系统是稳定的

Kp =0.2004

系统的单位阶跃曲线如图 4.26 所示。

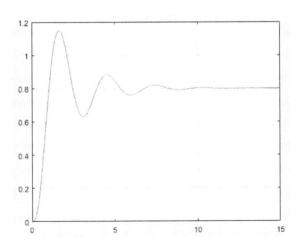

图 4.26　系统的单位阶跃响应曲线

【例 4-34】 已知开环传递函数 $G(s) = \dfrac{80}{(s+1)(s^2+5s+11)}$，要求：

（1）输出系统闭环传递函数；

（2）判断系统的稳定性；

（3）若系统稳定，绘制单位斜坡响应曲线并求出静态速度误差系数 K_v。

MATLAB 中没有斜坡响应命令，可使用阶跃响应实现。由于斜坡＝阶跃 $\times 1/s$，因此对原有系统的特征方程进行移位即可。若系统的传递函数为 sys，则 den ＝ [sys. num{1}，0] 即可获得斜坡下的传递函数。

程序命令：

```
>> clc;n1 = [80];flag = 0;
>> d1 = conv([1 1],[1 5 11]);
>> s = tf(n1,d1);sys = feedback(s,1)
>> root_sys = roots(sys.den{1});
>> p = real(root_sys);n = length(p);
>> flag = 0; for i = 1:n
>> if p(i) > = 0; flag = 1;end;
   end;if flag == 0
   disp(['该系统是稳定的'])
>> t = [0:0.01:1];num = sys.num{1};
>> den = [sys.den{1},0];
>> sys = tf(num,den);y = step(sys,t);
>> plot(t,y);grid on;hold on;
>> es = t - y;plot(t,t),grid on;
>> Kv = es(length(es));else
>> disp(['该系统是不稳定的']);end
```

结果：

```
             80
sys = -------------------------------
      s^3 + 6s^2 + 16s + 91
```

该系统是稳定的

Kv = 0.2453

系统的斜坡响应曲线如图 4.27 所示。

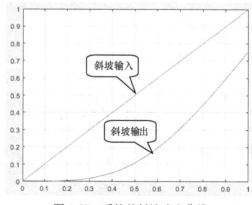

图 4.27 系统的斜坡响应曲线

【例 4-35】 已知开环传递函数 $G(s) = \dfrac{4s+8}{s(0.1s^2+s)}$，要求：

（1）输出系统闭环传递函数；

（2）判断系统的稳定性；

（3）若系统稳定，绘制抛物线信号输入响应曲线并求出静态加速度误差系数 K_a。

程序命令：

```
>> n1 = [4 8];d1 = conv([1 0 0],[0.1 1]);s1 = tf(n1,d1);sys = feedback(s1,1);
>> t = [0:0.001:2]';flag = 0;
>> num1 = sys.num{1};                    %取传递函数的分子系数
>> den1 = [sys.den{1} 0 0];sy1 = tf(num1,den1);
>> root_sys = roots(sy1.den{1});   %取传递函数的分母系数
>> p = real(root_sys);n = length(p);
>> flag = 0;for i = 1:n
>> if p(i) > 0;flag = 1;end;
   end;if flag == 0
   disp(['该系统是稳定的'])
>> y1 = step(sy1,t);nu2 = 1;den2 = [1 0 0];
>> sy2 = tf(nu2,den2);y2 = impulse(sy2,t);
>> plot(t,[y2 y1]),gridon;
>> es = y2 - y1;Ka = es(length(es))
>> else
   disp(['该系统是不稳定的'])
>> end
```

结果：

```
该系统是稳定的
Ka = 0.1244
```

仿真曲线如图 4.28 所示。

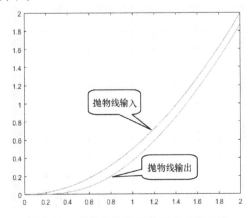

图 4.28　系统抛物线信号输入响应曲线

第5章
MATLAB 在频域及根轨迹分析的应用

5.1 频域分析法

频域分析法（简称频域法）是利用频率特性研究线性系统的一种经典方法，对于稳定的线性定常系统，在正弦输入作用下，其输出量也是一个正弦函数。将输出稳态分量与输入正弦信号的复数比称为系统的频率特性函数，把传递函数中的 s 替换为 $j\omega$，用指数表示为 $G(j\omega) = A(\omega)e^{j\varphi(\omega)}$，简称为频率特性。其中，输出与输入的幅值比 $A(\omega)$ 称为幅频特性，输出与输入的相位差 $\varphi(\omega)$ 称为相频特性。

频域分析法常用多种形式的图解方法辅助进行，主要有伯德（Bode）图，奈奎斯特（Nyquist）曲线图、尼柯尔斯（Nichols）图等，它们都是根据输入信号频率的变化，研究系统的输出随输入信号的变化关系。最常用的是伯德图，它包括幅频特性和相频特性两条曲线。MATLAB 提供了大量的函数用于频域分析和绘图，使得复杂计算变得简单、方便。

5.1.1 绘制伯德图

伯德图是系统频率响应的一种图示方法，两条曲线的横坐标都按频率的对数分度绘制，因此，伯德图也称为半对数坐标图。利用伯德图可观测出在不同频率下，系统增益的大小及相位，也可观测增益大小及相位随频率变化的趋势，从而对系统稳定性进行判断。伯德图和系统的增益、极点、零点的个数及位置有关，只要知道系统的传递函数，即可画出伯德图。伯德图常用于系统的模型建立、稳定特性分析，也可用于系统设计中。

1. 绘制基本伯德图

语法格式：

bode(G)	%绘制传递函数为 G 的伯德图
bode(num, den)	%绘制分子 num 和分母 den 的伯德图
[mag, pha, w] = bode(G)	%得出幅值向量 mag、相角向量 pha 和对应角频率 w，并画伯德图
[mag, pha, w] = bode(G, w)	%按照角频率 w 得出幅值向量 mag 和相角向量 pha，并画伯德图

说明： 角频率 w 的单位为 rad/s，若指定频率范围，可用命令 logspace(n1, n2, k)，表

示在 $10^{n1} \sim 10^{n2}$ 之间产生对数均匀分布的 k 个点；相角 pha 的单位是度（°）；幅值 mag 的单位可用 20log10(mag) 转换成 dB。

【例5-1】 已知被控系统框图如图5.1所示，要求绘制系统的伯德图。

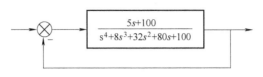

图 5.1 被控系统框图

程序命令：

```
>> clear                  %清除内存
>> num = [5,100];den = [1 8 32 80 100];
>> G = tf(num,den);
>> bode(G)
>> w = logspace(-1,2,60) %w取0.1~100之间产生对数均匀分布的60个点
>> [mag,pha,w] = bode(G)
```

例5-1 系统伯德图如图5.2所示。

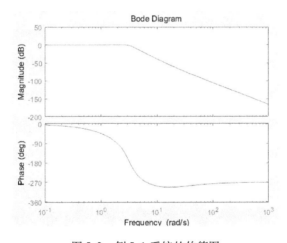

图 5.2 例5-1 系统的伯德图

2. 计算幅值裕量、相角裕量并绘制伯德图

语法格式：

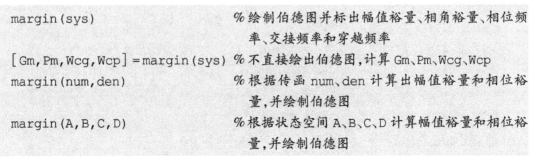

margin(sys)	%绘制伯德图并标出幅值裕量、相角裕量、相位频率、交接频率和穿越频率
[Gm,Pm,Wcg,Wcp] = margin(sys)	%不直接绘出伯德图,计算 Gm、Pm、Wcg、Wcp
margin(num,den)	%根据传函 num、den 计算出幅值裕量和相位裕量,并绘制伯德图
margin(A,B,C,D)	%根据状态空间 A、B、C、D 计算幅值裕量和相位裕量,并绘制伯德图

说明：

1）margin 函数可以从频率响应数据中计算出幅值裕量、相位裕量以及对应的频率。幅值裕量和相位裕量是针对开环 SISO 系统而言，它指示出系统闭环时的相对稳定性。

2）Gm 为幅值裕量，当 Gm > 1 时系统稳定；Pm 为相角裕量；Wcg 为幅值裕量对应的频率，当相角 > 0 时系统稳定；Wcp 为相角裕量对应的频率（穿越频率）。如果 Wcg、Wcp 为 nan 或 Inf，则说明 Gm、Pm 数据溢出为无穷大。

3）幅值裕量是在相角为 −180° 处使开环增益为 1 的增益量，若在 −180° 相频处的开环增益为 Lg，则幅值裕量为 1/Lg；若用分贝值表示幅值裕量，则等于 −20log10（Lg）。相位裕量是当开环增益为 1 时，相应的相角与 180° 角的和。

4）当不带输出变量引用时，margin 可在当前图形窗口中绘制出带有裕量及相应频率显示的伯德图，其中幅值裕量以分贝为单位。

【例 5-2】 画出下列开环传递函数 $K = 1$ 的伯德图，并求出临界稳定增益 K 的值。

$$G(s) = \frac{20K}{s^3 + 12s^2 + 20s}$$

1）令 $K = 1$，先绘制系统的伯德图，求出系统的穿越频率。

2）求解临界稳定增益 K 值。因为 K 值不影响 Wcg 的变化，因此在 Wcg = 4.47rad/s 情况下，求解临界稳定增益 K 的大小，令其模为 1，即：

$$L(Wcg) = 20\lg|G(jWcg)| = 1$$

$$\left| \frac{20K}{(jWcg)^3 + 12(jWcg)^2 + 20jWcg} \right| = 1$$

程序命令：

```
>> clear;clc;
>> num = 20;                                    %令 K = 1
>> den = [1,12,20 0];
>> [Gm,Pm,Wcg,Wcp] = margin(num,den)
>> margin(num,den)
>> R = ((j * Wcg)^3 + 12 * (j * Wcg)^2 + 20 * (j * Wcg))%分母的角频率表达式
>> im = imag(R)                                 %求特征根的虚部
>> re = real(R)                                 %求特征根的实部
>> K = sqrt(im^2 + re^2)/20                      %求系统的模
```

结果：

```
Gm = 12
Pm = 60.4231
Wcg = 4.4721
Wcp = 0.9070
K = 12.0000
```

伯德图如图 5.3 所示。

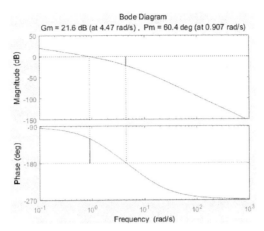

图 5.3　带幅值裕量和相位裕量的伯德图

3. 绘制离散系统的伯德图

语法格式:

```
dbode(dnum,dden,T)              %dnum、dden 分别是离散系统的分子和分母,T
                                 表示时间周期
[mag,phase,w]=dbode(num,den,T)  %mag 表示幅值数组,phase 表示相位数组,w
                                 表示角频率数组
[mag,phase,w]=dbode(n,d,T,w)    %获得某一角频率下的幅值和相位
```

【例 5-3】　依据传递函数 $G(z) = \dfrac{2 + 5z^{-1} + z^{-2}}{1 + 2z^{-1} + 3z^{-2}}$，绘制离散系统伯德图。

程序命令:

```
dnum=[2 5 1];
dden=[1 2 3];
dbode(dnum,dden,0.1)
%采样周期为 0.1s
```

离散系统的伯德图如图 5.4 所示。

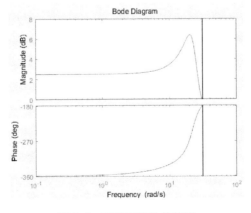

图 5.4　离散系统的伯德图

5.1.2　绘制奈奎斯特曲线

奈奎斯特（Nyquist）曲线是幅相频率特性曲线，它是使用图形判断稳定性的方法之一。对于一个连续线性非时变系统，将其频率响应的增益、相位以极坐标的方式绘出，奈奎斯特曲线上每一点都是对应一个特定频率下的频率响应，该点相对于原点的角度表示相位，而和原点之间的距离表示增益。

语法格式：

```
nyquist(G)              %绘制 Nyquist 曲线
nyquist(G1,G2,…w)       %绘制多条 Nyquist 曲线
[re,im]=nyquist(G,w)    %由频率 w 得出对应的实部和虚部
[re,im,w]=nyquist(G)    %得出实部、虚部和频率
```

说明： G 为系统模型；w 为频率向量，也可以用 {wmin, wmax} 表示频率的范围；Re 为频率特性的实部，Im 为频率特性的虚部。根据传递函数绘制系统的 Nyquist 曲线，可以获得频率特性的实部和虚部。

【例 5-4】　已知系统的状态空间表达式，画出系统的 Nyquist 曲线。

$$\begin{cases} \dot{x} = Ax(t) + Bu(t) \\ y = Cx \end{cases}$$

$$A = \begin{pmatrix} 0 & 1 \\ -25 & -4 \end{pmatrix} \quad B = \begin{pmatrix} 0 \\ 25 \end{pmatrix} \quad C = \begin{bmatrix} 1 & 0 \end{bmatrix} \quad D = 0$$

程序命令：

```
>> A=[0 1;-25 -4];B=[0;25];
>> C=[1 0];D=0;G=ss(A,B,C,D);
>> nyquist(G);w=1:2;[re,im]=nyquist(G,w)
```

结果：

```
re(:,:,1)=1.0135
re(:,:,2)=1.0396
im(:,:,1)=-0.1689
im(:,:,2)=-0.396
```

系统的 Nyquist 曲线如图 5.5 所示。

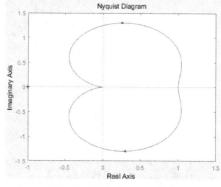

图 5.5　系统 Nyquist 曲线

【例 5-5】 已知系统的传递函数 $G(s) = \dfrac{K}{0.05s^3 + 0.6s^2 + s}$，分别判断系统在 $K = 1$ 和 $K = 20$ 时的稳定性，并画出系统的 Nyquist 曲线。

当 $K = 1$ 时，程序命令：

```
>> clear;
>> num=1;
>> den=[0.05,0.6,1,0];
>> nyquist(num,den)
```

当 $K = 1$ 时系统的 Nyquist 曲线如图 5.6 所示。由图看出曲线没有包围（-1，j0）点，因此系统是稳定的。

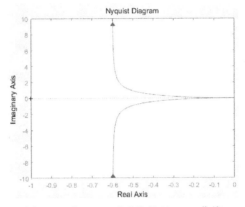

图 5.6 当 $K = 1$ 时系统的 Nyquist 曲线

当 $K = 20$ 时，程序命令：

```
>> clear;
>> num=20;
>> den=[0.05,0.6,1, 0];
>> nyquist(num,den)
```

当 $K = 20$ 时系统的 Nyquist 曲线如图 5.7 所示。由图看出曲线逆时针包围（-1，j0）点的圈数为 2，因此系统是不稳定的。

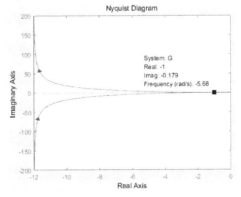

图 5.7 当 $K = 20$ 时系统的 Nyquist 曲线

5.1.3　绘制尼柯尔斯图

尼柯尔斯（Nichols）图是描述系统频率特性的第三种图示方法。该图纵坐标表示频率特性的对数幅值，以分贝（dB）为单位；横坐标表示频率特性的相位角。对数幅相特性图以频率作为参变量，用一条曲线完整地表示系统的频率特性。使用 Nichols 命令判断稳定性，与使用 Nyquist 图判断最小相位系统稳定性类似，即：曲线逆时针包围（ - 1，j0）点的圈数等于系统开环传递函数的正实部极点数。

语法格式：

```
nichols(G)                    %绘制 nichols 图
nichols(G1,G2,···,w)          %绘制多条 nichols 图
[mag,pha] =nichols(G,w)       %由 w 得出对应的幅值和相角
[mag,pha,w] =nichols(G)       %得出幅值、相角和频率
```

【例 5-6】　已知系统传递函数 $G(s) = \dfrac{1}{s^3 + 3s^2 + 2s}$，绘制 nichols 图。

程序命令：

```
>> num =1;
>> den =[1,3,2,0]
>> G =tf(num,den)
>> nichols(G)
```

系统的 Nichols 图如图 5.8 所示。

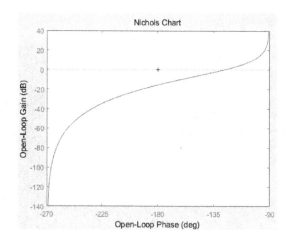

图 5.8　系统的 Nichols 图

5.1.4　控制系统频域设计

自动控制理论研究中，分析最透彻的是二阶系统，一般高阶系统都用标准二阶系统等价进行研究，因为高阶系统确定其动态性能指标是比较困难的。工程上常采用闭环主导极点的概念对高阶系统进行近似分析，或从频域分析中获得频率特性参数，再利用公式将其对应为

二阶标准系统时域指标，达到分析高阶系统动态性能指标的目的。

1. 闭环频率特性指标与时域的关系

基于闭环频率特性常用指标有：谐振峰值 M_r；谐振频率 ω_r，反映系统的相对稳定性；频带宽度或者带宽频率 ω_b，定义为闭环幅频特性幅值 $M(\omega)$ 下降到 $0.707M(0)$ 时对应的角频率，它反映了系统的快速性。二阶系统在欠阻尼状态下，M_r、ω_b 与时域指标存在一定的关系。时域动态特性主要参数包括：阻尼比 ζ、自由振荡频率 ω_n、超调量 σ、稳态时间 t_s 和稳态误差。闭环频率特性指标和时域的关系如下：

$$\omega_r = \omega_n \sqrt{1 - 2\zeta^2} \tag{5-1}$$

$$\omega_b = \sqrt{1 - 2\zeta^2 + \sqrt{(1 - 2\zeta^2)^2 + 1}} \tag{5-2}$$

$$M_r = \frac{1}{2\zeta \sqrt{1 - \zeta^2}} \tag{5-3}$$

$$\zeta = \sqrt{\frac{1 - \sqrt{1 - \frac{1}{M_r^2}}}{2}} \tag{5-4}$$

2. 开环频率特性指标与时域的关系

开环系统的频率指标包括：相角裕量 P_m、幅值裕量 G_m 和穿越频率 ω_c，它们和时域指标的关系如下：

$$\frac{\omega_c}{\omega_n} = \sqrt{\sqrt{4\zeta^4 + 1} - 2\zeta^2} \tag{5-5}$$

$$P_m = \arctan\left[2\zeta\left(\sqrt{4\zeta^4 + 1} - 2\zeta^2\right)\right]^{-1/2} \tag{5-6}$$

$$t_s = \frac{K_0\pi}{\omega_c}, \quad K_0 = 2 + 1.5\left(\frac{1}{\sin P_m} - 1\right) + 2.5\left(\frac{1}{\sin P_m} - 1\right)^2 \tag{5-7}$$

其中，式（5-7）为相角裕量在 $35° \sim 90°$ 之间的估算公式。

频域开环和闭环的关系式：

$$M_r = \frac{1}{\sin(P_m)} \tag{5-8}$$

【例 5-7】 已知雕刻机系统开环传递函数为 $G(s) = \dfrac{K}{s^3 + 3s^2 + 2s}$，使用闭环频域响应法选择控制器增益 K 的值，完成控制指标，要求：

（1）根据闭环系统的谐振峰值和谐振频率确定时域指标，使系统超调量小于 15%，在稳态误差为 2% 的情况下，稳态时间小于 15s；

（2）将高阶系统等价为标准二阶系统，输出等价后的二阶系统传递函数和动态特性参数；

（3）画出控制前系统的伯德图和控制后等价的二阶系统阶跃响应曲线。

程序命令：

```
>> clear;clc;for K=0.2:0.1:20          %K 从 0.2 开始,循环取值,
                                          最大为 20

>> G=tf(K,[1 3 2 0]);G1=feedback(G,1);  %G 为开环传递函数,G1 为
                                          闭环传递函数

>> [mag,pha,w]=bode(G1);magn=mag(1,:);  %确定伯德图幅值
>> phase=pha(1,:);[M,i]=max(magn);      %确定谐振相位、谐振峰值
>> Mr=20*log10(M);Pr=phase(1,i);Wr=w(i,1);  %Mr 为谐振峰值,Pr 为谐振
                                          相位,Wr 为谐振频率
>> temp=sqrt(1-1/M^2);zeta=sqrt((1-temp)/2);%zeta 阻尼系数
>> Wn=Wr/sqrt(1-2*zeta^2);              %Wn 为自由振荡频率
>> ts=4.4/(zeta*Wn);                    %稳态时间
>> Mp=exp((-pi*zeta)/sqrt(1-zeta^2));   %计算超调量
>> if  Mp<0.2 & ts<15 break;end         %满足条件退出循环
>> end
>> if Mp<0.2 & ts<15                    %输出满足条件的值
>> G2=tf(Wn^2,[1,2*zeta*Wn,Wn^2]);disp(['K=',num2str(K),'系统满
   足了设计指标'])
>> disp(['放大系数 K=',num2str(K)]);disp(['谐振峰值=',num2str(M)])
>> disp(['谐振频率=',num2str(Wr)]);disp(['超调量=',num2str(Mp*100),'%'])
>> disp(['稳态时间=',num2str(ts),',稳态误差2%'])
>> else                                 %说明仅修改 K 不能满足指标
>> disp(['K=',num2str(K),'不满足设计指标,仅修改 K 值不能达到给定指标'])
>> end
>> subplot(1,2,1);margin(G1);subplot(1,2,2);step(G2);
```

结果：

```
              0.2694
G2 = ---------------------------------
     s^2 +0.7105s +0.2694
Continuous-time transfer function.
K=0.7 系统满足了设计指标
放大系数 K=0.7
谐振峰值=1.002
谐振频率=0.13036
超调量=5.2377%
稳态时间=12.3858,稳态误差2%
```

控制前系统的伯德图和控制后等价的二阶系统阶跃响应曲线如图5.9所示。

【例5-8】 已知控制系统框图如图5.10所示。

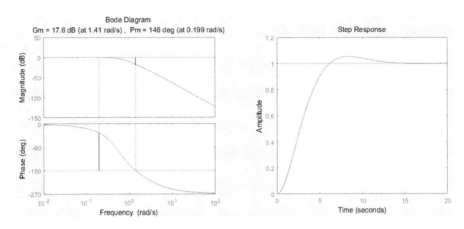

图 5.9　控制前系统的伯德图及控制后等价的二阶系统阶跃响应曲线

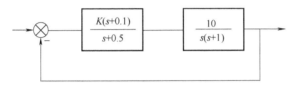

图 5.10　系统控制框图

使用开环频域响应法选择控制器增益 K 的值，完成控制指标，要求：

（1）使系统的相角裕量大于等于 $60°$，对应的时域指标超调量小于 20%，在稳态误差 2% 的情况下，稳态时间小于 $15s$；

（2）将高阶系统等价为标准二阶系统，输出等价后的二阶系统传递函数和动态特性参数；

（3）画出控制前系统的伯德图和控制后等价的二阶系统阶跃响应曲线。

程序命令：

```
>> clear;clc;for K=0.1:0.1:10                    %K 从 0.1 开始,循环取
                                                   值,最大取 10
>> G=tf([K*10,K],[1 1.5 0.5 0]);G1=feedback(G,1); % 由开环计算闭环传递
                                                   函数
>> [Gm,Pm,Wcg,Wcp]=margin(G1);
>> Mr=1/sin(Pm*pi/180);                          % 由相位 Pm 确定谐振
                                                   频率
>> temp=sqrt(1-1/Mr^2);zeta=sqrt((1-temp)/2);   %计算阻尼比
>> temp1=sqrt(4*zeta^4+1);Wn=Wcp/sqrt(temp1-2*zeta^2);
                                                % 计算自由振荡频率
>> Mp=exp((-pi*zeta)/sqrt(1-zeta^2));           % 计算超调量
>> ts=4.4/(zeta*Wn);
>> if Pm>=60 & Pm<70 & Mp<0.2                   % 满足条件退出循环
>> break;end
>> end
```

```
>> if Pm > =60 & Pm <70 & Mp <0.2
>> disp(['K=',num2str(K),'系统满足了设计指标']);disp(['相角裕量=',
   num2str(Pm)])
>> disp(['超调量=',num2str(Mp*100),'%']);disp(['稳态时间=',
   num2str(ts),',稳态误差2%'])
>> else
>> disp(['K=',num2str(K),'不满足设计指标,需要进一步修改K值'])
>> end
>> G2=tf(Wn^2,[1,2*zeta*Wn,Wn^2]);subplot(1,2,1);margin(G1);sub-
   plot(1,2,2);step(G2);
```

结果:

```
K=0.4 系统满足了设计指标
相角裕量=61.5824
超调量=15.3799%
稳态时间=2.6712,稳态误差2%
           10.35
G2 = -----------------------
     s^2 +3.294s +10.35
```

控制前系统的伯德图和控制后等价的二阶系统阶跃响应曲线如图 5.11 所示。

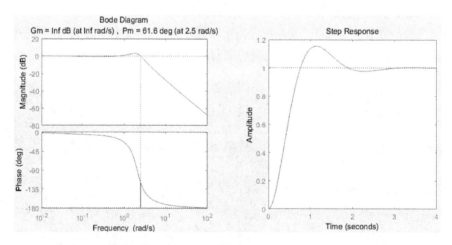

图 5.11 控制前系统的伯德图及控制后等价的二阶系统阶跃响应曲线

5.2 频域法校正设计

频域法属于串联校正,其通过伯德图上给出的频域指标确定校正装置的形式和参数,在开环系统对数频率特性基础上,添加校正环节以满足稳态误差、开环系统截止频率和相角裕量的要求。

5.2.1 频域法超前校正

1. 频域法超前校正的作用

串联超前校正的特点是增大系统的相角裕量，使系统的超调量减小，同时增大系统的截止频率，使系统的调节时间减小。但对提高系统的稳态精度作用不大，而且还使系统的抗高频干扰能力有所降低。一般串联超前校正适合于稳态精度已满足要求，而且噪声信号也很小，但超调量和调节时间不能满足要求的系统。超前校正传递函数形式为

$$G_c(s) = \frac{Ts + 1}{\alpha Ts + 1} \tag{5-9}$$

其中，T 为时间常数，α 为校正网络参数。合理选择这两个参数，就可以使校正系统的截止频率和相位裕量满足性能指标的要求。

2. 频域法超前校正的伯德图

频域法超前校正的伯德图由相频特性和幅频特性组成，其幅度用 $L(\omega)$ 表示，相角用 $\varphi(\omega)$ 表示。传递函数为

$$\begin{cases} L(\omega) = 20\lg \sqrt{1 + (\alpha T\omega)^2} - 20\lg \sqrt{1 + (T\omega)^2} \\ \varphi(\omega) = \arctan \alpha T\omega - \arctan T\omega \end{cases} \tag{5-10}$$

频率特性的主要特点是：相频特性为正值；存在最大相位超前量 φ_m；在 $\omega = \omega_m$ 处，得到 φ_m，即：$L(\omega_m) = 10\lg \alpha$。频域法超前校正的伯德图如图 5.12 所示。

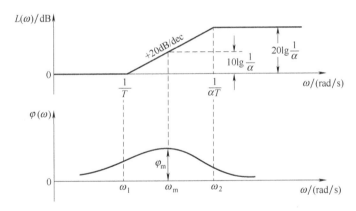

图 5.12　频域法超前校正的伯德图

3. 频率法超前校正的设计步骤

1）根据稳态误差要求，确定开环增益 K。

2）根据已确定的开环增益，画出未校正系统的伯德图，查阅稳定裕量 P_m 和截止频率 ω_c，确定最大超前相角的幅值。

3）若未提出校正后系统截止频率 ω_c 的要求，可用相角裕量 P_{m1} 进行设计，计算最大超前角 φ_m，即

$$\varphi_m = P_{m1} - P_m + \Delta \tag{5-11}$$

式中，Δ 为补偿角，通常取 $\Delta = 5° \sim 10°$。

若事先规定了截止频率 ω_{c1}，根据截止频率的要求做设计，确定 α 和 T 的值。

4）根据最大相角 φ_m，计算 α，即

$$\alpha = \frac{1 - \sin\varphi_\mathrm{m}}{1 + \sin\varphi_\mathrm{m}} \tag{5-12}$$

5）由 α 的值确定最大超前相角频率 ω_m 对应的幅值 $L(\omega_\mathrm{m})$，再根据幅值 $L(\omega_\mathrm{m})$ 找出对应的最大超前相角频率 ω_m。令最大超前角频率 ω_m 等于要求的系统截止频率，即 $\omega_\mathrm{m} = \omega_\mathrm{c1}$，以保证系统的响应速度，并充分利用网络的相角超前特性。显然，使 $\omega_\mathrm{m} = \omega_\mathrm{c1}$ 成立的条件是

$$-L(\omega_\mathrm{c1}) = L(\omega_\mathrm{m}) = 10\lg(\alpha) \tag{5-13}$$

6）可根据 α 和 ω_m 的值推导出 T 的值，即

$$T = \frac{1}{\omega_\mathrm{m}\sqrt{\alpha}} \tag{5-14}$$

7）根据式（5-9）即可确定超前校正传递函数。

8）最后验证已校正系统的相位裕量和幅值裕量是否满足要求。若不满足条件，返回上一步，保证要求的截止频率 = 最大频率。

【例 5-9】 已知系统框图如图 5.13 所示，若要求系统在单位斜坡输入信号作用时，满足以下三个条件：

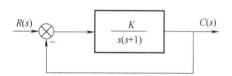

（1）稳态误差 $e_\mathrm{ss} < \,= 0.1$；

（2）相角裕量 $P_\mathrm{m1} > \,= 45$；

（3）幅值裕量 $G_\mathrm{m} > \,= 10\mathrm{dB}$。

图 5.13　例 5-9 系统框图

根据要求设计串联无源超前校正网络。

1）确定原系统传递函数及伯德图。因为系统为 I 型系统，则

$$K_\mathrm{v} = K,\ \ e_\mathrm{ss} = \frac{1}{K} \leqslant 0.1 \Rightarrow K \geqslant 10$$

取 $K = 10$，则未校正系统的开环传递函数为

$$G_0(s) = \frac{10}{s(s+1)}$$

程序命令：

```
>> G = tf(10,[1 1 0])
>> margin(G)
```

未校正系统的伯德图如图 5.14 所示。

2）根据系统要求，分析所需校正的网络类型。

从图 5.14 上看到截止频率 $\omega_\mathrm{c} = 3.08\mathrm{rad/s}$，相角裕量 $P_\mathrm{m} = 18°$，幅值裕量 $G_\mathrm{m} = \infty$。要求相位 $P_\mathrm{m1} = 45°$，与题目要求的相差甚远。为了在不减小 K 值的前提下，获得 45°的相角裕量，必须在系统中串入超前校正网络。

3）确定校正后系统的最大相角：

$$P_\mathrm{m1} = 45°;\quad P_\mathrm{m} = 18°;\ \varphi_\mathrm{m} = P_\mathrm{m1} - P_\mathrm{m} + 8° = 45° - 18° + 8° = 35°$$

4）由最大相角确定参数 α

$$\alpha = \frac{1 - \sin\varphi_\mathrm{m}}{1 + \sin\varphi_\mathrm{m}} = \frac{1 - 0.5736}{1 + 0.5736} \approx 0.27$$

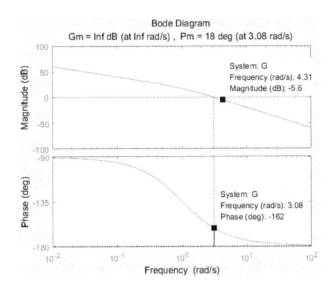

图 5.14   未校正系统的伯德图

5）计算最大超前相角频率对应的幅值：

$$L_g = -10\log10(1/\alpha)$$

计算得：$L_g = -5.68\text{dB}$

在原系统伯德图 5.14 上，幅值为 $L_g = -5.6\text{dB}$ 时所对应的角频率约为 4.3rad/s，故选校正后系统的截止频率 $\omega_{c1} = 4.3\text{rad/s}$，且有最大频率 $\omega_m = \omega_{c1} = 4.3\text{rad/s}$。

6）计算校正网络的参数 T：

$$T = \frac{1}{\omega_m \sqrt{\alpha}} = \frac{1}{4.3 \times \sqrt{0.27}} \approx 0.4471$$

7）确定校正网络的传递函数。

$$G_c(s) = \frac{Ts + 1}{\alpha Ts + 1} = \frac{0.45s + 1}{0.12s + 1}$$

代入 α 和 T 计算校正后系统的开环传递函数为

$$G_k(s) = \frac{10(0.45s + 1)}{s(s + 1)(0.12s + 1)}$$

8）根据校正后系统的开环传递函数，绘制伯德图。

程序命令：

```
>> G=tf([4.5 10],[0.12 1.12 1 0])
>> margin(G)
```

使用分步计算法设计超前校正系统的伯德图如图 5.15 所示。从图中看到相角裕量为

$$P'_m = 180° - 132° = 48° > 45°$$

幅值裕量为 $L_g = \infty$。

校正后的系统性能指标达到规定的要求。

下面使用完整 MATLAB 语句实现系统设计。

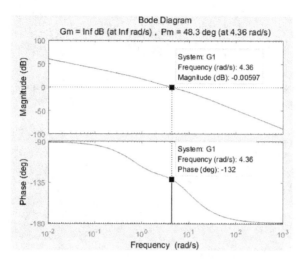

图 5.15 使用分步计算法设计超前校正系统伯德图

程序命令：

```
>> clc;G=tf(10,[1 1 0]);[Gm,Pm,Wcg,Wcp]=margin(G);   %计算频率参数
>> fm=45-Pm+8;                                       %确定校正后相角裕量
>> a=(1-sin(fm*pi/180))/(1+sin(fm*pi/180));          %计算参数a
>> [mag,pha,w]=bode(G);Lg= -10*log10(1/a);           %计算最大相角对应的幅值
>> wmax=w(find(20*log10(mag(:))<=Lg));wmax1=min(wmax);
                                                     %查找最大超前相角靠近
                                                       的最小值
>> wmin=w(find(20*log10(mag(:))>=Lg));wmin1=max(wmin);
                                                     %查找最大超前相角靠近
                                                       的最大值
>> wm=(wmax1+wmin1)/2;                               %计算最大频率wm,取两
                                                       个相近值的平均
>> T=1/(wm*sqrt(a));T1=a*T;                          %计算校正网络参数T和
                                                       aT的值
>> Gc=tf([T,1],[T1,1])                               %超前校正网络传递函数
>> G1=Gc*G                                           %G为总开环传递函数
>> [Gm1,Pm1,Wcg1,Wcp1]=margin(G1);                  %计算校正后传递函数G1
                                                       的频率参数
>> if  Pm1>=45                                       %判断是否满足给定条件
>> disp(['设计后相角裕量是:',num2str(Pm1),'相角裕量满足了设计要求'])
>> else
>> disp(['设计后相角裕量是:',num2str(Pm1),'相角裕量不满足设计要求'])
>> end
>> margin(G1)                                        %画出校正后伯德图
```

结果：

```
     0.4334s +1
Gc = -------------------
     0.1173s +1
Continuous-time transfer function.

            4.334s +10
G1 = -------------------------------
     0.1173s^3 +1.117s^2 +s
Continuous-time transfer function.
```
设计后相角裕量是:48.1591 相角裕量满足了设计要求

使用 MATLAB 设计超前校正系统的伯德图如图 5.16 所示。

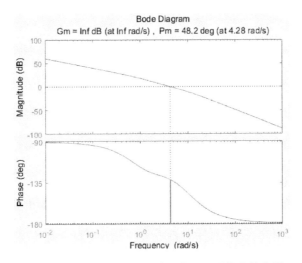

图 5.16　使用 MATLAB 设计超前校正系统的伯德图

结论：使用完整 MATLAB 语句进行系统设计，与分步计算的结果基本相同。两种方法在寻找最大超前相角时，产生了一点误差，从结果看均满足了控制指标。

5.2.2　频域法滞后校正

1. 频域法滞后校正的作用

系统进行串联滞后校正的基本原理是利用滞后网络的高频幅值衰减特性使系统截止频率下降，从而获得足够的相角裕量。或利用滞后网络的低频滤波特性，使低频信号有较高的增益，从而提高系统的稳态精度，以达到改善系统稳态性能的目的。滞后校正的特点是保持原有的动态性能基本不变，提高系统的开环增益，减小系统的稳态误差。滞后校正的传递函数为

$$G_c(s) = \frac{\beta Ts + 1}{Ts + 1} \tag{5-15}$$

2. 频域法滞后校正的伯德图

频域法滞后校正的伯德图如图 5.17 所示。幅频特性曲线频率 ω 在 $1/T \sim 1/\beta T$ 之间时，曲线的斜率为 $-20\mathrm{dB}$，与积分对数幅频特性完全相同，说明该频率范围内对输入有积分作

用。相频特性角频率 ω 从 $0 \sim \infty$ 的所有频率下，均有 $\varphi(\omega) < 0$，说明输出在相位上是滞后于输入的。滞后网络对低频信号无衰减，但对高频信号却有明显的削弱作用。β 值越大，衰减越大，通过网络的高频噪声就越低。滞后校正传递函数见式（5-15），它的形式与超前校正基本相同，但分子 $\beta T < T$。

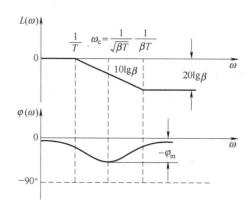

图 5.17　频域法滞后校正的伯德图

3. 频域法滞后校正的设计步骤

1）根据稳态误差要求，确定开环增益 K。

2）根据已确定的开环增益，画出未校正系统的伯德图，并计算稳定裕量。

3）若事先已对校正后系统的截止频率 ω_{c1} 提出要求，则可按要求值选定。

4）若未提出。根据给定相角裕量 P_{m1} 确定校正系统的开环截止频率 ω_{c1}，按经验公式求出一个新的相角裕量 $P_m(\omega_{c1})$，并依此作为求 ω_{c1} 的依据，即

$$P_m(\omega_{c1}) = P_{m1} + \Delta \tag{5-16}$$

式中，Δ 是补偿滞后校正网络在开环截止频率处的相角滞后量，通常取 $\Delta = 5° \sim 15°$

5）根据截止频率 ω_{c1} 找到未校正系统在该处的对数幅频值 $L(\omega_{c1})$，确定滞后网络参数 β，即

$$L(\omega_{c1}) = 20\lg\beta \tag{5-17}$$

6）选取校正网络的第二个转折频率，计算 T。

$$\frac{1}{T} \approx \left(\frac{1}{10} \sim \frac{1}{5}\right)\omega_{c1} \tag{5-18}$$

即可求得网络的传递函数为

$$G_c(s) = \frac{Ts + 1}{\beta Ts + 1} \tag{5-19}$$

7）绘制校正网络和校正后系统的对数频率特性曲线。

8）校验校正后系统是否满足给定指标的要求。若未达到要求，可进一步左移 ω_{c1} 后重新计算，直至完全满足给定的指标要求为止。

【例 5-10】　已知单位负反馈系统的开环传递函数为

$$G_0(s) = \frac{K}{s(0.1s + 1)(0.2s + 1)}$$

要求：

（1）校正后系统的静态速度误差系数 $K_v = 30$；

（2）开环系统截止频率 $\omega_{c1} \geqslant 2.3 \mathrm{rad/s}$；

（3）相角裕量 $P_m \geqslant 40°$；

（4）幅值裕量 $G_m \geqslant 10 \mathrm{dB}$。

试设计满足指标的校正网络。

1）按稳态误差要求，确定开环增益 K；因为是 I 型系统，$v = 1$，$K = K_v = 30$。

2）画出未校正系统伯德图。

程序命令：

```
>> G = tf(30,[0.02 0.3 1 0])
>> margin(G)
```

未校正系统的伯德图如图 5.18 所示。

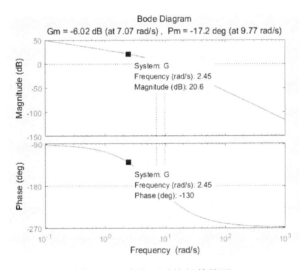

图 5.18　未校正系统的伯德图

3）从伯德图上看到截止频率 $\omega_c = 9.77 \mathrm{rad/s}$，相角裕量 $P_m = -17.2°$，穿越频率 $\omega_g = 7.07 \mathrm{rad/s}$，幅值裕量 $G_m = -6.02 \mathrm{dB}$。可以看出原系统是不稳定的。根据要求，校正相位 40°，需采用滞后校正。

4）取滞后补偿 $\Delta = 10$，则

$$P_{m1} = 40°；f_m = P_{m1} + 10° = 50°$$

使得达到相角裕量 50°，需要在截止频率 ω_{c1} 处的相角频率为

$$F_{m1} = -180° + f_m = -130°$$

5）由图 5.18 可知相角 F_{m1} 对应的角频率是 2.45 rad/s，令

$$\omega_{c1} = 2.45 \mathrm{rad/s}$$

由图 5.18 可知在 ω_{c1} 处对应的对数幅值为

$$L_g = 20.6 \mathrm{dB}$$

代入

$$L_g = 20 \lg 10(\beta)$$

则

$$\beta \approx 11$$

6）求校正网络的时间常数 T。由 $1/T = 0.1\omega_{c1}$，则

$$T = 10/\omega_{c1} = 4.1, \quad \beta T = 45.1$$

滞后校正装置的传递函数为

$$G_c(s) = \frac{Ts+1}{\beta Ts+1} = \frac{4.1s+1}{45.1s+1}$$

校正后系统的开环传递函数为

$$G(s) = \frac{30(4.1s+1)}{s(0.1s+1)(0.2s+1)(45.1s+1)}$$

7）根据求得的校正后系统的开环传递函数，绘制伯德图。

程序命令：

```
>> G = tf([123 30],[0.9 13.55 45.4 1 0])
>> margin(G)
```

8）使用分步计算法设计系统的伯德图如图 5.19 所示。幅值裕量 $G_{m1} = 14.2\mathrm{dB} > 10$，相角裕量 $P_m = 45° > 40°$，截止频率 $\omega_c = 2.45 > 2.3$。因此校正后的系统性能指标达到规定的要求。

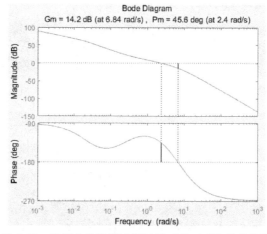

图 5.19　使用分步计算法设计滞后校正系统的伯德图

使用插值函数 spline，通过编写 MATLAB 程序完成系统设计如下：

程序命令：

```
>> clc;
>> num = 30;den = conv(conv[0.1,1],[0.2,1]),[1,0]);G0 = tf(num,den)
>> fm = -180+40+10;
>> [mag,phase,w] = bode(G0);          % 计算未校正系统频率参数
>> Wc1 = spline(phase,w,fm);          % 利用插值法求截止频率 Wc1
>> magdb = 20 * log10(mag);           % 把幅值变为分贝表示
>> Lg = spline(w,magdb,Wc1);          % 利用插值法求 Wc1 处对应的幅值
                                        Lg = L(Wc1)
```

```
>> B = 10^( - Lg/20); w1 = 0.1 * Wc1; T = 1/(B * w1);      % B = β 表示校正网络参数
>> nc = [B * T,1]; dc = [T,1]; Gc = tf(nc,dc);            % Gc 为校正网络传递函数
>> printsys(nc,dc,'s'); G = G0 * Gc; bode(G)             % 输出校正传递函数,G 表示总
                                                           传递函数

>> num1 = G. num{1}; den1 = G. den{1};                   % 取传递函数的分子和分母
>> printsys(num1,den1,'s')                               % 输出特征多项式
>> [Gm,Pm1,Wcg,Wcp] = margin(G);                        % 计算幅频特征值
>> Gm1 = 20 * log10(Gm);                                % 计算幅值裕量
>> if Gm1 > = 10 & Pm1 > = 40 & Wc1 > = 2.3              % 判断是否满足给定条件
>> disp(['设计后相角裕量:',num2str(Pm1),',幅值裕量:',num2str(Gm1),',
   满足了设计要求'])
>> else
>> disp(['设计后相角裕量是:',num2str(Pm1),'幅值裕量:',num2str(Gm1),',
   相角裕量或幅值裕量或穿越频率不满足设计要求'])
>> end
```

结果:

```
              30
G0 = -------------------------
     0.02s^3 + 0.3s^2 + s

              4.067s + 1
num/den = -------------------------
          43.2408s + 1

                    122.0107s + 30
num/den = -------------------------------------------------
          0.86482s^4 + 12.9922s^3 + 43.5408s^2 + s
```

设计后相角裕量:44.7°,幅值裕量:13.9dB,满足了设计要求。

使用 MATLAB 设计滞后校正系统的伯德图如图 5.20 所示。

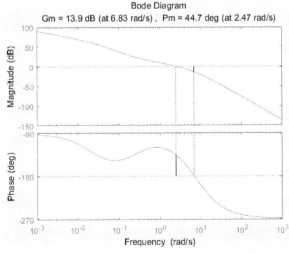

图 5.20　使用 MATLAB 设计滞后校正系统的伯德图

结论：使用完整 MATLAB 语句进行系统设计的滞后校正，与分步计算法的结果基本相同。由于程序中使用二次插值法求截止频率 ω_{c1} 及对应的幅值，因此产生了一点误差，但从结果看均满足了控制指标。

5.2.3 频域法超前-滞后校正

1. 频域法超前-滞后校正的作用

频域法超前-滞后校正适用于校正不稳定且对动态与稳态性能均有较高要求的系统，其校正的实质是在超前部分改善动态性能，在滞后部分改善稳态性能。该方法综合了串联超前校正和串联滞后校正的特点，即适合稳定系统校正，也适合不稳定系统的校正。超前-滞后校正的传递函数是超前校正和滞后校正传函的乘积，即

$$G_c(s) = \frac{(T_a s + 1)(T_b s + 1)}{(\alpha T_a s + 1)\left(\dfrac{T_b}{\alpha} s + 1\right)} \tag{5-20}$$

式中，$\dfrac{T_a s + 1}{\alpha T_a s + 1}$ 为超前校正部分，$\dfrac{T_b s + 1}{\dfrac{T_b}{\alpha} s + 1}$ 为滞后校正部分。

2. 频域法超前-滞后校正的伯德图

频域法超前-滞后校正的伯德图如图 5.21 所示。图中，ω_a、ω_b 为转折频率，他们与 T_a、T_b 互为倒数关系。可以看到幅频特性的低频部分和高频部分（$1/\alpha T_a \sim \alpha/T_b$）均在零分贝水平线以下。只要确定 ω_a、ω_b 和 α 即可确定幅频特性曲线。相频特性是相位先滞后、后超前，但高频和低频时的相位都接近零。最大相位滞后和最大相位超前发生在各自转折频率之间。系统参数选择的基本思路是：确定截止频率后，先确定超前部分参数，再确定滞后部分参数。

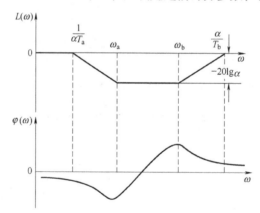

图 5.21　频域法超前-滞后校正的伯德图

3. 频域法超前-滞后校正的设计步骤

1）根据稳态性能要求，确定开环增益 K。

2）绘制未校正系统的对数幅频特性，求出未校正系统的截止频率 ω_c、相角裕量 P_m 和幅值裕量 G_m。

3）使中频段斜率为 -20dB/dec，确定 ω_b。通常，在未校正系统对数幅频特性上，选择斜率从 -20dB/dec 变为 -40dB/dec 的转折频率作为校正网络超前部分的转折频率 ω_b，这种

选法可以降低已校正系统的阶次，且可保证中频区斜率为 $-20\mathrm{dB/dec}$，并占据较宽的频带。

4）根据响应速度要求和校正后相角裕量 P_{ml} 的要求，选择校正后系统的开环截止频率 ω_{cl}，使校正网络中的 $1/T_{\mathrm{b}}$ 及 α/T_{b} 位于 ω_{cl} 的两侧。先计算 K_{r}，t_{s}，（t_{s} 稳态时间一般由系统指标值给出）再计算校正后系统的开环截止频率，即

$$K_{\mathrm{r}} = 2 + 1.5\left(\frac{1}{\sin(P_{\mathrm{ml}})} - 1\right) + 2.5\left(\frac{1}{\sin(P_{\mathrm{ml}})} - 1\right)^2 \tag{5-21}$$

$$t_{\mathrm{s}} = \frac{K_{\mathrm{r}}\pi}{\omega_{\mathrm{cl}}} \quad T_{\mathrm{b}} = 1/\omega_{\mathrm{b}} \tag{5-22}$$

5）根据 T_{b} 和 ω_{cl} 的值，计算衰减因子 $1/\alpha$

$$-20\lg\alpha + L(\omega_{\mathrm{cl}}) + 20\lg T_{\mathrm{b}}\omega_{\mathrm{cl}} = 0 \tag{5-23}$$

式中，$20\lg\alpha$ 表示网络的最大幅值衰减量；$L(\omega_{\mathrm{cl}})$ 表示在角频率 ω_{cl} 处的幅值；$20\lg(T_{\mathrm{b}}\omega_{\mathrm{cl}})$ 表示超前部分在 ω_{cl} 处的幅值。

6）根据相角裕量的 P_{ml} 要求，估算校正网络滞后部分的转折频率 ω_{a}。

7）最后校验已校正系统的各项性能指标。

【例 5-11】 已知系统开环传递函数为

$$G_0(s) = \frac{K}{s(s+1)(0.125s+1)}$$

要求：$K_{\mathrm{v}} = 20/\mathrm{s}$，相角裕量 $P_{\mathrm{ml}} = 50°$，调节时间 $t_{\mathrm{s}} \leqslant 4\mathrm{s}$，设计串联超前-滞后校正装置，使系统满足性能指标要求。

1）确定开环增益 $K = K_{\mathrm{v}} = 20$，则系统开环传递函数为

$$G_0(s) = \frac{20}{s(s+1)(0.125s+1)}$$

2）绘制未校正系统的伯德图，**程序命令：**

```
>> G = tf(20,[0.125 1.125 1 0])
>> margin(G)
```

未校正系统的伯德图如图 5.22 所示。由图得未校正系统截止角频率 $\omega_{\mathrm{c}} = 4.15\mathrm{rad/s}$，相角裕量 $P_{\mathrm{ml}} = -13.9°$。原系统不稳定，不能满足性能指标要求。

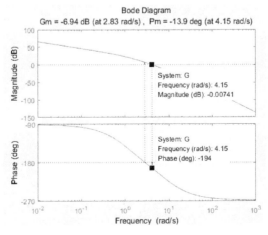

图 5.22　未校正系统的伯德图

3）在未校正系统对数幅频特性上，选择斜率从 $-20\mathrm{dB/dec}$ 变为 $-40\mathrm{dB/dec}$ 的转折频率作为校正网络超前部分的转折频率，即 $\omega_b = 1/T_b = 1$。

4）根据响应速度要求，计算校正后系统的开环截止频率 ω_{c1}，即

$$K_r = 2 + 1.5\left(\frac{1}{\sin(50\pi/180)} - 1\right) + 2.5\left(\frac{1}{\sin(50\pi/180)} - 1\right)^2 = 2.69$$

$$\omega_{c1} = \frac{K_r\pi}{t_s} \approx 2.11\mathrm{rad/s}, \quad 取\ \omega_{c1} = 2.2\mathrm{rad/s}$$

5）求衰减因子 $1/\alpha$。

从伯德图上查得在原系统角频率 $\omega_{c1} = 2.2\mathrm{rad/s}$ 处的幅值 $L_g = 11.2$，代入式（5-23），得：

$$20\lg\alpha = L(\omega_{c1}) + 20\lg T_c\omega_{c1} = 11.2 + 20\lg(2.2)$$

解得

$$\alpha = 7.9877 \approx 8, \quad 1/\alpha = 1/8$$

6）根据超前-滞后校正传递函数，将 $T_b = 1$、$\alpha = 8$ 代入式（5-20）得

$$G_c(s) = \frac{\left(\dfrac{s}{\omega_a} + 1\right)(s + 1)}{\left(\dfrac{8}{\omega_a}s + 1\right)\left(\dfrac{1}{8}s + 1\right)} \tag{5-24}$$

根据校正后系统的整个开环传递函数 $G_c(s)$，计算其相角裕量，再将相角裕量 $P_m = 50$ 代入，求出校正网络滞后部分的转折频率 ω_a 的值。

由于原系统 G_0 中有 $(s + 1)$ 项和 $(0.125s + 1)$ 项，经相乘后传递函数为

$$G = G_c(s)G_0(s) = \frac{20\left(\dfrac{s}{\omega_a} + 1\right)}{s(0.125s + 1)^2\left(\dfrac{8s}{\omega_a} + 1\right)} \tag{5-25}$$

将 $s = \mathrm{j}\omega_{c1}$ 代入式（5-25），令整个系统相角裕量为 $55°$（取 $\Delta = 5°$，$50° + \Delta = 55°$），则有

$$180° + \arctan\frac{\omega_{c1}}{\omega_a} - 90° - 2\arctan 0.125\omega_{c1} - \arctan\frac{8\omega_{c1}}{\omega_a} = 55°$$

将 $\omega_{c1} = 2.2\mathrm{rad/s}$ 代入上式整理得

$$\arctan\frac{2.2}{\omega_a} - \arctan\frac{17.6}{\omega_a} = 2\arctan 0.275 - 35\pi/180 = -0.074$$

根据公式：

$$\arctan A - \arctan B = \arctan\frac{A - B}{1 + AB} \tag{5-26}$$

令

$$A = \frac{2.2}{\omega_a}, \quad B = \frac{17.6}{\omega_a}, \quad C = \frac{A - B}{1 + AB}$$

计算得

$$\omega_a = 0.2\mathrm{rad/s}$$

下面使用 MATLAB 程序计算 ω_{c1}、α、C 和 B 的值：

```
>> G0 = tf(20,[0.125 1.125 1 0]);
>> [gm,pm,wcg,wcp] = margin(G0);
>> Pm1 = 50;ts = 4;
>> r = Pm1 * pi/180;
>> Kr = 2 + 1.5 * (1/sin(r) - 1) + 2.5 * (1/sin(r) - 1)^2;
>> Wc1 = Kr * pi/ts
>> Wb = 1;Tb = 1/Wb;
>> [mag,phase,w] = bode(G0);
>> magdb = 20 * log10(mag);
>> Lg = spline(w,magdb,Wc1);
>> a1 = (Lg + 20 * log10(Tb * Wc1))/20;
>> a = 10^(a1)
>> C = tan(2 * atan(0.125 * Wc1) - 35 * pi/180)      % 计算常数部分
>> A = Wc1/Wa;
>> B = 0.125 * Wc1
```

结果：

```
Wc1 = 2.1137
a = 8.2693
C = -0.0945
B = 0.2642
```

7）根据上面计算得到简化后滞后-超前校正网络的传递函数：

$$G_c = \frac{(4.4s + 1)(s + 1)}{(35s + 1)(0.125s + 1)} \tag{5-27}$$

8）对校正后系统的开环传递函数进行验证，并画出伯德图。

程序命令：

```
>> num = [88,20]
>> a = [1,0]
>> b = [0.125,1]
>> c = [35,1]
>> den = conv(conv(conv(a,b),b),c)
>> G1 = tf(num,den)
>> [Gm,Pm,wg,wp] = margin(G1)
>> margin(G1)
>> ts = (2 + 1.5 * (1/sin(Pm1 * pi/180) - 1) + 2.5 * (1/sin(Pm1 * pi/180) - 1)^2) * pi/Wc1
```

结果：

```
                    88s + 20
G1 = --------------------------------------------
      0.5469s^4 + 8.766s^3 + 35.25s^2 + s
```

超前-滞后校正系统的伯德图如图 5.23 所示。从图中可查到：

幅值裕量 $G_m = 15.6\mathrm{dB}$。

相角裕量 $P_{m1} = 52.7°$。

截止频率 $\omega_{cg} = 2.33\mathrm{rad/s}$。

交接频率 $\omega_{cp} = 7.8\mathrm{rad/s}$。

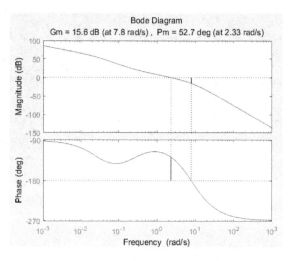

图 5.23　超前-滞后校正系统的伯德图

9）验证各项性能指标：

由式（5-22）计算调节时间 t_s：

将 $P_{m1} = 52.7°$、$\omega_{cg} = 2.33\mathrm{rad/s}$ 代入式（5-21）、式（5-22）中得：

$$t_s = 4\mathrm{s}$$

由于 $P_{m1} = 52.7° > 50°$；$t_s = 4\mathrm{s}$，因此满足系统的指标要求。

说明：由于 ω_a 需要根据系统特征估算，用完整的 MATLAB 命令难以实现，需要分步进行计算以估算 ω_a 的值，见第 6 步。在此基础上，可按照第 8 步用 MATLAB 画出校正后的伯德图，查询相关参数。最后按照第 9 步验证系统是否满足性能指标。

5.3　绘制根轨迹

根轨迹是开环系统某一参数从零变到无穷时，闭环系统特征方程式的根在 s 平面上变化的轨迹。若开环增益从零变到无穷时，根轨迹均在 s 平面的左半部，则系统对所有的值均是稳定的，否则是不稳定的。控制系统常用于分析 K 值变化对应的稳定性。

5.3.1　绘制根轨迹的基本规则

1）根轨迹的方向、起点和终点：根轨迹起始于开环极点，终止于开环零点。如果开环零点数目 m 小于开环极点数目 n，则有 $n-m$ 条根轨迹终止于无穷远处。

2）根轨迹的分支数：根轨迹的分支数等于特征方程的阶次，也即开环零点数 m 和开环极点数 n 中的较大者。

3）根轨迹的连续性和对称性：根轨迹是连续的，且以实轴对称。

4）实轴上根轨迹的分布：实轴上属于根轨迹的部分，其右边开环零、极点的个数之和为奇数。

5）根轨迹的渐近线：如果系统的有限开环零点数 m 少于其开环极点数 n，则当根轨迹增益 $K^* \to \infty$ 时，趋向无穷远处根轨迹的渐近线共有 $n-m$ 条。

5.3.2　根轨迹函数

语法格式：

```
rlocus(G)                      %绘制根轨迹
rlocus(G1,G2,…)                %绘制多个系统的根轨迹
[r,K]=rlocus(G)                %得出闭环极点和对应的 K
r=rlocus(G,K)                  %根据 K 得出对应的闭环极点
[r,K]=rlocus(num,den)          %不作图,返回闭环根矩阵 r 和对应的开环增益向量 K
poles=rlocus(num,den,K1)       %增益 K1 对应的根轨迹极点,K1 可以是数组
```

【例 5-12】　已知开环传递函数 $G(s) = \dfrac{K}{s(s+4)(s+2-4\mathrm{j})(s+2+4\mathrm{j})}$，绘制系统的根轨迹。

程序命令：

```
>> num=1;
>> den=[conv([1,4],conv([1 2 -4i],[1 2 +4i])),0];
>> G=tf(num,den)
>> rlocus(G)
>> [r,K]=rlocus(G)
```

例 5-12 系统的根轨迹如图 5.24 所示。

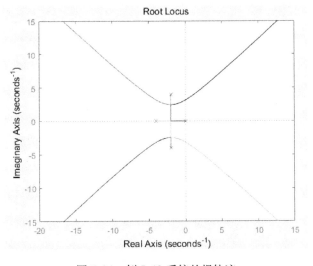

图 5.24　例 5-12 系统的根轨迹

5.3.3 使用根轨迹确定闭环特征根

语法格式：

```
rlocfind(G)
[K,poles]=rlocfind(G)        %确定闭环特征根位置对应增益值K的函数
[K,poles]=rlocfind(sys,p)    %计算给定根p对应的增益K与极点poles
```

在屏幕上绘制好根轨迹的情况下，执行 rlocfind 命令时，会出现一个十字线用于选择希望的闭环极点。单击选定的闭环极点即可得到根轨迹上该点的开环增益 K 和闭环特征根 poles。当不带输出参数 ［K，poles］ 时，只将增益 K 的值返回到变量 ans 中。

【例 5-13】 已知传递函数 $G(s) = \dfrac{K(s^2 + 2s + 4)}{s(s+4)(s+6)(s^2 + 1.73s + 1)}$，画出系统的根轨迹，并指出临界稳定时的增益值 K 和对应的极点。

程序命令：

```
>> num=[1 2 4];
>> den=conv(conv([1 4 0],[1 6]),[1 1.732 1]);
>> G=tf(num,den);
>> rlocus(G)              %确定临界稳态增益值K和极点poles
>> [K,r,poles]=rlocfind(G)
>> grid                   %画网格标度线
>> xlabel('实轴'),ylabel('虚轴')
>> axis([-8,6,-10,10]);
```

例 5-13 系统的根轨迹如图 5.25 所示。在图形上单击根轨迹与虚轴的交点，即可得到临界稳态增益值和对应的极点。

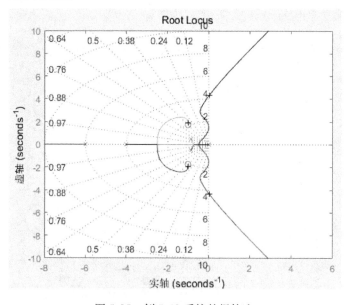

图 5.25　例 5-13 系统的根轨迹

结果:

```
selected_point = 0.0889 + 4.3344i
K = 216.2301
poles = -9.8106 + 0.0000i
         0.0378 + 4.3559i
         0.0378 - 4.3559i
        -0.9985 + 1.9103i
        -0.9985 - 1.9103i
```

5.3.4 使用根轨迹判定系统稳定性

本节介绍使用 MATLAB 绘制根轨迹并判定系统稳定性。

【例 5-14】 已知一个单位负反馈系统开环传递函数为

$$G(s) = \frac{K(s+3)}{s(s+5)(s+6)(s^2+2s+2)}$$

要求:系统闭环的根轨迹增益 K 在 [30,40] 区间内,判定系统闭环的稳定性。

程序命令:

```
>> num = [1 3];den = conv(conv(conv([1 0],[1 5]),[1 6]),[1 2 2]);
>> for K = 30:40 cpoles = rlocus(num,den,k);
>> if real(cpoles) < 0                    % 判断是否稳定
>>  disp(['K = ',num2str(K),'系统是稳定的!']);
>> else
>>  disp(['K = ',num2str(K),'系统是不稳定的!']);
>> end
>> end
```

结果:

```
K = 30 系统是稳定的!
K = 31 系统是稳定的!
K = 32 系统是稳定的!
K = 33 系统是稳定的!
K = 34 系统是稳定的!
K = 35 系统是稳定的!
K = 36 系统是不稳定的!
K = 37 系统是不稳定的!
K = 38 系统是不稳定的!
K = 39 系统是不稳定的!
K = 40 系统是不稳定的!
```

5.3.5　绘制指定参数根轨迹

当对系统的阻尼比 ζ 和无阻尼自然频率 ω_n 有要求时，就希望在根轨迹图上作等阻尼 ζ 或等自由振荡频率 ω_n 栅格线的根轨迹，以指定 ζ 和 ω_n 的值。

语法格式：

sgrid(ζ,ω_n)	％绘制 ζ 和 ω_n 的等值栅格线
sgrid(ζ,[ ])	％仅绘制 ζ 的等值栅格线
sgrid('new')	％绘制等间隔分布的 ζ 和 ω_n 的栅格线

【例 5-15】　针对上例传递函数，画出 $\zeta=0.5$ 和 $\omega_n=10$ 的等值栅格线。

程序命令：

```
num=[1 2 4];
den=conv(conv([1 4 0],[1 6]),[1 1.732 1]);
G=tf(num,den);
rlocus(G)                   %确定临界稳定时的增益值K和对应的极点r
[K,rpoles]=rlocfind(G)  %画出ζ=0.5和ωn=10的参数的等值栅格线
sgrid(0.5,10)
xlabel('实轴'),ylabel('虚轴')
axis([-12,4,-10,10])
```

例 5-15 所绘曲线如图 5.26 所示。

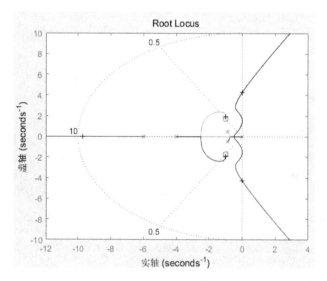

图 5.26　例 5-15 所绘曲线

5.3.6　绘制零度根轨迹

当系统含有非最小相位环节（s 最高次项系数为负）或反馈为正反馈时，需要考虑绘制零度根轨迹。对于正反馈的情况，其闭环特征方程为 $1-G(s)=0$，此时的 $G(s)=1$，即该

传递函数的相角为零。

【例 5-16】 根据下列传递函数绘制根轨迹。

$$G(s) = \frac{K(s+2)}{(s+3)(s^2+2s+2)}$$

程序命令：

```
>> num = [ -1 -2];
>> den = conv([1 3],[1 2 2]);
>> G = tf(num,den);
>> rlocus(G)
```

零度根轨迹如图 5.27 所示。

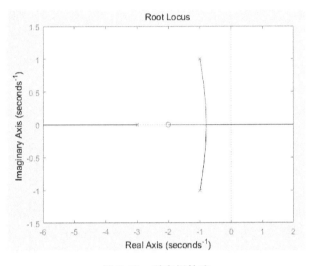

图 5.27　零度根轨迹

5.4　根轨迹法校正设计

5.4.1　根轨迹校正的作用

如果性能指标以单位阶跃响应的峰值时间、调整时间、超调量、阻尼比、稳态误差等时域特征量给出时，一般采用根轨迹法，即借助根轨迹曲线进行校正。

由根轨迹的理论可知，如果系统的期望主导极点不在系统的根轨迹上，可添加开环零点或极点校正环节，适当选择零、极点的位置，就能够使系统的根轨迹经过期望主导极点，且在主导极点处满足给定要求，此时相当于相位超前校正。

如果系统的期望主导极点在系统的根轨迹上，但是在该点处的静态特性不满足系统要求，即对应的系统开环增益 K 太小。单纯增大 K 值将会使系统阻尼比变小，甚至使闭环特征根出现在复平面 s 的右半平面上，导致系统不稳定。为了使闭环主导极点在原位置不动，并满足静态指标要求，可以添加一对偶极子，使得极点在零点的右侧，从而使系统原根轨迹形状基本不变，而在期望主导极点处的稳态增益加大，此时相当于相位滞后校正。

5.4.2 根轨迹超前校正

根轨迹超前校正的步骤如下：

1）依据要求的系统性能指标，求出主导极点的期望位置。观察期望的主导极点是否位于校正前系统的根轨迹上。

2）确定校正网络零点，方法是直接在期望的闭环极点位置下方（或在头两个实极点的左侧）增加一个相位超前网络的实零点。

3）确定校正网络极点，方法是使期望的主导极点位于校正后的根轨迹上。利用校正网络极点的相角，使得系统在期望主导极点上满足根轨迹的相角条件。使用几何作图法来确定零极点位置的方法如图 5.28 所示：

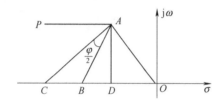

图 5.28　根轨迹校正极点零点确定

● 过主导极点 A 与原点作直线 OA，过主导极点 A 作水平线 PA。

● 作直线 AB 平分 $\angle PAO$ 交负实轴于 B 点，由直线 AB 两边各分 $\varphi/2$ 角作直线 AC、AD 交负实轴于 C、D 点，左边交点 C 为极点 p，右边交点 D 为零点 z。

● 估计在期望的闭环主导极点处总的系统开环增益，计算稳态误差系数。如果稳态误差系数不满足要求，重复上述步骤。

4）利用根轨迹设计相位超前网络，其传递函数为

$$G_c(s) = \frac{s+z}{s+p} \tag{5-28}$$

式中，$|z| < |p|$。设计超前网络时，首先应根据系统期望的性能指标确定系统闭环主导极点的理想位置，然后通过选择校正网络的零、极点来改变根轨迹的形状，使得理想的闭环主导极点位于校正后的根轨迹上。

【例 5-17】　某典型二阶系统的开环传递函数为

$$G_0(s) = \frac{4}{s(s+2)}$$

要求性能指标 $\sigma\% \leqslant 25\%$，$t_s \leqslant 2s$，试用根轨迹法设计超前校正装置，并用阶跃响应曲线比较校正前后系统的动态响应指标。

1）绘制原系统的根轨迹。

程序命令：

```
>> num =1;den =[1,2,0];
>> rlocus(num,den);title('超前校正前根轨迹')
>> axis([ -3,0.5, -5,5]);
```

超前校正前的根轨迹如图 5.29 所示。

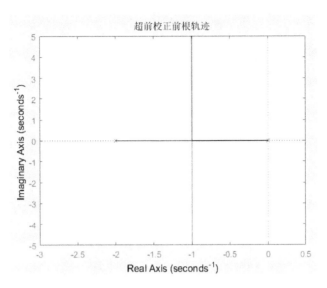

图 5.29　超前校正前的根轨迹

2）根据超调量、稳态时间指标，计算闭环主导极点。此时需用到自动控制理论中二阶系统阻尼比与超调量的关系，见表 5-1。

表 5-1　二阶系统阻尼比与超调量的关系

ζ	0	0.1	0.15	0.2	0.25	0.3	0.4	0.5	0.707
σ	100%	72.9%	62.1%	52.7%	44.4%	37.3%	25.3%	16.3%	4.32%

$$\sigma\% = \mathrm{e}^{-\pi\zeta/\sqrt{1-\zeta^2}} \times 100\%$$

$$\sigma\% \leqslant 25\% \Rightarrow \zeta \geqslant 0.4 \Rightarrow \zeta = 0.5 \tag{5-29}$$

$$t_\mathrm{s} \approx \frac{3.5}{\zeta\omega_\mathrm{n}} < 2 \tag{5-30}$$

得出：$\omega_\mathrm{n} > 3.5$，取 $\omega_\mathrm{n} = 4s$

程序命令：

```
>> clc;num=1;den=[1,2,0];
>> rlocus(num,den);
>> sgrid([0.5],[4])
>> title('ζ=0.5,ωn=4');axis([-3,0.5,-5,5]);
```

指定参数的根轨迹如图 5.30 所示。从图中可以看出，直线与圆周交点即为期望闭环极点，原根轨迹不可能通过期望闭环极点，必须采用超前校正。

3）设计校正网络。$\zeta = 0.5$、$\omega_\mathrm{n} = 4$，计算期望的闭环极点

$$s_{1,2} = -\zeta\omega_\mathrm{n} \pm \mathrm{j}\omega_\mathrm{n}\sqrt{1-\zeta^2} = -2 \pm \mathrm{j}2\sqrt{3} = -2 \pm 3.46\mathrm{j}$$

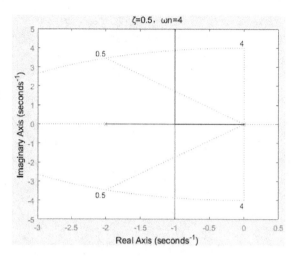

图5.30　指定参数的根轨迹

4）根据期望的闭环极点，计算校正相角

$$\arg\left[G_0(s)\right] = \arg\left[\frac{4}{s(s+2)}\right] = -\arg(s) - \arg(s+2)\Big|_{s=-2+j2\sqrt{3}} = -120° - 90° = -210°$$

校正相角为

$$\varphi = -180° - \angle G_0(s_1) = 30°$$

5）设在闭环主导极点 s_1 处为 A 点，过原点作直线 OA，过 A 作横轴水平线 AP，作角 $\angle PAO$ 平分线 AB 交负实轴于 B 点，在 AB 两侧分别作角 $\varphi/2$（15°）射线交负实轴，左边交点为极点 $p = -5.4$，右边交点为零点 $z = -2.9$，如图5.31所示。

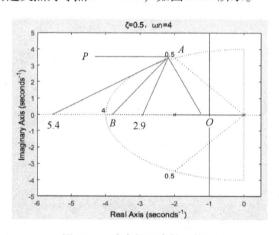

图5.31　确定校正参数根轨迹

6）校正网络传递函数为

$$G_c = K\frac{s+2.9}{s+5.4}$$

7）串联校正网络后的系统开环传递函数为

$$G(s) = G_0(s)G_c(s) = \frac{4K}{s(s+2)}\frac{s+2.9}{s+5.4}$$

程序命令:

```
>> clc;
>> clear;num =1;den =[1,2,0];sys1 =tf(num,den);
>> num =[1,2.9];den =conv([1,2,0],[1,5.4]);
>> sys2 =tf(num,den); rlocus(sys1,sys2);
>> sgrid([0.5],[4])
>> legend('超前校正前','超前校正前后')
>> title('超前校正前后的根轨迹')
>> axis([-3,0.5,-5,5]);
```

超前校正前后的根轨迹如图5.32所示。

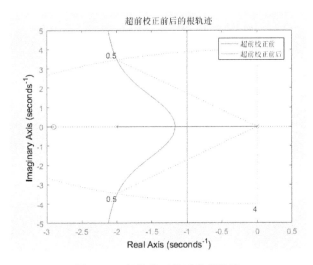

图5.32 超前校正前后的根轨迹

从图中可看出,校正后的根轨迹通过期望闭环极点。

8) 确定 K。由校正后系统开环传递函数满足模为1,即

$$|G(s)| = \left| \frac{4K}{s(s+2)} \frac{s+2.9}{s+5.4} \right| = 1$$

将 $s = -2 + 3.46\mathrm{j}$ 代入得到 $K = 4.7$。

9) 确定校正网络传递函数

$$G_c = 4.7 \frac{s+2.9}{s+5.4}$$

10) 校正前后的时域分析。

校正前闭环系统传递函数为

$$G_0(s) = \frac{4}{s(s+2)+4}$$

校正后闭环系统传递函数为

$$G(s) = \frac{18.8(s+2.9)}{s(s+2)(s+5.4)+18.8(s+2.9)}$$

11）绘制校正前后的单位阶跃响应曲线。

程序命令：

```
>> clc;num=4;den=[1,2,4];
>> sys1=tf(num,den);            %校正前
>> num2=18.8*[1,2.9];
>> den2=conv([1,2,0],[1,5.4]);
>> den2=den2+[0,0,num2];
>> sys2=tf(num2,den2);
>> step(sys1,sys2)             %阶跃响应
>> legend('校正前','校正后')
>> title('校正前后单位阶跃响应')
```

校正前后的阶跃响应曲线如图 5.33 所示。

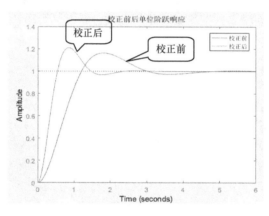

图 5.33 校正前后的阶跃响应曲线

结论：虽然校正后超调量略有提高，但小于 25%，且上升时间大幅提高。稳态时间达到了给定的 2s 要求。

5.4.3 根轨迹滞后校正

滞后校正引入一对靠近原点的开环负实数偶极子，使根轨迹形状基本不改变，但大幅提高系统开环放大倍数，从而改善系统稳态性能。步骤如下：

1）由根轨迹确定系统的动态性能指标。确定满足这些性能指标的主导极点的位置。

2）计算在期望主导极点上的开环增益和根轨迹增益 K_g。

3）计算需由校正网络偶极子提供的补偿，根据静态指标要求，确定所需放大倍数 D，使得能提供补偿，又基本不改变期望主导极点处的根轨迹。

4）确定偶极子的位置。设 z、p 是一对偶极子，满足 $z = Dp$。选择滞后校正网络的零点 $-z$ 和极点 $-p$，使其靠近原点，一般是滞后网络在闭环主导极点处的相角 $\varphi_c \leqslant 3°$，即

$$\varphi_c = \angle \frac{s_1 + z}{s_1 + p} \leqslant 3° \tag{5-31}$$

5）画出校正后的根轨迹，调整放大器增益，使闭环主导极点位于期望位置。

6）最后校验各项性能指标。

【例 5-18】 已知单位反馈系统的开环传递函数

$$G_0(s) = \frac{K_g}{s(s+4)(s+6)}$$

要求：（1）$K \geqslant 15$；（2）$\zeta \geqslant 0.45$，$\omega_n \geqslant 0.5$。用根轨迹法实现滞后校正。

1）绘制带参数根轨迹。分别取 $\zeta = 0.5$、$\omega_n = 4$ 和 $\zeta = 0.5$、$\omega_n = 6$，绘制未校正系统根轨迹，根轨迹图上绘制等阻尼 $\zeta = 0.5$ 线和自然振荡角频率 $\omega_n = 4$ 和 6 的参数等值线。

程序命令：

```
>> k=1;z=[];p=[0 -4 -6];G=zpk(z,p,k)
>> rlocus(G);
>> sgrid(0.5,[4 6])          %ωn=4 和 6 的参数等值线
>> title('滞后校正前,ζ=0.5,wn=4,6')
>> axis([-7,1,-6,6]);
```

未校正系统带参数等值线的根轨迹如图 5.34 所示。

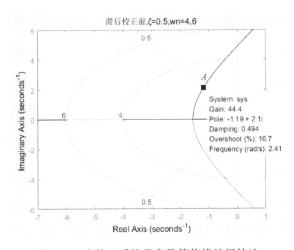

图 5.34　未校正系统带参数等值线的根轨迹

2）在根轨迹图上与阻尼线 $\zeta = 0.5$ 交于点 A，即希望极点坐标为

$$s_{1,2} = -\zeta\omega_n \pm j\omega_n\sqrt{1-\zeta^2} = -1.19 \pm j2.1$$

从根轨迹图上查得：$\zeta = 0.494$，$-0.494\omega_n = -1.19$。阻尼比和自然振荡频率都满足要求。

从根轨迹查到 A 点的增益为 $K_g = 44.4$。根据开环传递函数求得：

$$K_0 = \lim_{s \to 0} \frac{K_g}{s(s+4)(s+6)} = 1.85$$

要求 $K_0 \geqslant 15$，开环传函系数不满足要求，所以需要添加滞后校正。

3）加入滞后校正，校正网络零极点之比为

$$D = \frac{z}{p} = \frac{K}{K_0} = \frac{15}{1.85} = 8.1$$

为便于计算取 $D = 10$。

4）选择滞后校正网络的零点 $-z$ 和极点 $-p$，使其靠近原点，取：$p = -0.001$，$D = 10$，$z = -0.01$。则校正网络传递函数为

$$G_c(s) = \frac{s-z}{s-p} = \frac{s+0.01}{s+0.001}$$

5）校正后的开环传递函数为

$$G(s) = \frac{K_g(s+0.01)}{s(s+4)(s+6)(s+0.001)}$$

画校正前和校正后根轨迹的 MATLAB 命令为

```
>> K=1;z=[];p=[0 -4 -6];G1=zpk(z,p,K)        %G1 校正前传递
                                                   函数
>> z1=[-0.01];p1=[0 -4 -6 -0.001];G2=zpk(z1,p1,K) %G2 校正后传递
                                                   函数
>> rlocus(G1,G2);sgrid(0.5,[4 6]);title('滞后校正前和校正后,ζ=0.5,wn=4,6')
>> axis([-7,1,-6,6]);
```

校正前后系统带参数等值线的根轨迹如图 5.35 所示。

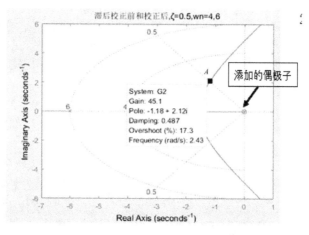

图 5.35　校正前后系统带参数等值线的根轨迹

6）从校正后的根轨迹查到 A 点的增益为 $K_g = 45.1$，$\zeta = 0.487$，则

$$s_{1,2} = -\zeta\omega_n \pm j\omega_n \sqrt{1-\zeta^2} = -1.18 \pm j2.12$$

计算得到：$\omega_n = 2.42$，代入到校正后的传递函数，则有

$$K_0 = \lim_{s \to 0} s \frac{K_g(s+0.01)}{s(s+4)(s+6)(s+0.001)} = \frac{45.1}{4 \times 6 \times 0.001} = 18.8 > 15$$

加入滞后校正网络后 K_0、ζ、ω_n 都满足要求。

程序命令：

```
>> k1=44.4;z1=[];p1=[0 -4 -6];
>> G1=feedback(zpk(z1,p1,k1),1)
>> k2=45.1
```

```
>> z2 = [ -0.01]
>> p2 = [0  -4  -6  -0.001]
>> G2 = feedback(zpk(z2,p2,k2),1)
>> step(G1,G2)
>> legend('校正前','校正后')
>> title('滞后校正前和校正后 时域分析')
```

校正前后系统的阶跃响应曲线如图 5.36 所示。

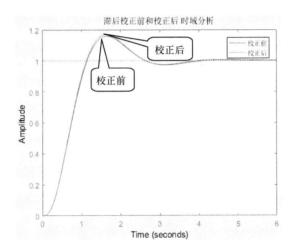

图 5.36 校正前后系统的阶跃响应曲线

结论：校正前和校正后的阶跃响应曲线虽然没有明显变化，但校正后使得增益满足了给定要求。

第6章

MATLAB 在状态空间分析中的应用

6.1 极点配置与状态反馈

6.1.1 基本概念

1. 什么是极点配置

对线性定常系统，系统的稳定性和各项性能指标主要由闭环系统的极点位置所决定。极点配置方法就是把系统的闭环极点配置到希望的极点位置上，使得闭环系统的极点位于 s 平面上所期望的值，从而获得良好的性能指标。

在经典控制理论中，无论采用频域法还是根轨迹法，都是通过串联一个校正环节改变极点的位置来改善性能指标。虽然采用串联校正的方法可使极点位置发生变化以改善系统性能，但却不一定能使系统极点处于理想的位置上，且增加了系统的阶数和复杂度。极点配置方法是恰当地选择状态反馈增益矩阵，将闭环系统的极点配置在所期望的位置上。因此，该方法可实现最优控制。

2. 状态空间模型拉普拉斯变换

状态空间模型利用拉普拉斯变换，可以求出系统的传递函数阵为

$$G(s) = \frac{Y(s)}{X(s)} = C(sI - A)^{-1}B \tag{6-1}$$

根据矩阵求逆公式有

$$(sI - A)^{-1} = \frac{\mathrm{adj}(sI - A)}{\det(sI - A)} \tag{6-2}$$

系统的传递函数阵为

$$G(s) = C\frac{\mathrm{adj}(sI - A)}{\det(sI - A)}B \tag{6-3}$$

式中，$\det(sI - A) = |sI - A| = 0$ 称为系统的特征方程，方程的根就是系统的特征根，它反映出系统的稳定性和主要的动态性能。

6.1.2 极点配置的条件

1. 必要条件

控制系统中对动态性能的要求可通过设计一组希望的闭环极点（主导极点）来实现。如果把一个 n 阶系统中的 n 个状态变量作为系统的反馈信号，在系统可控的条件下，就能实现对系统极点的任意配置。

由于线性定常系统的特征多项式为实系数多项式，因此考虑到问题的可解性，对期望极点的选择应注意下列问题：

1）对于 n 阶系统，可以而且必须给出 n 个期望的极点。

2）期望的极点必须是实数或成对出现的共轭复数。

3）期望的极点必须体现对闭环系统的性能指标的要求。

2. 完全可控条件

控制系统的状态空间模型框图如图 6.1 所示。

如果系统所有状态变量 X 的状态都可以由输入 u 来影响和控制，且可由某一初始状态转移到指定的任一终端状态，则称系统是完全可控的，或说是状态可控的。否则，就称系统为不完全可控的，简称系统不可控。

对于线性定常系统，有

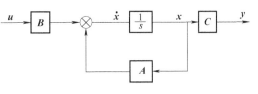

图 6.1　控制系统的状态空间框图

$$\begin{cases} \dot{x} = Ax + Bu \\ y = Cx \end{cases} \tag{6-4}$$

式中，A、B、C 均为与系统的结构和参数有关的系数矩阵，A 称为状态矩阵，B 称为控制矩阵，C 称为输出矩阵。如果矩阵 A、B、C 中的所有元素都是实常数，则称这样的系统为线性定常系统。如果这些元素中有些是时间 t 的函数，则称系统为线性时变系统。

当引入状态反馈后，系统的控制信号为 $A - BK$，这里是系统外部的输入，为行向量，称为反馈矩阵；此时闭环系统状态方程模型为

$$\begin{cases} \dot{x} = (A - BK)x + Bv \\ y = Cx \end{cases} \tag{6-5}$$

当系统状态完全可控时，则可以通过状态反馈将系统的极点配置到复平面的任何位置。极点配置有两种方法：第一种方法是采用变换矩阵，使系统具有期望的极点，从而求出矩阵；第二种方法基于哈密顿-凯莱（Hamilton- Caylay）定理，利用矩阵特征多项式的阿克曼（Ackermann）公式。

系统完全可控的充分必要条件：

1）矩阵 A 满秩，即 $\mathrm{rank}[A \quad AB \quad \cdots A^{n-1}B] = n$

2）对矩阵 A 的所有的特征值 λ_i（$i = 1, 2, 3, \cdots, n$），有 $\mathrm{rank}[\lambda_i I - A \quad B] = n$

其中，n 为矩阵 A 的维数。矩阵 A 也称为系统的可控性判别阵。对于线性定常连续系统，要求系统可控性矩阵满秩。该判据是一种比较方便的判别方法。

6.1.3　极点配置的原理方法

1. 矩阵变换法

1）确定希望极点。状态反馈与希望极点的关系：

$$\det[\lambda I - (A - BK)] = f^*(\lambda) \tag{6-6}$$

$$f^*(\lambda) = \prod_{i=1}^{n}(\lambda - \lambda_i^*) = \lambda^n + a_{n-1}^*\lambda^{n-1} + \cdots + a_1^*\lambda + a_0^* \tag{6-7}$$

式中，$f^*(\lambda)$ 为期望的闭环极点（实数极点或共轭复数极点）。

2）若完全能控，必存在非奇异变换：

$$X = T\overline{X} \tag{6-8}$$

式中

$$T = \begin{bmatrix} b & Ab & A^2b & \cdots & A^{n-1}b \end{bmatrix}\begin{bmatrix} a_1 & \cdots & a_{n-1} & 1 \\ \vdots & \ddots & 1 & \\ a_{n-1} & \ddots & & \\ 1 & & \mathbf{0} & \end{bmatrix} = B \times w \tag{6-9}$$

其中，B 为可控性矩阵

$$B = \begin{bmatrix} b & Ab & A^2b & \cdots & A^{n-1}b \end{bmatrix}$$

$$w = \begin{bmatrix} a_1 & \cdots & a_{n-1} & 1 \\ \vdots & \ddots & 1 & \\ a_{n-1} & \ddots & & \\ 1 & & \mathbf{0} & \end{bmatrix}$$

将其化为标准型

$$\begin{cases} \dot{x} = Ax + Bu \\ y = Cx \end{cases} \tag{6-10}$$

式中

$$A = \begin{bmatrix} 0 & 1 & 0 & \cdots & 0 \\ 0 & 0 & 1 & \cdots & 0 \\ \vdots & \vdots & \vdots & \vdots & \vdots \\ 0 & 0 & 0 & \cdots & 0 \\ -a_0 & -a_1 & -a_2 & \cdots & -a_{n-1} \end{bmatrix} \tag{6-11}$$

$$B = \begin{bmatrix} 0 \\ \vdots \\ 0 \\ 1 \end{bmatrix} \quad C = \begin{bmatrix} b_0 & b_1 & \cdots & b_{n-1} \end{bmatrix} \tag{6-12}$$

3）加入状态反馈增益系数矩阵 K

$$K = \begin{bmatrix} k_0 & k_1 & \cdots & k_{n-1} \end{bmatrix} \tag{6-13}$$

可求得闭环状态方程表达式

$$\begin{cases} \dot{x} = (A - BK)x + Bv \\ y = Cx \end{cases}$$

式中

$$A - BK = \begin{bmatrix} 0 & 1 & 0 & \cdots & 0 \\ 0 & 0 & 1 & \cdots & 0 \\ \vdots & \vdots & \vdots & \vdots & \vdots \\ 0 & 0 & 0 & \cdots & 1 \\ -(a_0 + k_0) & -(a_1 + k_1) & -(a_2 + k_2) & \cdots & -(a_{n-1} + k_{n-1}) \end{bmatrix} \quad (6\text{-}14)$$

4）计算闭环特征多项式

$$f(\lambda) = |\lambda I - (A + BK)| = \lambda^n + (a_{n-1} + k_{n-1})\lambda^{n-1} + \cdots + (a_1 + k_1)\lambda + (a_0 + k_0) \quad (6\text{-}15)$$

使闭环极点与给定的期望极点相等，即

$$f(\lambda) = f^*(\lambda)$$

5）根据等式两边同次幂系数对应相等计算反馈阵系数

$$k_i = -(a_i - a_i^*) \quad (i = 0, 1, 2, \cdots, n-1)$$

可以得到

$$K = \begin{bmatrix} -(a_0 - a_0^*) & -(a_1 - a_1^*) \cdots -(a_{n-1} - a_{n-1}^*) \end{bmatrix} \quad (6\text{-}16)$$

2. Ackermann 公式法

由上面讨论知，闭环系统

$$\begin{cases} \dot{x} = (A - BK)x + Bv = \hat{A}x + Bv \\ y = Cx \end{cases} \quad (6\text{-}17)$$

特征方程为

$$|sI - (A - BK)| = (\lambda - p_1)(\lambda - p_2)\cdots(\lambda - p_n) = \lambda^n + a_{n-1}^*\lambda^{n-1} + \cdots + a_1^*\lambda + a_0^* \quad (6\text{-}18)$$

由此定义

$$\boldsymbol{\Phi}(s) = s^n + a_{n-1}^* s^{n-1} + \cdots + a_1^* s + a_0^* I$$

则对系统矩阵有

$$\boldsymbol{\Phi}(A) = A^n + a_{n-1}^* A^{n-1} + \cdots + a_1^* A + a_0^* I$$

根据 Hamilton-Cayley 理论，$\boldsymbol{\Phi}(\hat{A}) = 0$，下列等式成立

$$\boldsymbol{\Phi}(\hat{A}) = \hat{A}^n + a_{n-1}^* \hat{A}^{n-1} + \cdots + a_1^* \hat{A} + a_0^* I = 0 \quad (6\text{-}19)$$

将 $\hat{A} = A - BK$ 代入，可得

$$K = \begin{bmatrix} 0 & 0 & \cdots & 0 & 1 \end{bmatrix} B^{-1} \boldsymbol{\Phi}(A)$$

在 MATLAB 中，可很方便地利用上述两种方法进行极点配置设计，利用 MATLAB 控制系统工具箱提供的 place 和 acker 函数即可。

6.1.4　系统的可控性与可观测性

系统的可控性是系统输入对系统状态的有效控制能力，系统的可观测性是系统输出对系统状态的实际反应能力。可控性和可观测性是揭示动态系统本质特征的两个重要特性。

1. 系统的可控性

（1）可控性原理

状态控制器方框图如图6.2所示。

从图6.2看出，通过控制量 u 可以控制状态 x_1 和 x_2，可控性仅与状态方程中系统状态矩阵 A 和控制矩阵 B 有关。若已知状态阵 A 和控制阵 B，则可判断系统的可控性。

由系统完全可控的充分必要条件

$$\operatorname{rank}\begin{bmatrix} A & AB & \cdots & A^{n-1}B \end{bmatrix} = n$$

其中 n 是状态矩阵 A 的维数（阶次），可得到系统的可控性矩阵

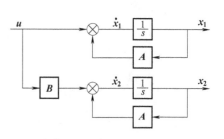

图6.2　状态控制器方框图

$$M = \begin{bmatrix} A & AB & \cdots & A^{n-1}B \end{bmatrix}$$

线性定常系统完全可控的充分必要条件是对系统状态矩阵的所有特征值 $\lambda_i = [i = 1,2,3\cdots, n]$ 有

$$\operatorname{rank}\begin{bmatrix} \lambda_i I - A & B \end{bmatrix} = n \quad (i = 1,2,3\cdots n)$$

（2）MATLAB 可控性判别命令

语法格式：

```
Qc = ctrb(A,B);    % Qc 为可控阵
rank(Qc)           % 判断 Qc 是否满秩,若结果为 n(n 为系统的阶次或 A 的维数)则系
                     统完全可控
```

（3）完整的可控性判别语句

```
function m = controllble(A,B)
ctrl = rank(ctrb(A,B));      % 求可控矩阵的秩,ctrb(a,b)为系统的可控
                               矩阵
n = length(A);
if n == ctrl                 % 判断系统可控矩阵是否满秩
   disp('系统可控')
else
   disp('系统不可控')
end
```

2. 系统可观测性

可观测指根据给定输入和测量系统得到其全部状态参数的过程。

（1）可观测性原理

状态观测器方框图如图6.3所示。

当观测器的状态 x_2 与系统实际状态 x_1 不相等时，它们的输出 y_2 与 y_1 也不相等，产生的误差信号 $y_1 - y_2 = y_1 - Cx_2$，经反馈矩阵 G

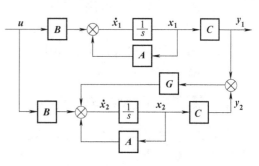

图6.3　状态观测器方框图

送到观测器中每个积分器的输入端，参与调整观测器状态 x_2，使其以一定的精度和速度趋近于系统的真实状态 x_1。

由图 6.3 可以得到

$$\dot{x}_2 = Ax_2 + Bu + G(y_1 - y_2) = Ax_2 + Bu + Gy_1 - GCx_2$$

即

$$\dot{x}_2 = (A - GC)x_2 + Bu + Gy_1 \tag{6-20}$$

其中，x_2 为状态观测器的状态矢量，是状态 x_1 的估值；y_2 为状态观测器的输出矢量；G 为状态观测器的输出误差反馈矩阵。

对于线性定常系统，完全可观测的充分必要条件是

$$\text{rank} \begin{pmatrix} C \\ CA \\ \vdots \\ CA^{n-1} \end{pmatrix} = n$$

其中 n 是状态矩阵 A 的维数（阶次），由此可得到系统的可观测性矩阵

$$Q = \begin{bmatrix} C & CA & \cdots & CA^{n-1} \end{bmatrix}^{-1}$$

（2）MATLAB 可观性判别命令

```
Qo = obsv(A,C);        % Qo 为可观测阵
rank(Qo)               % 判断 Qo 是否满秩,若结果为 n,则系统完全可观测
```

（3）完整的可观测性判别语句

```
function m = observable(A,C)        % 判断系统的可观测性
obsvb = rank(obsv(A,C));            % 判断系统可观测性矩阵的秩
n = size(A,1);                      % 状态矩阵阶次
if n == obsvb                       % 判断系统可观测性矩阵是否满秩
  disp(['系统是可观测的'])
  else
  disp(['系统是不可观测的'])
end
```

（4）状态观测器输出误差反馈矩阵的计算

由观测器的状态方程式（6-20）可以看到，观测器的系数矩阵 $A - GC$ 是状态反馈矩阵 $A - BK$ 的转置，即观测器方程是对偶系统的状态反馈，因此 MATLAB 函数 acker 和 place 同样可以用于状态观测器反馈矩阵 G 的计算。

语法格式：

```
G = acker(A',C',p)        % A'、C'表示 G 取 A、C 的转置,其中 p 是希望极点
G = place(A',C',p)
```

6.1.5　极点配置

1. 极点配置的要求

1）对于一个 n 阶控制系统，必须给定 n 个期望的极点。

2）以 s_1，s_2，…，s_n 为极点的充要条件是闭环系统完全可控。

3）所期望的极点可以为实数或共轭复数。

4）所期望的极点要考虑对系统品质的影响、零点分布状况和工程实际情况。

5）系统应具有较强的抑制干扰能力，和对参数变化的鲁棒性。

2. 状态反馈系数矩阵 K

1）计算状态反馈系数矩阵 K 的原理。

如果采用状态反馈的方式，则意味着将系统中所有 n 个状态均作为反馈变量，反馈到系统的输入侧，通过输入变量 u 来改变系统的状态，控制系统的框图如图 6.4 所示。

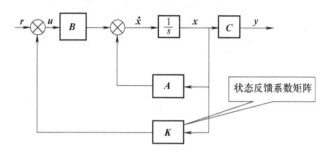

图 6.4　状态反馈控制框图

对应于状态反馈时控制系统的状态空间模型为

$$\begin{cases} \dot{x} = Ax + Bu = （A - BK） x + Br \\ y = Cx \end{cases} \tag{6-21}$$

式中，r 为实际输入向量；K 为状态反馈系数矩阵。此时系统的特征方程变为

$$|sI - （A - BK）| = 0 \tag{6-22}$$

显然，选择合适的 K，就可以配置控制系统所希望的特征根。重新配置后的极点仍然只有 n 个（即状态反馈不增加系统的阶次）。

2）SISO 系统配置闭环极点求取状态反馈系数矩阵 K。

语法格式：

```
K = acker(A,B,p)     % A、B 为系统矩阵；p 为期望特征值数组
```

acker 函数利用 Ackermann 公式计算状态反馈系数矩阵 K，使得闭环系统的极点恰好处于预先选择的一组期望极点上。

3）MIMO 系统配置闭环极点求取状态反馈系数矩阵 K

语法格式：

```
K = place(A,B,p)
[K,prec,message] = place(A,B,p)
```

prec 函数表示系统闭环极点与希望极点 p 的接近程度，其返回每个量的值为匹配的位数。如果系统闭环极点的实际极点偏离期望极点 10% 以上，则 message 将给出警告信息。place 函数利用 Ackermann 公式先计算反馈矩阵 $u = - Kx$，使得全反馈的 MIMO 系统具有指定的闭环极点。

4）输出全部极点值。

语法格式：

```
p = eig(A - BK)
```

3. 极点配置主要步骤

1）列出系统状态空间模型，判定系统的可控性。当状态矩阵 A 满秩时系统可控，在 MATLAB 中可用 rank(ctrb（A，B）) 实现。

2）由希望的闭环极点得到希望的闭环特征方程，确定系统矩阵 A 的特征多项式系数

$$|\lambda I - A| = \lambda^n + a_{n-1}\lambda^{n-1} + \cdots + a_1\lambda + a_0 \tag{6-23}$$

在 MATLAB 中，可用 poly 函数实现。

3）确定变换矩阵 T

$$T = B \times w$$

式中，B 为能控性判别矩阵，在 MATLAB 中可用 ctrb(A，B) 实现。w 在 MATLAB 中可用 hankel 函数来实现。

4）用引入反馈系数后的特征方程与希望的特征方程对比，确定期望特征多项式系数

$$(\lambda - p_1)(\lambda - p_2)\cdots(\lambda - p_n) = \lambda^n + a_{n-1}^*\lambda^{n-1} + \cdots + a_1^*\lambda + a_0^*$$

5）求增益矩阵系数

$$K = \left[-(a_0 - a_0^*) \ -(a_1 - a_1^*) \ -\cdots- (a_{n-1} - a_{n-1}^*) \right]T^{-1} \tag{6-24}$$

4. 确定输入变换器 L

通过选取状态反馈矩阵 K，使闭环系统的极点，即 $A - BK$ 的特征值恰好处于所期望的一组给定闭环极点的位置上。此时，在 $u = -Kx + v/L$ 作用下，带变换器的闭环系统框图如图 6.5 所示。

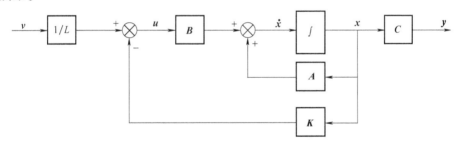

图 6.5 带变换器的闭环系统框图

系统进行状态反馈后，需要输入变换器 $1/L$ 进行配准，配准后的控制矩阵 $B_1 = L * B$，L 为极点配置（状态矩阵 $A_1 = A - BK$）后传递函数 $s = 0$ 的值，以消除极点配置后的稳态误差。即 L 的取值为加入状态反馈系数矩阵后的传递函数转换成多项式传递函数，再令 s 为零，即：

$$\frac{1}{L} = \frac{s^m + b_1 s^{m-1} + b_2 s^{m-2} + \cdots + b_m}{s^n + a_1 s^{n-1} + a_2 s^{n-2} + \cdots + a_n} \bigg|_{s=0} \tag{6-25}$$

程序命令：

```
[num1,den1] = ss2tf(A - B * K,B,C,D)
L = polyval(den1,0)/polyval(num1,0)  % polyval 函数的功能是取函数某零点的值
```

结论：系统配置后，对完全可控的 SISO 系统，极点配置不改变系统的零点分布状态。由于 n 阶系统含有 n 个可以调节的参数，因此状态反馈对系统品质的改进程度一般比输出反馈好。

【例 6-1】 已知系统状态方程，若期望极点为 $p = [\ -2 +2j,\ -2 -2j,\ -10\ ]$，1）判断系统是否可控？若完全可控，求状态增益矩阵 K；2）判断系统是否可观测？若完全可观测，求观测矩阵 G。

$$\begin{cases} \dot{x} = Ax + Bu \\ y = Cx \end{cases}$$

$$A = \begin{bmatrix} 0 & 1 & 0 \\ 0 & 0 & 1 \\ -1 & -5 & -6 \end{bmatrix} \quad B = \begin{bmatrix} 0 \\ 0 \\ 1 \end{bmatrix} \quad C = \begin{bmatrix} 1 & 0 & 0 \end{bmatrix}$$

程序命令：

```
>> A=[0 1 0;0 0 1;-1 -5 -6];B=[0;0;1];C=[1 0 0];
>> Nctr=rank(ctrb(A,B));          %求可控矩阵的秩
>> Nobsv=rank(obsv(A,C));         %求可观测矩阵的秩
>> n=length(A);                   %求状态矩阵维数
>> if n==Nctr                     %判断系统是否可控
>> disp('该系统是可控的');p=[-2+2j -2-2j -10];
>> K=place(A,B,p);
>> if n==Nobsv                    %判断系统是否可观测
>> disp('该系统是可观测的');G=place(A',C',p)
>> else
>> disp('该系统是不可观测的');
>> end
>> else
>> disp('该系统是不可控的');disp('该系统也是不可观测的')
>> end
```

结果：

```
该系统是可控的
K=[79 43 8]
该系统是可观测的
G=[8 -5 69]
```

【例 6-2】 已知系统的结构框图如图 6.6 所示。要求建立系统的传递函数模型，并转换成零极点增益模型和状态空间模型，最后判断系统的可控性和可观测性。

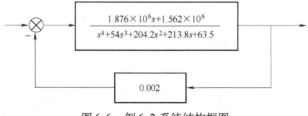

图 6.6 例 6-2 系统结构框图

程序命令:

```
>> clc;num1 =[1.876e6 1.562e6];den1 =[1 54 204.2 213.8 63.5];
>> G1 = tf(num1,den1);num2 =[0.002];den2 =[1];
>> G2 = tf(num2,den2);sys = feedback(G1,G2,-1)    %得到系统总传递函数
>> [num,den] = tfdata(sys,'v');                   %从对象中提取传递函数分
                                                     子分母多项式系数
>> [A,B,C,D] =tf2ss(num,den)                      %转化为状态空间传递函数
>> [z,p,k] =tf2zp(num,den);
>> sys1 = zpk(z,p,k)
>> Nctr = rank(ctrb(A,B));                        %求可控矩阵的秩
>> Nobsv = rank(obsv(A,C));                       %求可观测矩阵的秩
>> n = length(A);                                 %求状态矩阵维数
>> if n ==Nctr                                    %判断系统可控矩阵是否满秩
>> disp('该系统是可控的')
>> else
>> disp('该系统是不可控的')
>> end
>> No = rank(obsv(A,C));
>> if n ==Nobsv                                   %判断系统可观测矩阵是否满秩
>> disp('该系统是可观测的')
>> else
>> disp('该系统是不可观测的')
>> end
```

结果:

```
                1.876e006s +1.562e006
sys = - --------------------------------------------
           s^4 +54s^3 +204.2s^2 +3966s +3188
A =1.0e +03*
   -0.0540   -0.2042   -3.9658   -3.1875
    0.0010         0         0         0
         0    0.0010         0         0
         0         0    0.0010         0
B =1
   0
   0
   0
C =0   0   1876000   1562000
D =0
```

```
                       1.876e06(s +0.8326)
sys1 =  --------------------------------------------------
         (s +51.51) (s +0.8316) (s^2 +1.661s +74.41)
```

该系统是可控的

该系统是可观测的

【例6-3】 已知系统的开环传递函数为 $G(s) = \dfrac{5}{s^3 + 21s^2 + 83s}$

要求：判断系统是否可控？若可控，设计状态反馈矩阵，若期望极点为 p = [-10，-2 ± j2]，求出极点配置系数矩阵 **K**，并求出配置后的系统特征值。

程序命令：

```
>> num =[1];den =[1 21 83 0];
>> [A,B,C,D] =tf2ss(num,den);
>> Nctr =rank(ctrb(A,B));
>> n =length(A);
>> if n ==Nctr
>> disp(['系统是可控的']);
>> p =[ -10 -2 +2j -2 -2j];
>> K =acker(A,B,p)
>> else
>> disp(['系统是不可控的']);
>> end
>> T =eig(A -B * K)
```

结果：

```
系统是可控的
K =[ -7   -35   80]
T = -10.0000 +0.0000i
    -2.0000 +2.0000i
    -2.0000 -2.0000i
```

【例6-4】 已知系统的开环传递函数为 $G(s) = \dfrac{5}{s^3 + 21s^2 + 83s}$

要求：

（1）若期望极点为 $p = [-10，-2 \pm j2]$，设计状态反馈矩阵。

（2）分别使用矩阵变换法与 Ackermann 公式法进行极点配置；

（3）绘制配置前后的阶跃响应曲线。

矩阵变换法程序命令：

```
>> clc;num =[5];den =[1 21 83 0];
>> G0 =tf(num,den);G =feedback(G0,1)
```

```
>> [A,B,C,D]=tf2ss(num,den);
>> nc=rank(ctrb(A,B));n=length(A);
>> if n==nc                          %判别能控性
>> disp(['这个系统是可控的'])
>> fy=poly(A);                       %求原系统特征多项式
>> p=conv([1 10],conv([1 2+2j],[1 2-2j]));
>> w=hankel([fy(length(fy)-1:-1:2)';1]);
>> b=ctrb(A,B);T=b*w;i=length(fy):-1:2;
>> a1=-(fy(i)-p(i));K=a1*inv(T)
>> else
>> disp(['这个系统是不可控的'])
>> end
>> [num1,den1]=ss2tf(A-B*K,B,C,D);   %极点配置后的分子分母
>> L=polyval(den1,0)/polyval(num1,0);%求状态空间变换参数
>> GK=ss(A-B*K,L.*B,C,D);            %极点配置后的闭环传递函数
>> t=0:0.1:50; step(G,GK,t)
```

Ackermann 公式法程序命令:

```
>> clc;num=[5];den=[1 21 83 0];
>> G0=tf(num,den);G=feedback(G0,1)
>> [A,B,C,D]=tf2ss(num,den);
>> nc=rank(ctrb(A,B));n=length(A);   %计算状态矩阵A的阶次
>> if n==nc
>> fy=poly(A);                       %计算原系统特征多项式
                                     %fq为计算配置极点的特征多项式
>> fq=poly([-10,-2+2i,-2-2i]);
>> thta=polyvalm(fq,A);
>> K=[0 0 1]*inv(ctrb(A,B))*thta
>> else
>> dispe(['这个系统是不可控的'])
>> end
>> [num1,den1]=ss2tf(A-B*K,B,C,D);
>> L=polyval(den1,0)/polyval(num1,0);
>> GK=ss(A-B*K,L*B,C,D);
>> t=0:0.1:50; step(G,GK,t)
```

结果:

```
系统可控
K=[-7  -35  80]
```

例6-4 系统极点配置前后的阶跃响应曲线如图 6.7 所示。

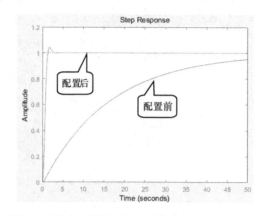

图 6.7　例6-4 系统极点配置前后的阶跃响应曲线

【**例6-5**】　已知系统结构框图如图 6.8 所示，要求判断系统的可控性，若能控，按照期望极点 $p = [\ -3\ \ -0.5 + j\ \ -0.5 - j\ ]$，设计状态反馈矩阵，配置系统闭环极点，并画出配置前后的阶跃响应曲线。

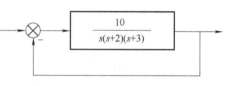

图 6.8　例6-5 系统结构框图

程序命令：

```
>> n=[10];d=conv([1 0],conv([1 2],[1 3]));
>> G0=tf(n,d);G=feedback(G0,1);
>> [num,den]=tfdata(G,'v');            %得到传函分子和分母
>> [A,B,C,D]=tf2ss(num,den);           %转换为状态空间模型
>> Nctr=rank(ctrb(A,B));               %求可控矩阵的秩
>> n=length(A);                        %求状态矩阵维数
>> if n==Nctr                          %判断系统可控矩阵是否满秩
>> disp('该系统是可控的')
>> p=[-3 -0.5+j -0.5-j];               %若能控,配置闭环
>> K=acker(A,B,p);                     %得到状态反馈矩阵
>> else
>> disp('该系统是不可控的')
>> end
>> [num1,den1]=ss2tf(A-B*K,B,C,D);     %极点配置后的分子分母
>> L=polyval(den1,0)/polyval(num1,0);  %求状态空间变换参数
>> GK=ss(A-B*K,L.*B,C,D);              %极点配置后的闭环传递函数
>> t=0:0.1:20; step(G,GK,t)
```

结果：

该系统是可控的，例6-5 系统极点配置前后的阶跃响应曲线如图 6.9 所示。经过系统配置后超调量从 37% 下降到 19%，约减少了一半。但上升时间、稳态时间有所增加。

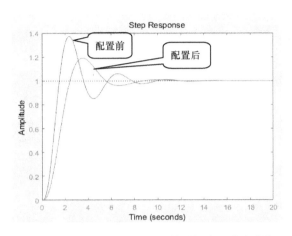

图 6.9　例 6-5 系统极点配置前后的阶跃响应曲线

【例 6-6】 已知二自由度机械臂结构和对应的闭环控制系统状态反馈框图如图 6.10 所示。

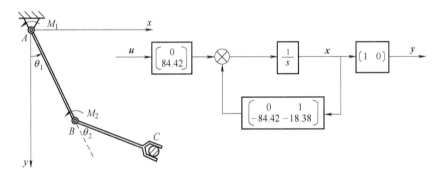

图 6.10　二自由度机械臂结构和对应的闭环控制系统状态反馈框图

要求：性能指标按照超调量 $\sigma_p \leqslant 5.4\%$，峰值时间 $t_p \leqslant 0.5s$ 进行极点配置。

1）建立系统的状态方程

$$\dot{x} = \begin{bmatrix} 0 & 1 \\ -84.42 & -18.38 \end{bmatrix} x + \begin{bmatrix} 0 \\ 84.42 \end{bmatrix} u$$

$$y = \begin{bmatrix} 1 & 0 \end{bmatrix} x$$

2）根据性能指标求出期望极点，由已知

$$t_p = \frac{\pi}{\omega_n \sqrt{1-\zeta^2}} = 0.5$$

$$\sigma = e^{-\frac{\zeta\pi}{\sqrt{1-\zeta^2}}} \times 100\% = 5.4\%$$

解出

$$\zeta = 0.68, \quad \omega_n = 8.57$$

根据二阶系统根与阻尼的关系求出希望极点为

$$s_{1,2} = -\zeta\omega_n \pm j\omega_n \sqrt{1-\zeta^2} = -5.83 \pm j6.28$$

3）由希望极点获得状态增益矩阵。

程序命令：

```
>> clc;A=[0 1; -84.42 -18.376];B=[0;84.42];
>> C=[1 0];D=0;G=ss(A,B,C,D);
>> [num1,den1]=ss2tf(A,B,C,D)
>> G1=tf(num1,den1);Nctr=rank(ctrb(A,B));   %求可控矩阵的秩
>> n=length(A);                             %求状态矩阵维数
>> if n==Nctr                               %判断系统可控矩阵是否满秩
>> disp('该系统是可控的')
>> p=[-5.83+6.28j -5.83-6.28j];
>> K=acker(A,B,p)
>> A1=A-B*K
>> [num,den]=ss2tf(A1,B,C,D)
>> L=polyval(den,0)/polyval(num,0)
>> B1=L.*B
>> [num2,den2]=ss2tf(A1,B1,C,D)
>> G2=tf(num2,den2)
>> t=0:0.01:2
>> step(G2,G,t)
>> else
>> disp('该系统是不可控的')
>> end
```

结果：例 6-6 系统极点配置前后的阶跃响应曲线如图 6.11 所示。极点配置后速度加快，超调量 $M_p = 5\%$ 稍有增加，峰值时间 $t_p = 0.445s$，满足了给定的性能指标。

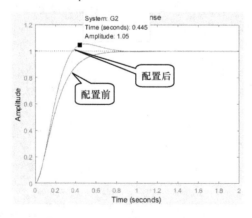

图 6.11   例 6-6 系统极点配置前后的阶跃响应曲线

【例 6-7】 车辆悬挂系统模型如图 6.12 所示，其参数如下：车身质量 $m_1 = 30000kg$，负重轮质量 $m_2 = 640kg$，悬挂弹簧刚度 $k_1 = 4800000N/m$，悬挂阻尼系数 $b = 20000N \cdot s/m$，负重轮等效刚度 $k_2 = 10k_1$。由于阶跃信号具有代表意义，把 W 设置成阶跃输入。要求：利用状态空间的极点配置，设计控制器调整控制作用力，在路面阶跃信号的激励下，其性能指标

为输出车身位移 X_1 的最大超调量 M_p 不大于 25%，调整时间 t_s 不大于 $2s$，允许稳态误差为 5%（阶跃信号的幅值设为 $0.2m$，可以看成是履带车辆高速通过 $0.2m$ 高的台阶路面）。

1）根据力学动力平衡建立的动力方程为

令：$X_1 = X_1$，$X_2 = \dot{X}_1$，$X_3 = X_2$，$X_4 = \dot{X}_2$，则

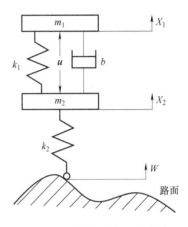

$$\begin{cases} \dot{X}_1 = \dot{X}_1 = X_2 \\ \dot{X}_2 = -\dfrac{k_1}{m_1}X_1 - \dfrac{c}{m_1}X_2 + \dfrac{k_1}{m_1}X_3 + \dfrac{c}{m_1}X_4 + \dfrac{1}{m_1}u \\ \dot{X}_3 = \dot{X}_2 = X_4 \\ \dot{X}_4 = \dfrac{k_1}{m_2}X_1 + \dfrac{c}{m_2}X_2 - \dfrac{k_1+k_2}{m_2}X_3 - \dfrac{c}{m_2}X_4 - \dfrac{1}{m_2}u + \dfrac{k_2}{m_2}W \end{cases}$$

$$(6\text{-}26)$$

$$y = x_1$$

图 6.12　车辆悬挂系统模型

2）由动力方程建立的状态空间传递函数为

$$\begin{bmatrix} \dot{X}_1 \\ \dot{X}_2 \\ \dot{X}_3 \\ \dot{X}_4 \end{bmatrix} = \begin{bmatrix} 0 & 1 & 0 & 0 \\ -\dfrac{k_1}{m_1} & -\dfrac{c}{m_1} & \dfrac{k_1}{m_1} & \dfrac{c}{m_1} \\ 0 & 0 & 0 & 1 \\ \dfrac{k_1}{m_2} & \dfrac{c}{m_2} & -\dfrac{k_1+k_2}{m_2} & -\dfrac{c}{m_2} \end{bmatrix} \begin{bmatrix} X_1 \\ X_2 \\ X_3 \\ X_4 \end{bmatrix} + \begin{bmatrix} 0 \\ \dfrac{1}{m_1} \\ 0 \\ -\dfrac{1}{m_2} \end{bmatrix} u + \begin{bmatrix} 0 \\ 0 \\ 0 \\ \dfrac{k_2}{m_2} \end{bmatrix} W \quad (6\text{-}27)$$

$$y = \begin{bmatrix} 1 & 0 & 0 & 0 \end{bmatrix} x$$

$$w = 0.2$$

这里 y 表示输出，w 表示阶跃信号的幅值。

3）考虑有主动控制力 $\boldsymbol{u}$ 的情形，添加状态反馈的主动控制，得到状态方程：

$$\dot{X} = (\boldsymbol{A} - \boldsymbol{BK})\boldsymbol{X} + \boldsymbol{HW}$$
$$|s\boldsymbol{I} - (\boldsymbol{A} - \boldsymbol{BK})| = 0$$

$$(6\text{-}28)$$

式中，H 为激励矩阵

$$\boldsymbol{H} = \begin{bmatrix} 0 & 0 & 0 & \dfrac{k_2}{m_2} \end{bmatrix}^{\mathrm{T}}$$

4）根据指标计算希望极点。由题目要求，超调量 $M_p \leqslant 25\%$，调整时间 $t_s \leqslant 2s$，则有

$$\begin{cases} M_p = e^{-\frac{\pi\zeta}{\sqrt{1-\zeta^2}}} \\ t_s = \dfrac{3}{\zeta w_n} \end{cases}$$

$$(6\text{-}29)$$

可计算得到阻尼系数 $\zeta = 0.4$，固有频率 $\omega_n = 0.375$，希望主导极点为

$$s_{1,2} = -\zeta\omega_n \pm j\omega_n\sqrt{1-\zeta^2} = -1.5 \pm j3.43 \quad (6\text{-}30)$$

选择另外两个非主导极点在负实轴上，远离虚轴让共轭主导极点起作用。此处取主导极点的 8 倍和 10 倍分别为非主导极点，即 $p_1 = -12$、$p_2 = -15$，则希望极点为 $p = (-12, -15,$

$-1.5 + j3.43$，$-1.5 - j3.43$）。

程序命令：

```
>> m1 =30000000;m2 =640000;k1 =4800000;c =20000;k2 =48000000;
>> A =[0 1 0 0; -k1/m1 -c/m1 k1/m1 c/m1;0 0 0 1;k1/m2 c/m2 -(k1 +k2)/m2 -c/m2];
>> B =[0;1/m1;0; -1/m2];
>> C =[1 0 0 0];D =0;
>> H =[0;0;0;k2/m2];
>> W =0.2;
>> Nctr =rank(ctrb(A,B));            %求可控矩阵的秩
>> n =length(A);                     %求状态矩阵维数
>> if n ==Nctr                       %判断系统可控矩阵是否满秩
>> disp('该系统是可控的')
>> p =[ -12, -15, -1.5 +j3.43, -1.5 -j3.43];
>> K =acker(A,B,p);                  %计算状态增益矩阵K
>> else
>> message('系统不满秩,不满足能控条件,不能通过状态反馈极点配置')
>> end
>> A1 =A -B *K;
>> [num,den] =ss2tf(A1,H,C,D)
>> L =polyval(den,0)/polyval(num,0)  %需要引入常数1/L进行变换
step(A1,L *H *W,C,D);                %绘制阶跃响应曲线
```

5）结果及分析。

该系统是可控的 K = $\begin{bmatrix} 4.44e8 & 1.97e08 & -3.24e07 & 9.22e06 \end{bmatrix}$

极点配置后的悬挂系统阶跃响应曲线如图6.13所示。

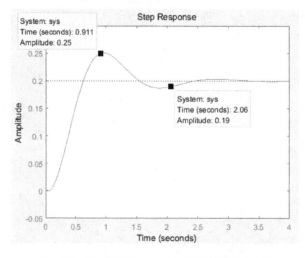

图6.13　极点配置后的悬挂系统阶跃响应曲线

通过极点配置方法，状态反馈系统采用主动控制后，主动控制力 u 能够跟随状态变量 X 的值很快做出变化，并有效地控制车体震动，从而使系统的最大超调量为 25%，调整时间在误差 5% 的情况下为 2.07s，满足系统所要求的性能指标。

6.2 最优二次型设计

线性二次型系统最优控制设计（后文简称最优二次型设计）是基于状态空间来设计一个优化的动态控制器。系统模型用状态空间形式给出，其目标函数是状态和控制输入的二次型函数。最优二次型设计就是在线性系统约束条件下选择控制输入使二次型目标函数达到最小。

6.2.1 连续系统最优二次型设计

1. 连续系统二次型最优控制原理

假设线性连续定常系统的状态方程为

$$\dot{x}(t) = Ax(t) + Bu(t)$$

要寻求控制向量 $u*(t)$ 使得二次型目标函数

$$J = \frac{1}{2}\int_0^\infty (x^{\mathrm{T}}Qx + u^{\mathrm{T}}Ru)\,\mathrm{d}t \tag{6-31}$$

最小。式中，Q 为半正定实对称常数矩阵；R 为正定实对称常数矩阵；Q、R 分别为 x 和 u 的加权矩阵。根据极值原理，可以导出最优控制律

$$u^* = -R^{-1}B^{\mathrm{T}}Px = -Kx \tag{6-32}$$

式中，K 为最优反馈增益矩阵；P 为常值正定矩阵，必须满足黎卡提（Riccati）方程

$$PA + A^{\mathrm{T}}P - PBR^{-1}BP + Q = 0 \tag{6-33}$$

因此，最优二次型系统设计就变成求解黎卡提方程的问题，并求出反馈增益矩阵 K。

2. 连续系统二次型最优控制的 MATLAB 实现

语法格式：

```
[K,P,E] = lqr(A,B,Q,R)    %A 为系统的状态矩阵;B 为系统的输出矩阵;Q 为给定的
                           半正定实对称常数矩阵;R 为给定的正定实对称常数矩
                           阵;K 为最优反馈增益矩阵;P 为对应 Riccati 方程的
                           唯一正定解(若矩阵 A - BK 是稳定矩阵,则总有正定解
                           P 存在);E 为矩阵 A - BK 的闭环特征值
```

【例 6-8】 已知系统状态方程

$$\dot{x} = Ax(t) + Bu(t)$$

$$A = \begin{bmatrix} 0 & 1 & 0 \\ 0 & 0 & 1 \\ -35 & -27 & -9 \end{bmatrix} \quad B = \begin{bmatrix} 0 \\ 0 \\ 1 \end{bmatrix} \quad Q = \begin{bmatrix} 1 & 0 & 0 \\ 0 & 1 & 0 \\ 0 & 0 & 1 \end{bmatrix}$$

$R=1$，求最优二次型解。

程序命令：

```
>> A=[0 1 0;0 0 1;-35 -27 -9];
>> B=[0;0;1];
>> Q=eye(3);
>> R=1;
>> [K,P,E]=lqr(A,B,Q,R)
```

结果：

```
K=0.0143    0.1107    0.0676
P=4.2625    2.4957    0.0143
   2.4957    2.8150    0.1107
   0.0143    0.1107    0.0676
E=-5.0958+0.0000i
   -1.9859+1.7110i
   -1.9859-1.7110i
```

【例6-9】 设系统状态空间表达式为

$$\dot{x}=\begin{pmatrix} 0 & 1 & 0 \\ 0 & 0 & 1 \\ -5 & -14 & -19 \end{pmatrix}x+\begin{pmatrix} 0 \\ 0 \\ 1 \end{pmatrix}u \quad y=(1 \quad 0 \quad 0)x$$

采用输入反馈，系统的性能指标为 $Q=\begin{pmatrix} 1 & 0 & 0 \\ 0 & 1 & 0 \\ 0 & 0 & 1 \end{pmatrix}$，$R=1$

设计最优控制器，计算最优反馈增益矩阵 K，并绘制最优控制后的二阶系统阶跃响应曲线。

程序命令：

```
>> clc
>> A=[0,1,0;0,0,1;-5,-14,-19];
>> B=[0,0,1];
>> C=[1,0,0];
>> D=0;
>> Q=diag([1,1,1]);
>> R=1;
>> K=lqr(A,B,Q,R)
>> k1=K(1);
>> Ac=A-B*K;
>> Bc=B*k1;
>> G=ss(Ac,Bc,C,D);
>> step(G);
```

结果：

```
K=[0.0990  0.1820  0.0359]
```

最优控制后的二阶系统阶跃响应曲线如图 6.14 所示，从图中可知系统有较小的超调量和稳态时间，体现了最优控制的结果。

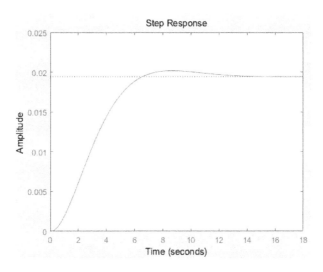

图 6.14　最优控制后的二阶系统阶跃响应曲线

6.2.2　离散系统最优二次型设计

1. 离散系统二次型最优控制原理

假设完全可控离散系统的状态方程为

$$\dot{x}(k+1) = Ax(k) + Bu(k) \qquad k = 0,1,\cdots,n-1 \tag{6-34}$$

要寻求控制向量 u^* 使得二次型目标函数：

$$J = \frac{1}{2}\sum_{k=0}^{\infty}\left[x^{\mathrm{T}}(k)Qx(k) + u^{\mathrm{T}}(k)Ru(k)\right] \tag{6-35}$$

最小。式中，Q 为半正定实对称常数矩阵；R 为正定实对称常数矩阵；q、r 分别为 x 和 u 的加权矩阵。根据极值原理，可以导出最优控制律

$$u^* = -\left[R + B^{\mathrm{T}}PB\right]B^{\mathrm{T}}PAx(k) = -Kx \tag{6-36}$$

式中，K 为最优反馈增益矩阵；P 为常值正定矩阵，必须满足 Riccati 方程。因此，最优二次型系统设计就变成求解 Riccati 方程的问题，并求出反馈增益矩阵 K。

2. 离散系统二次型最优控制的 MATLAB 实现

语法格式：

```
[K,P,E]=dlqr(A,B,Q,R)    %A 为系统的状态矩阵;B 为系统的输出矩阵;Q 为给定
                          的半正定实对称常数矩阵;R 为给定的正定实对称常数
                          矩阵;K 为最优反馈增益矩阵;P 为对应 Riccati 方程
                          的唯一正定解 P(若矩阵 A-BK 是稳定矩阵,则总有正
                          定解 P 存在);E 为矩阵 A-BK 的特征值
```

【例6-10】 设离散系统的状态方程为

$$\begin{cases} x(k+1) = 2x(k) + u(k) \\ y(k) = x(k) \end{cases}$$

要求：计算稳态最优反馈增益矩阵，并绘制闭环系统的单位阶跃响应曲线。

设定性能指标为

$$J = \frac{1}{2} \sum_{k=0}^{\infty} \left[x^{\mathrm{T}}(k) Q x(k) + u^{\mathrm{T}}(k) R u(k) \right]$$

取

$$Q = \begin{pmatrix} 500 & 0 \\ 0 & 1 \end{pmatrix}, \quad R = 1$$

程序命令：

```
>> a=2;b=1;c=1;d=0;
>> Q=[500,0;0,1];R=1;
>> A=[a,0;-c*a,1];
>> B=[b;-c*b];
>> Kx=dlqr(A,B,Q,R)
>> k1=-Kx(2);k2=Kx(1);
>> ad=[(a-b*k2),b*k1;(-c*a+c*b*k2),(1-c*b*k1)];
>> bd=[0;1];cd=[1,0];dd=0;
>> dstep(ad,bd,cd,dd,1,100)
```

结果：

```
Kx=[1.9962  -0.0435]
```

离散系统配置后的阶跃响应曲线如图6.15所示。

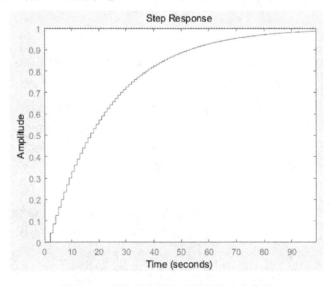

图6.15 离散系统配置后的阶跃响应曲线

6.2.3 对输出加权的最优二次型设计

在很多情况下，需要对输出量而不是状态量进行加权，其加权函数为

$$J = \frac{1}{2}\int_0^\infty \left[\boldsymbol{y}(t)^{\mathrm{T}}\boldsymbol{Q}\boldsymbol{y}(t) + \boldsymbol{u}(t)^{\mathrm{T}}\boldsymbol{R}\boldsymbol{u}(t) \right]\mathrm{d}t \tag{6-37}$$

在 MATLAB 中可使用 lqry 函数解相应的 Riccati 方程和最优反馈增益矩阵 $\boldsymbol{K}$。

语法格式：

```
[K,P,E] = lqry(A,B,Q,R)    %A 为系统的状态矩阵;B 为系统的输出矩,阵;Q 为给定
                            的半正定实对称常数矩阵;R 为给定的正定实对称常数
                            矩阵;K 为最优反馈增益矩阵;P 为对应 Riccati 方程
                            的唯一正定解(若矩阵 A - BK 是稳定矩阵,则总有正定
                            解 P 存在);E 为矩阵 A - BK 的闭环特征值
```

【例 6-11】 针对例 6-7 给出状态空间方程，采用输出反馈，设系统的性能指标为 $\boldsymbol{Q} = 1$、$\boldsymbol{R} = 1$，设计最优控制器，计算最优状态反馈矩阵 $\boldsymbol{K}$，并绘制控制前后闭环系统的单位阶跃响应曲线。

程序命令：

```
>> A = [0,1,0;1,0,1; -5, -14, -19];B = [0,0,1]';
>> C = [1,0,0];D = 0;Q = diag([1,1,1]);R = 1;
>> G0 = ss(A,B,C,D);p = eig(A)
>> figure(1);step(G0)
>> K = lqr(A,B,Q,R)
>> k1 = K(1);
>> Ac = A - B * K;
>> p1 = eig(Ac)
>> Bc = B * k1;
>> G = ss(Ac,Bc,C,D);
>> figure(2);step(G);
```

结果：

```
p = -18.2454
     0.5765
    -1.3310
K = [29.2537  22.6649  1.1824]
p1 = -18.2727
     -0.5785
     -1.3312
```

控制前后系统的单位阶跃响应曲线分别如图 6.16 和图 6.17 所示。

结论： 从控制前系统的特征值看出，系统有个右极点，是不稳定的。经最优输出反馈后系统稳定，闭环系统阶跃响应曲线没有超调量，稳态时间也比较小。

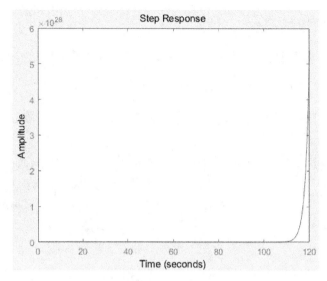

图 6.16　控制前系统的单位阶跃响应曲线

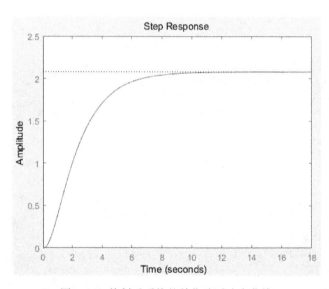

图 6.17　控制后系统的单位阶跃响应曲线

6.2.4　Kalman 滤波器

1. Kalman 滤波器的 MATLAB 实现

在实际应用中，若系统存在随机扰动，通常系统的状态需要以 Kalman 滤波器的形式给出。Kalman 滤波器就是最优观测器，能够抑制或滤掉噪声对系统的干扰和影响。利用 Kalman 滤波器对系统进行最优控制是非常有效的。Kalman 滤波器状态观测器模型为：

$$\dot{x}(t) = [A \quad LC]\hat{x}(t) + [B \quad LD]u(t) + Ly(t)$$

$$\binom{\hat{y}(t)}{\hat{x}(t)} = \binom{C}{I}\hat{x}(t) + \binom{D}{0}u(t) \tag{6-38}$$

MATLAB 的工具箱中提供了 kalman 函数来求解系统的 Kalman 滤波器。其语法格式为：

```
[kest,L,P] = kalman(sys,Q,R,N)   % 对于一个给定系统 sys,噪声协方差 Q,R,N
                                  函数返回一个 Kalman 滤波器的状态空间模
                                  型 kest,其滤波器反馈增益为 L,状态估计误
                                  差的协方差为 P
```

【例 6-12】 已知系统的状态方程为

$$\dot{x} = \begin{pmatrix} -1 & 0 & 1 \\ 1 & 0 & 0 \\ -3 & 7 & -2 \end{pmatrix} x + \begin{pmatrix} 6 \\ 1 \\ 1 \end{pmatrix} u + \begin{pmatrix} 1 \\ 0 \\ 0 \end{pmatrix} \omega \quad y = \begin{bmatrix} 0 & 0 & 1 \end{bmatrix} x + v$$

用 $Q = 0.001$、$R = 0.1$，设计 Kalman 滤波器的增益矩阵与估计误差的协方差。
程序命令：

```
>> clc;
>> A = [ -1,0,1;1,0,0; -3,7, -2];
>> B = [6,1,1]';C = [0,0,1];D = 0;
>> S = ss(A,B,C,D);
>> Q = 0.001;R = 0.1;
>> [kest,L,P] = kalman(S,Q,R)
```

结果：

```
L = 1.0150
    1.2056
    1.8469
P = 0.0680    0.0722    0.1015
    0.0722    0.0825    0.1206
    0.1015    0.1206    0.1847
```

2. LQG 最优控制器的 MATLAB 实现

LQG 最优控制器由系统的最优反馈增益矩阵 K 和 Kalman 滤波器构成，其结构框图如图 6.18 所示。

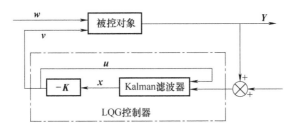

图 6.18　LQG 最优控制器结构框图

在系统最优反馈增益矩阵 K 和 Kalman 滤波器设计已经完成的情况下，可借助 MATLAB 工具箱函数 reg 来实现 LQG 最优控制。函数语法格式为：

$$[A,B,C,D] = reg(sys,K,L) \quad \% sys 为系统状态空间模型;K 为用函数 lqr 等设计的$$
最优反馈增益;L 为滤波器反馈增益;$[A,B,C,D]$ 为 LQG 调节器的状态空间模型

3. 基于全维状态观测器的调节器

函数 reg 也可用来设计基于全维状态观测器的调节器。

语法格式:

$$Gc = reg(G,K,L) \quad \% G 为受控系统的状态空间表示;K 表示状态反馈的行向量;L 表示$$
全维状态观测器的列向量;Gc 为基于全维状态观测器的调节器的状态空间表示

【例 6-13】 设系统的传递函数框图如图 6.19 所示,取加权矩阵 $R_1 = 1$、$Q_1 = \begin{pmatrix} 10 & 0 & 0 \\ 0 & 1 & 0 \\ 0 & 0 & 1 \end{pmatrix}$,以及噪声矩阵 $R_2 = 1$、$Q_2 = 1$。设计 Kalman 滤波器,对系统进行 LQG 最优控制,画出最优控制前后闭环系统的单位阶跃响应曲线

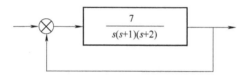

图 6.19 三阶系统框图

程序命令:

```
>> p = [-2,-1,0];z = [];
>> k = 7;G = zpk(z,p,k)
>> G1 = feedback(G,1)
>> [a,b,c,d] = zp2ss(z,p,k)
>> s1 = ss(a,b,c,d)
>> q1 = [1000,0,0;0,1,0;0,0,1];r1 = 1;
>> K = lqr(a,b,q1,r1);                    %设计 Kalman 滤波器
>> q2 = 1;r2 = 1;
>> [kest,L,P] = kalman(s1,q2,r2);         %LQG 校正器
>> [af,bf,cf,df] = reg(a,b,c,d,K,L);
>> sf = ss(af,bf,cf,df);sys = feedback(G,sf);
>> [num,den] = tfdata(sys,'v');           %求分子和分母
>> KL = polyval(den,0)/polyval(num,0)
>> [A,B,C,D] = tf2ss(num,den);
>> B1 = KL. *B;sys1 = ss(A,B1,C,D)
>> t = 0:0.1:10;step(G1,sys1,t);
```

最优控制前后闭环系统的单位阶跃响应曲线如图 6.20 所示。可以看出,控制前系统不

稳定，是发散的。经过最优控制后，系统稳定在给定值，没有超调量，系统指标得到了很大改善。说明最优控制不仅适用于稳定系统，还适用于不稳定系统。

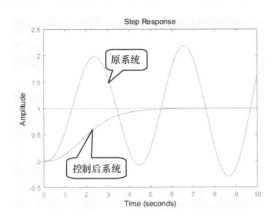

图 6.20　最优控制前后闭环系统的单位阶跃响应曲线

第 7 章
Simulink 在自动控制理论中的仿真

7.1 Simulink 仿真模型及参数设置

Simulink 具有强大的用户交互界面，是动态系统用来进行建模、仿真和分析的软件包。它提供了一种图形化的交互环境，不需要编写代码，只需用鼠标拖动的方式便能迅速建立系统框图模型。

7.1.1 基本模块

在 MATLAB 的命令窗口运行 Simulink 命令，可以打开仿真模块。

1. 数学模块库（Math Operations）

常用的数学运算模块见表 7-1。

表 7-1 常用的数学运算模块

名　称	模　块　形　状	功　能　说　明
Add	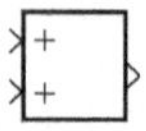 Add	加法
Divide	 Divide	除法
Gain	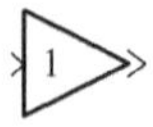 Gain	比例运算
Math Function	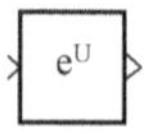 Math Function	包括指数、对数、求平方、开根号等常用数学函数
Sign	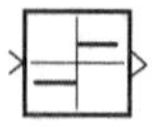 Sign	符号函数
Subtract	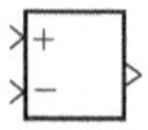 Subtract	减法

（续）

名　　称	模块形状	功能说明
Sum	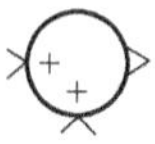 ⊕ Sum	求和运算
Sum of Elements	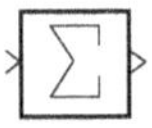 Σ Sum of Elements	元素和运算

2. 输入信号源模块库（Sources）

常用的输入信号源模块见表 7-2。

表 7-2　常用的输入信号源模块

名　　称	模块形状	功能说明
Sine Wave	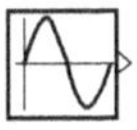 Sine Wave	正弦信号源
Chirp Signal	 Chirp Signal	产生一个频率不断增大的正弦波
Clock	 Clock	显示和提供仿真时间
Constant	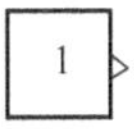 1 Constant	常数信号，可设置数值
Step	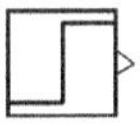 Step	阶跃信号
From File（. mat）	 untitied.mat From File	从数据文件获取数据
In1	 1 In1	输入信号
Pulse Generator	 Pulse Generator	脉冲发生器
Ramp	 Ramp	斜坡输入
Random Number	 Random Number	产生正态分布的随机数
Signal Generator	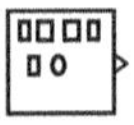 Signal Generator	信号发生器，可产生正弦波、方波、锯齿波及随机波形

3. 接收模块库（Sinks）

常用的接收模块见表 7-3。

表 7-3　常用的接收模块

名　称	模　块　形　状	功　能　说　明
Display	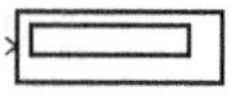 Display	数字显示器
Floating Scope	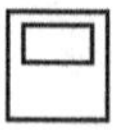 Floating Scope	悬浮示波器
Out1	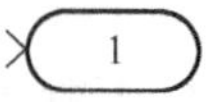 1　Out1	输出端口
Scope	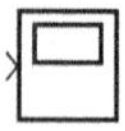 Scope	示波器
Stop Simulation	 STOP　Stop Simulation	仿真停止
Terminator	 Terminator	终止未连接的输出端口
To File （.mat）	 untitled.mat　To File	将输出数据写入数据文件保护
To Workspace	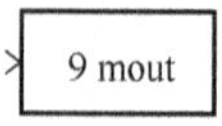 9 mout　To Workspace	将输出数据写入 MATLAB 的工作空间
XY Graph	 XY Graph	显示二维图形

4. 连续系统模块库（Continuous）

常用的连续系统模块见表 7-4。

表 7-4　常用的连续系统模块

名　称	模　块　形　状	功　能　说　明
Derivative	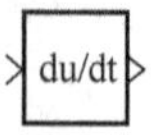 du/dt　Derivative	微分环节
Integrator	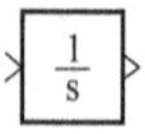 $\frac{1}{s}$　Integrator	积分环节
State-Space	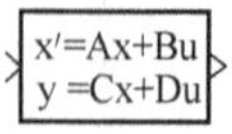 $x'=Ax+Bu$ $y=Cx+Du$　State-Space	状态方程模型
Transfer Fcn	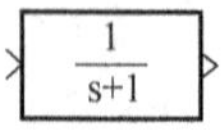 $\frac{1}{s+1}$　Transfer Fcn	传递函数模型

（续）

名　　称	模 块 形 状	功 能 说 明
Transport Delay	Transport Delay	把输入信号按给定的时间做延时
Zero-Pole	$\dfrac{(s-1)}{s(s+1)}$　Zero-Pole	零-极点增益模型

5. 离散系统模块库（Discrete）。

常用的离散系统模块见表7-5。

表7-5　常用的离散系统模块

名　　称	模 型 形 状	功 能 说 明
Difference	$\dfrac{z-1}{z}$　Difference	差分环节
Discrete Derivative	$\dfrac{K(z-1)}{Tsz}$　Discrete Derivative	离散微分环节
Discrete FIR Filter	$\dfrac{0.5+0.5z^{-1}}{1}$　Discrete FIR Filter	离散滤波器
Discrete State-Space	$\begin{aligned}x(n+1)&=Ax(n)+Bu(n)\\y(n)&=Cx(n)+Du(n)\end{aligned}$　Discrete State-Space	离散状态空间系统模型
Discrete Transfer-Fcn	$\dfrac{1}{z+0.5}$　Discrete Transfer Fcn	离散传递函数模型
Discrete Zero-Pole	$\dfrac{(z-1)}{z(z-0.5)}$　Discrete Zero-Pole	以零极点表示的离散传递函数模型
Discrete-time Integrator	$\dfrac{KTs}{z-1}$　Discrete-time Integrator	离散时间积分器
First-Order Hold	First-Order Hold	一阶保持器
Zero-Order Hold	Zero –Order Hold	零阶保持器
Transfer Fcn First Order	$\dfrac{0.05z}{z-0.95}$　Transfer Fcn First Order	离散一阶传递函数

（续）

名　称	模块形状	功能说明
Transfer Fcn Lead or Lag	$\dfrac{z-0.75}{z-0.95}$　Transfer Fcn Lead or Lag	传递函数
Transfer Fcn Real Zero	$\dfrac{z-0.75}{z}$　Transfer Fcn Real Zero	离散零点传递函数

6. **非线性系统模块库**（Discontinuities）。

常用的非线性系统模块见表7-6。

表7-6　常用的非线性系统模块

名　称	模型形状	功能说明
Backlash	Backlash	间隙非线性
Coulomb & Viscous Friction	Coulomb & Viscous Friction	库仑和黏度摩擦非线性
Dead Zone	Dead Zone	死区非线性
Rate Limiter Dynamic	uc u lc w　Rate Limiter Dynamic	动态限制信号的变化速率
Relay	Relay	滞环比较器，限制输出值在某一范围内变化
Saturation	Saturation	饱和输出，让输出超过某一值时能够饱和

7. **通用模块库**（Commonly Used Blocks）。

常用的通用模块见表7-7。

表7-7　常用的通用模块

名　称	模块形状	功能说明
Bus Creator	Bus Creator	创建信号总线库
Bus Selector	Bus Selector	总线选择模块

（续）

名　　称	模 块 形 状	功 能 说 明
Mux	Mux	多路信号集成一路
Demux	Demux	一路分解成多路
Logical Operator	AND Logical Operator	逻辑"与"操作

7.1.2　模块的参数和属性设置

1. 正弦信号源模块（Sine Wave）

双击正弦信号源模块，会出现如图 7.1 所示的参数设置对话框。其上部分为参数说明，仔细阅读可以帮助用户设置参数。下半部分可设置具体参数。其中 Sine type 为正弦类型，包括 Time-based 和 Sample-based；Amplitude 为正弦幅值；Bias 为幅值偏移值；Frequency 为正弦频率；Phrase 为初始相角；Sample time 为采样时间。

图 7.1　正弦信号源模块参数设置对话框

2. 阶跃信号源模块（Step）

阶跃信号源模块是输入信号源，其参数设置对话框如图 7.2 所示。其中 Step time 为阶跃信号的变化时刻；initial value 为初始值；Final value 为终止值；Sample time 为采样时间。

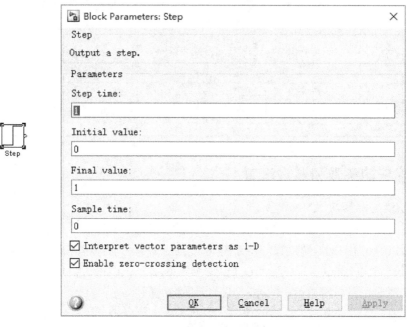

图 7.2　阶跃信号源模块参数设置对话框

3. 传递函数模块（Transfer function）

传递函数模块是用来构成连续系统结构的模块，其参数设置对话框如图 7.3 所示。

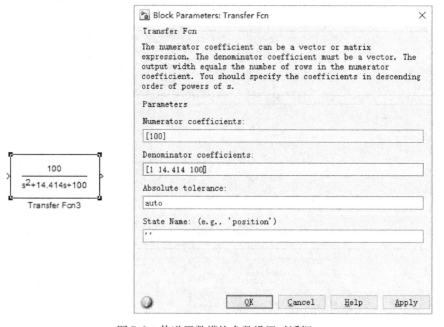

图 7.3　传递函数模块参数设置对话框

4. 模块属性设置

每个模块的属性对话框的内容都相同。

1）说明（Description）：对模块在模型中的用法进行注释。

2）优先级（Priority）：规定该模块在模型中相对于其他模块执行的优先顺序。

3）标记（Tag）：用户为模块添加的文本格式标记。

4）调用函数（Open function）：当用户双击该模块时调用 MATLAB 函数。

5）属性格式字符串（Attributes format string）：指定在该模块的图标下显示模块的参数和格式。

7.2 Simulink 仿真命令

Simulink 的主要功能是实现动态系统建模、仿真与分析，其为控制理论中系统的分析和设计提供了极大方便。与传统实验相比较 Simulink 相当于把实验硬件"搬进了"计算机，在实验系统中，将被控对象的各种电子元器件、导线、输入信号源、示波器等全过程在计算机中仿真运行。

7.2.1 运行命令

sim：仿真运行一个 Simulink 模块。

sldebug：调试一个 Simulink 模块。

simset：设置仿真参数。

simget：获取仿真参数。

例如，sim 函数的调用格式为：

```
[t,x,y] = sim(f1,tspan,options,ut)     % f1 为 Simulink 的模型名;tspan 为
                                         仿真时间控制变量;options 为模型
                                         控制参数;ut 为外部输入向量
```

7.2.2 线性化处理命令

Linmod：从连续时间系统中获取线性模型。

linmod2：采用高级方法获取线性模型。

dinmod：从离散时间系统中获取线性模型。

trim：为一个仿真系统寻找稳定的状态参数。

例如，linmod2 函数的调用格式为：

```
[a,b,c,d] = linmod2('模型名');         % 提取状态方程模型
G = ss(a,b,c,d)
```

7.2.3 构建模型命令

open_system：打开已有的模型。

close_system：关闭打开的模型。

new_system：创建一个新的空模型窗口。

load_system：加载已有的模型并使模型不可见。

save_system：保存一个打开的模型。

add_block：添加一个新的模块。

add_line：添加一条线（两个模块之间的连线）。

delete_block：删除一个模块。

delete_line：删除一条线。

find_system：查找一个模型。

hilite_system：使一个模型醒目显示。

replace_block：用一个新模块代替已有的模块。

set_param：为模型或模块设置参数。

get_param：获取模块或模型的参数。

add_param：为一个模型添加用户自定义的字符串参数。

delete_param：从一个模型中删除一个用户自定义的参数。

bdclose：关闭一个 Simulink 窗口。

bdroot：返回顶层 Simulink 系统的名称。

gcb：获取当前模块的名字。

gcbh：获取当前模块的句柄。

gcs：获取当前系统的名字。

getfullname：获取模型的完全路径名。

slupdate：将 1.x 的模块升级为 3.x 的模块。

addterms：添加结束模块。

boolean：将数值数组转化为布尔值。

Discrete State-Space：建立一个离散状态空间模型。

Discrete Transfer Fcn：建立一个离散多项式传递函数。

Discrete Zero-Pole：以零极点形式建立一个离散传递函数。

Filter：建立 IIR 和 FIR 滤波器。

First-Order Hold：建立一阶采样保持器。

Unit Delay：对一个信号延迟一个采样周期。

Zero-Order Hold：建立一个采样周期的零阶保持器。

Derivative：对输入信号进行微分。

Gain：添加一个常数增益。

Inner Product：对输入信号进行点积。

Integrator：对输入信号进行积分。

Matrix Gain：添加一个矩阵增益。

Slider Gain：以滑动形式改变增益。

State-Space：建立一个线性状态空间模型。

Sum：对输入信号进行求和。

Transfer Fcn：建立一个线性传递函数。

Zero-Pole：以零极点形式建立一个传递函数。

Abs：输出输入信号的绝对值。

Backlash：用放映的方式模仿一个系统的特性。

Combinatorial：建立一张真值表。

Dead Zone：提供一个死区。

Fcn：对输入进行规定的表示。

Limited Integrator：在规定的范围内进行积分。

Logical Operator：对输入进行规定的逻辑运算。

Look-up Table：对输入进行分段的线性映射。

MATLAB Fcn：定义一个函数对输入信号进行处理。

Memory：输出本模块上一步的输入值。

Slhelp：Simulink 的用户向导或者模块帮助。

例如：

（1）创建新模型

new_system 命令用来在 MATLAB 的工作空间创建一个空白的 Simulink 模型。语法格式如下：

```
new_system('newmodel',option)        % newmodel 为模型名;option 选项
                                       可以是 library 和 model 两种,也
                                       可以省略,默认为 model
```

（2）打开模型

open_system 命令用来打开逻辑模型，在 Simulink 模型窗口显示该模型。语法格式如下：

```
open_system('model')                 % model 为模型名
```

（3）保存模型

save_system 命令用来保存模型为模型文件，扩展名为 .mdl。语法格式如下：

```
save_system('model'. 文件名)          % model 为模型名可省略,如果不给出模
                                       型名,则自动保存当前的模型;文件名
                                       指保存的文件名,是字符串,也可省略,
                                       如果不省略则保存为新文件
```

（4）添加模块

使用 add_block 命令在打开的模型窗口中添加新模块。语法格式如下：

```
add_block('源模块名','目标模块名','属性名 1',属性值 1,'属性名 2',属性
值 2,……)
```

说明：源模块名为一个已知的库模块名，或在其他模型窗口中定义的模块名，Simulink 自带的模块为内在模块，例如正弦信号模块为 built-in/Sine Wave；目标模块名为在模型窗口中使用的模块名。

（5）添加信号线

模块需要用信号线连接起来，添加信号线使用 add_line 命令。语法格式如下：

```
add_line('模块名','起始模块名/输出端口号','终止模块名/输入端口号')
```

（6）删除模块

例如删除示波器模块，语法格式如下：

```
delete_block('文件名/Scope')
```

（7）删除信号线

语法格式如下：

```
delete_line('模块名','起始模块名/输出端口号','终止模块名/输入端口号')
```

【例7-1】 用MATLAB命令添加四个模块并连接成一个二阶系统模型。

1）程序命令：

```
>> new_system('mymodel')                                      %建立模型文件mymodel
>> open_system('mymodel')                                     %打开模型文件mymodel
>> save_system('mymodel')                                     %保存模型文件mymodel
>> add_block('built-in/Step','mymodel/Step','position',[20,90,50,
120])                                                         %添加方波信号Step
>> add_block('built-in/Sum','mymodel/Sum','position',[80,100,100,
120])                                                         %添加求和Sum
>> add_block('built-in/TransferFcn','mymodel/TransferFcn','position
',[150,90,250,130])                                          %添加传递函数
>> add_block('built-in/Scope','mymodel/Scope','position',[290,90,
320,130])                                                     %添加示波器
>> add_block('built-in/Gain','mymodel/Gain','position',[200,180,
250,200])                                                     %添加增益模块,posi-
                                                               tion位置函数
>> set_param('mymodel/Gain','Gain','-1')                      %设置增益值为-1
>> add_line('mymodel','Step/1','Sum/1')                       %添加方波与求和模块连
                                                               接线
>> add_line('mymodel','Sum/1','TransferFcn/1')
                                                               %添加求和模块与传递函
                                                               数连接线
>> add_line('mymodel','TransferFcn/1','Scope/1')
                                                               %添加传递函数与示波器
                                                               连接线
>> add_line('mymodel','Gain/1','Sum/2')                       %添加求和模块与增益模
                                                               块连接线
>> add_line('mymodel','TransferFcn/1','Gain/1')               %添加传递函数与增益模
                                                               块连接线
```

2）使用快捷键F5运行，选择增益模块后用Ctrl + R改变方向使之旋转180°。再使用

Ctrl + T 快捷键运行，得到仿真模型，再双击示波器 Scope，打开示波器查看仿真结果如图 7.4 所示。

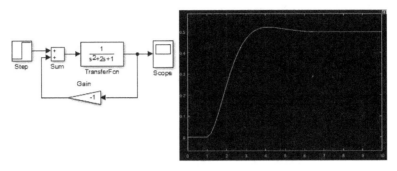

图 7.4 二阶系统模型及仿真结果

3）在打开的示波器 Scope 上调整显示效果，单击 View 菜单下的 Style，打开示波器样式界面，修改曲线样式属性，如图 7.5 所示。

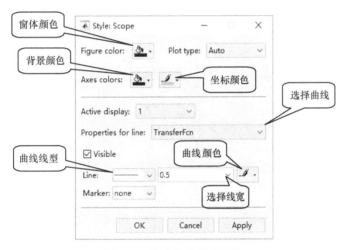

图 7.5 修改曲线样式属性

4）使用标尺可以测量曲线各点的横坐标（时间）和纵坐标（幅度）。设置方法及完整放大的曲线如图 7.6 所示。

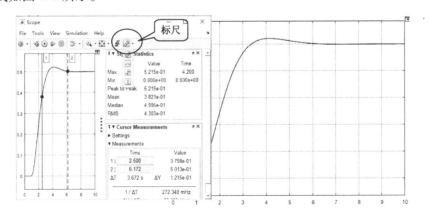

图 7.6 使用标尺测量曲线及完整曲线效果

5）用 MATLAB 命令运行 Simulink 模块。使用 sim 命令来完成，在命令窗口就可以方便地对模型分析和仿真。语法格式如下：

[t,x,y] = sim('mymodel',timespan,options,ut)　　　%仿真结果为输出矩阵

[t,x,y1,y2,……] = sim('mymodel',timespan,options,ut) %仿真后逐个输出参数

说明：model 为模型名；timespan 是仿真时间区间，如［t0，tn］表示起始时间和终止时间；options 为模型控制参数；ut 为外部输入向量。timespan 、options 和 ut 都可省略，系统自动配置参数。

程序命令：

```
>> [t,x,y] = sim('mymodel',[0,15]);        %t 为时间列向量；x 为状态变
                                            量；y 为输出信号，每列对应
                                            一路输出信号

>> plot(t,x(:,2));
>> grid on;
```

例 7-1 的二阶系统阶跃响应如图 7.7 所示。

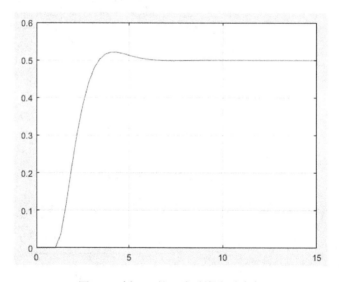

图 7.7　例 7-1 的二阶系统阶跃响应

7.2.4　输入、输出操作命令

Chip Signal：输入一个频率不断增大的正弦波。

Clock：输入或显示时钟。

Constant：产生一个常值。

Digital Clock：输入采样间隔时钟。

From File：从文件读取数据。

From Workspace：从矩阵中读数据。

Pulse Generator：输入固定时间间隔脉冲。

Random Number：输入正态分布的随机数。

Repeating Sequence：输入重复的任意信号。

Signal Generator：输入随机信号。

Sine Wave：输入正弦波。

Step Input：输入阶跃函数。

Auto_Scale Graph Scope：自动调整图形窗口的显示比例。

Graph Scope：图形窗口输出信号。

Hit Crossing：在规定值附近增加仿真步数。

Scope：输出示波器。

Stop Simulation：当输入不为零时停止仿真。

To File：把数据输出到文件中。

To Workspace：把数据输出到矩阵中。

XY Graph Scope：在 MATLAB 图形窗口中显示信号的 X-Y 图。

Discrete-Time Integrator：对一个信号进行离散积分。

Discrete-Time Limited Integrator：对一个信号进行离散有限积分。

7.3　六种典型环节仿真分析

7.3.1　比例环节特性

【例 7-2】　已知传递函数 $G(s) = K$，要求改变比例系数并建立仿真。

1）在 Sources 模块库选择阶跃信号 Step 模块，在 Commonly used block 模块库选择 Gain 和 Aux 模块，在 Sinks 模块库选择示波器信号 Scope。

2）使用比例环节分别设置放大系数为 0.5、1、2，添加构成仿真系统。

3）单击工具栏的"运行"按钮开始仿真，也可使用 Simulation 菜单下的 Run 按钮或 Ctrl + T 快捷键进行仿真，双击示波器即可显示出阶跃响应。在 View 菜单下的 Style 中可改变示波器的属性，包括背景颜色、坐标颜色、曲线的颜色、宽度等。

4）研究不同比例系数 K 对系统输出的影响，仿真框图及阶跃响应曲线如图 7.8 所示。

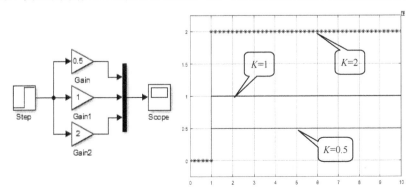

图 7.8　不同比例环节仿真框图及阶跃响应曲线

结论：纯比例环节只改变幅值的大小。

7.3.2 积分环节特性

【例7-3】 已知传递函数 $G(s) = 1/Ts$，要求改变积分时间并建立仿真。

1）在 Continuous 模块中选择"Transfer Fcn"模块，并分别改变参数为1、2、0.5，研究不同积分时间对系统输出的影响。

2）使用 Ctrl + T 快捷键进行仿真，仿真框图及阶跃响应曲线如图7.9所示。

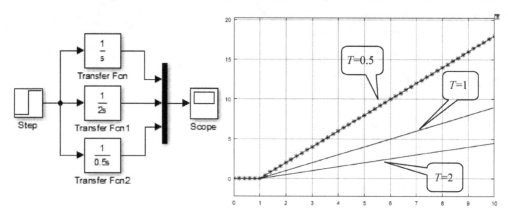

图7.9 积分环节仿真框图及阶跃响应曲线

结论：积分时间越大，上升越缓慢。

7.3.3 微分环节特性

【例7-4】 已知传递函数 $G(s) = K_d s/(s+1)$，要求改变微分时间并建立仿真。

1）按照比例仿真的步骤，在 Continuous 模块中选择"Transfer Fcn"模块构成微分环节的微分，系数 $K_d = 2$、5、10，研究不同微分系数对系统输出的影响（注意不用使用纯微分进行仿真）。

2）使用 Ctrl + T 快捷键进行仿真，仿真框图及阶跃响应曲线如图7.10所示。

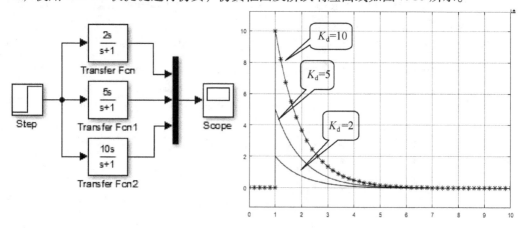

图7.10 微分环节仿真框图及阶跃响应曲线

结论：微分时间越长，微分效果越好。

7.3.4 惯性环节特性

【例 7-5】 已知传递函数 $G(s) = 1/(T_0 s + 1)$，要求改变积分时间并建立仿真。

1）按照上述方法添加惯性环节框图，惯性环节的时间常数 $T_0 = 1$、2、5，研究不同时间常数对系统输出的影响

2）使用 Ctrl + T 快捷键进行仿真，仿真框图及阶跃响应曲线如图 7.11 所示。

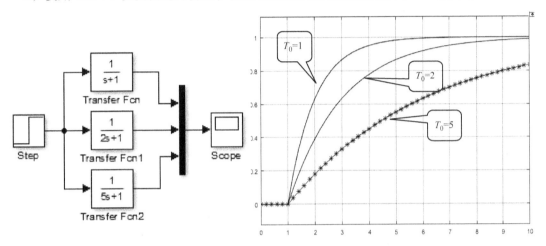

图 7.11　惯性环节仿真框图及阶跃响应曲线

结论：惯性时间常数越大，到达稳态的时间越长。

7.3.5 比例积分环节特性

【例 7-6】 已知传递函数 $G(s) = K_p + K_i/s$，要求改变比例系数和积分时间并建立仿真。

1）按照上述方法，构成三组比例积分，比例系数 K_p 和积分系数 K_i 分别为 1、3、5，研究不同比例系数和积分系数对输出的影响。

2）使用 Ctrl + T 快捷键进行仿真，仿真框图及阶跃响应曲线如图 7.12 所示。

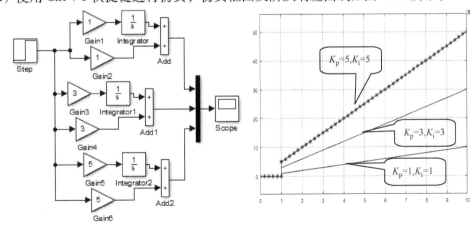

图 7.12　比例积分环节仿真框图及阶跃响应曲线

结论：比例积分是将比例环节和积分环节的性质进行了叠加，结果是先比例、后积分。

7.3.6 比例微分环节特性

【例7-7】 已知传递函数：$G(s) = K_p + K_d s$，改变不同比例和微分时间建立仿真。

1）按照上述方法，构成三组比例微分，比例系数 K_p 和微分系数 K_d 分别为 0.2、0.3、0.5，研究不同比例微分系数对输出的影响（注意选择两个阶跃信号的起始时间不同）。

2）使用 Ctrl + T 快捷键进行仿真，仿真框图及阶跃响应曲线如图 7.13 所示。

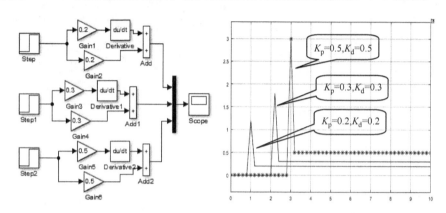

图 7.13　比例微分环节仿真框图及阶跃响应曲线

结论：比例微分是将比例环节和微分环节的性质进行了叠加，结果是先比例、后微分。

7.4　二阶系统及高阶系统阶跃响应仿真

7.4.1　二阶系统阶跃响应仿真

标准二阶系统的传递函数为

$$G(s) = \frac{\omega_n}{s^2 + 2\zeta\omega_n s + \omega_n} \tag{7-1}$$

二阶系统阶跃响应是研究标准二阶系统的传递函数中两个重要参数，即阻尼比 ζ 及自由振荡频率 ω_n 的变化对阶跃响应的影响。

【例7-8】 根据式（7-1），研究在不同阻尼比及自由振荡频率时，系统的动态指标超调量、上升时间、稳定时间及稳态误差的变化情况。

1）在 Sources 模块库中选择 Step 模块，在 Continuous 模块库中选择 Transfer Fcn 模块，在 Commonly Used Blocks 模块库中选择 Mux 模块，在 Sinks 模块库中选择 Scope。

2）令自由振荡频率 $\omega_n = 10$，构成闭环系统，在 Transfer Fcn 模块修改参数，分别取 $\zeta = 0$、0.707、1、2，连接各模块。

3）单击工具栏的"运行"按钮开始仿真，也可使用 simulation 菜单下的 Run 按钮或

Ctrl + T快捷键进行仿真，双击示波器即可显示出阶跃响应。仿真框图及结果如图 7.14 所示。

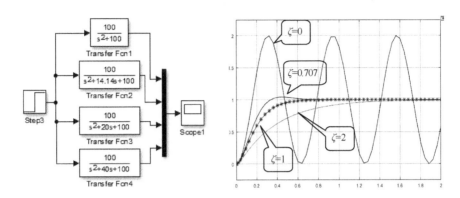

图 7.14　ω_n 一定时二阶系统的仿真框图及阶跃响应曲线

4）在欠阻尼（即 $\zeta = 0.5$）时，分别取 $\omega = 1$、2、10，研究不同自由震荡频率参数对阶跃响应的影响。步骤与前述相似，构成的仿真框图及阶跃响应曲线如图 7.15 所示。

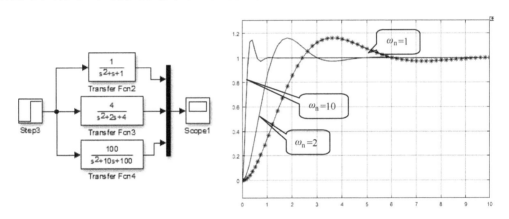

图 7.15　ζ 一定时二阶系统的仿真框图及阶跃响应曲线

7.4.2　高阶系统阶跃响应分析

【例 7-9】　已知某水箱系统为三阶系统，水箱高度 5m，水阻 $R_1 = 293\text{s/m}^2$、$R_2 = 187\text{s/m}^2$、$R_3 = 477\text{s/m}^2$，截面积 A = 0.2 m²，开环传递函数为：

$$G(s) = \frac{0.0023}{s^3 + 0.05s^2 + 0.001s + 4.78 \times 10^{-6}}$$

1）根据传递函数，构建仿真框图及阶跃响应曲线如图 7.16 所示。

2）从开环阶跃曲线可以看出，该三阶系统是自衡系统，但系统的响应过程很慢，需要约 800s 时间才能达到平衡。因此需要引入 PID 进行闭环控制，其目标是使得超调量尽可能减小，系统无静差，严格跟踪输入量，调节时间尽可能缩短。在满足上述条件前提下，应尽可能削弱抖震（PID 参数整定方法将在第 8 章进行介绍）。选择试凑法得到控制参数：$K_p = 0.015$、$K_i = 0.0001$、$K_d = 0.5$，添加控制后的仿真框图及阶跃响应曲线如图 7.17 所示。

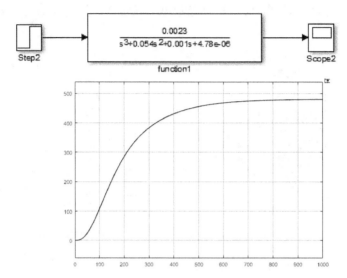

图 7.16　三阶水箱系统仿真框图及阶跃响应曲线

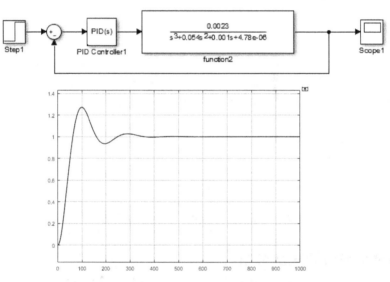

图 7.17　添加控制的仿真框图及阶跃响应曲线

3）系统仿真结果及分析。从仿真图上可以看到系统稳态特性及动态特性的相关参数，超调量 =27%，调节时间 =220s，稳态误差 =0。超调量虽然偏大，动态特性符合要求。

4）对单个水箱进行测试仿真。水箱液位 PID 控制系统由三只互相连通的水箱组成，三个水箱的液位之间存在一定的非线性耦合关系。单水箱控制框图如图 7.18 所示。

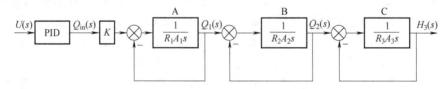

图 7.18　单水箱控制框图

5）由框图代入水箱参数得到闭环传递函数为

$$G(s) = \frac{0.0000047829K}{s^3 + 0.0543s^2 + 0.00091544s + 0.0000047829}$$

其中，$K = 480.88$，通过对单个水箱进行特性测试，得到各个水箱的过程时间常数。单水箱控制仿真框图及结果如图 7.19 所示。

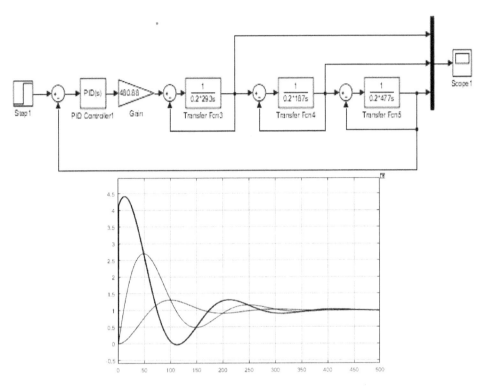

图 7.19   单水箱控制仿真框图及结果

6）从仿真结果可以看出：系统的最大超调量为 4.4m，小于容器的高 5m，故水不会溢出，此控制系统可以正常运行。

7.5   串联校正仿真

串联校正是控制系统校正中常用的几种校正方式之一。在经典控制理论中，系统校正设计，就是在给定的性能指标下，对于给定的对象模型，确定一个能够完成系统满足的静态与动态性能指标要求的控制器（常称为校正器或补偿控制器）。常用的设计方法有基于根轨迹校正设计法、基于频率特性的伯德图校正设计法及 PID 校正设计法。在进行串联校正时，经常使用超前校正装置和滞后校正装置。

7.5.1   串联超前校正仿真

超前校正是利用超前网络的相角超前特性对系统进行校正，超前校正需增加一个附加的放大器，以补偿超前校正网络对系统增益衰减。

【例7-10】 已知系统的开环传递函数 $G(s) = \dfrac{120}{s(0.6s+1)}$，设计超前校正传递函数，使得系统的超调量小于25%，稳态时间小于0.2s。

1）构建原闭环系统的仿真框图及阶跃响应曲线如图7.20所示。

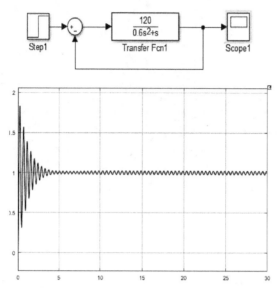

图7.20　原闭环系统的仿真框图及阶跃响应曲线

2）从仿真结果看到，原系统超调量达到80%，在2%稳态误差下稳态时间为4.3s，需对系统进行校正以达到要求。将给定的时域指标转换成频域指标，按照第5章5.2节的方法进行设计，算法参考见【例5-8】。

3）将计算的超前校正环节添加到系统中进行仿真，其仿真框图及阶跃响应曲线如图7.21所示。

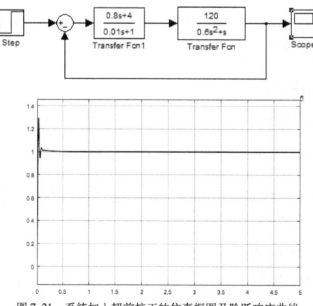

图7.21　系统加入超前校正的仿真框图及阶跃响应曲线

结论：校正后的系统超调量达到 25%，稳态时间为 0.1s，满足了性能指标。

7.5.2 串联滞后校正仿真

【**例 7-11**】 已知系统的开环传递函数 $G(s) = \dfrac{120}{s(0.03s+1)}$，添加滞后校正网络，绘制仿真校正前后的阶跃响应曲线并进行对比，要求校正后系统的超调量小于等于 20%，稳态时间小于 0.3s。

1）构建原系统的仿真框图及阶跃响应曲线如图 7.22 所示。

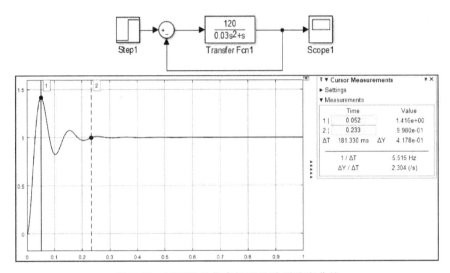

图 7.22 原系统的仿真框图及阶跃响应曲线

可以看出，原系统的超调量为 41.6%，稳态时间为 0.23s，需要进行校正。

2）系统加入滞后校正环节的仿真框图及阶跃响应曲线如图 7.23 所示。

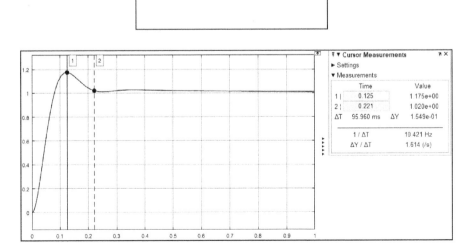

图 7.23 系统加入滞后校正环节的仿真框图及阶跃响应曲线

结论：超调量达到 67% ，过渡过程时间为 $4s$ 。

7.5.3　串联超前-滞后校正仿真

【例 7-12】　已知系统开环传递函数为

$$G_0(s) = \frac{20}{s(s+1)(0.125s+1)}$$

设计串联滞后-超前校正装置的方法见【例 5-11】，计算的滞后-超前校正传递函数为

$$G_c = \frac{(2.44s+1)(s+1)}{(19.51s+1)(0.125s+1)}$$

1）根据系统的开环传递函数，原系统的仿真框图及阶跃响应曲线如图 7.24 所示。

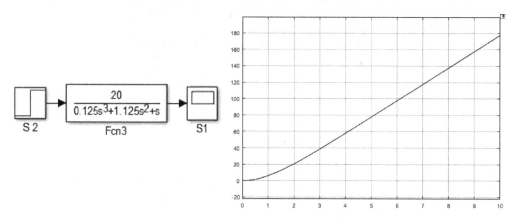

图 7.24　原系统的仿真框图及阶跃响应曲线

可以看出，系统未校正输出是发散的，必须进行校正。

2）系统加入超前-滞后校正环节的仿真框图及阶跃响应曲线如图 7.25 所示。

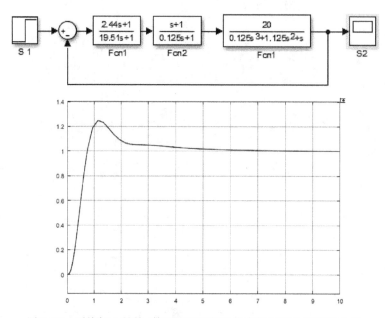

图 7.25　系统加入超前-滞后校正环节的仿真框图及阶跃响应曲线

结论: 比较添加超前-滞后校正前后系统的阶跃响应曲线看出,系统从不稳定到稳定,且超调量小于25%,上升时间小于1s,在稳态误差为5%的情况下,稳态时间约4s,系统最后实现了稳态误差为零。

7.6 极点配置与状态空间仿真

【例7-13】 极点配置模型仿真。设系统的状态空间方程为

$$\dot{x} = \begin{pmatrix} -5 & -6 & -10 \\ 1 & 0 & 0 \\ 0 & 1 & 0 \end{pmatrix} x + \begin{pmatrix} 1 \\ 0 \\ 0 \end{pmatrix} u$$

$$y = \begin{pmatrix} 0 & 0 & 10 \end{pmatrix} x$$

状态反馈系数矩阵 $K = \begin{bmatrix} -1 & -6.25 & -1.75 \end{bmatrix}$,极点配置变换参数 $L = 0.9$,要求使用 Simulink 进行阶跃响应仿真。

1)建立原系统的仿真框图及阶跃响应曲线如图7.26所示。

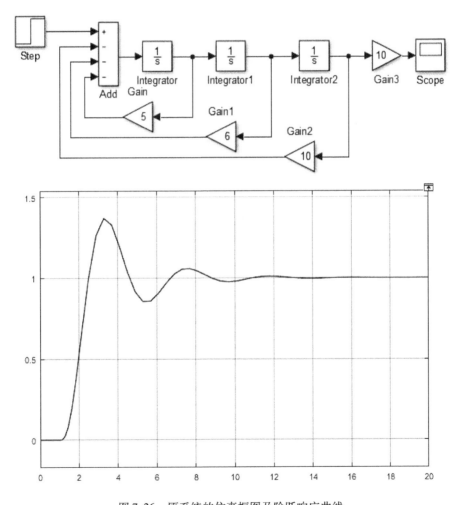

图 7.26 原系统的仿真框图及阶跃响应曲线

由图可知：超调量为35%，稳态时间8.4s，上升时间2.5s。

2）添加状态反馈 $K = \begin{bmatrix} -1 & -6.25 & -1.75 \end{bmatrix}$，并引入状态空间变换参数 $1/L \approx 1.1$，建立的仿真框图及阶跃响应曲线如图7.27所示。

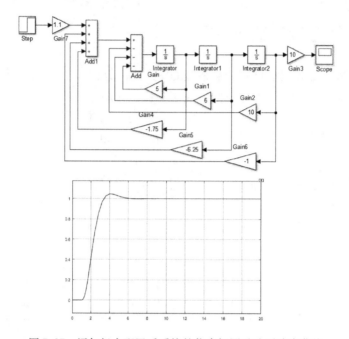

图7.27 添加极点配置后系统的仿真框图及阶跃响应曲线

由图可知：超调量为5%，稳态时间5s，上升时间2.7s。

第8章
Simulink 在 PID 控制器中的应用

8.1 PID 控制器概述

8.1.1 PID 控制系统的组成

　　控制系统包括控制器、执行器、被控对象、传感器、变送器、输入和输出接口。控制器的输出经过执行机构加到被控对象上，控制系统的输出经传感器、变送器，再通过输入接口返回到控制器，组成闭环控制系统。不同的控制对象，其传感器、执行器不同，如：电加热系统控制使用温度传感器、锅炉水位控制使用液位传感器。一个简单的 PID 控制系统的组成如图 8.1 所示。

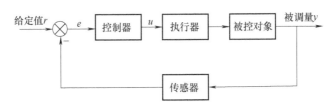

图 8.1　PID 控制系统的组成

　　系统控制质量取决于被控对象的动态特性。控制器目的是通过调整控制参数，改善系统的动态和静态指标，实现最佳控制效果。

8.1.2 PID 控制器的表示方法及仿真

1. PID 控制器表示方法

$$u(t) = K_p\Big[e(t) + \frac{1}{T_i}\int_0^t e(t)\,\mathrm{d}t + T_d\frac{\mathrm{d}e(t)}{\mathrm{d}t}\Big] \tag{8-1}$$

　　对式（8-1）PID 的时域表达式进行拉普拉斯变换得：

$$G_c(s) = \frac{E(s)}{U(s)} = K_p\Big(1 + \frac{1}{T_i s} + T_d s\Big) = K_p + \frac{K_i}{s} + K_d s \tag{8-2}$$

　　式中，$u(t)$ 为控制器的输出信号；$e(t)$ 为控制器的偏差信号（它等于给定值与测量值之差）；K_p 为控制器比例系数；T_i 为控制器积分时间；T_d 为控制器微分时间；K_i 为控制器积分时间系数；K_d 为控制器的微分时间系数。

2. PID 控制器仿真表示

PID 控制器仿真框图如图 8.2 所示。

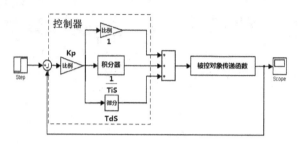

图 8.2　PID 控制器仿真框图

8.1.3　PID 控制器的作用

1. 不同比例系数控制仿真

增大比例系数 K_p 一般将加快系统的响应，并有利于减小稳态误差，但是过大的比例系数会使系统有比较大的超调量，并产生振荡，使稳定性变坏。例如，设被控对象传递函数为

$$G(s) = \frac{1}{s^2 + 0.3s + 1} \tag{8-3}$$

输入阶跃信号，选取 $K_p = 1.3$、2.3、3.3，控制系统仿真框图及阶跃响应曲线如图 8.3 所示。

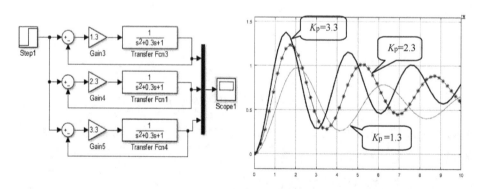

图 8.3　不同比例系数控制仿真框图及阶跃响应曲线

结论：系统的超调量会随着 K_p 的增大而增大，K_p 偏大时，系统振荡次数增多，幅度增大，且调节时间加长。

2. 不同积分系数控制仿真

增大积分系数 K_i 有利于减小超调量和稳态误差，但是系统稳态误差消除时间变长。例如，设被控对象传递函数为

$$G(s) = \frac{1}{2s^2 + 3s + 1} \tag{8-4}$$

输入阶跃信号，选取 $T_i = 1$、5、15，控制系统仿真框图及阶跃响应曲线如图 8.4 所示。

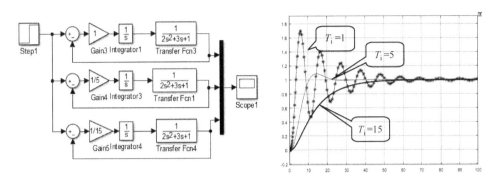

图 8.4　不同积分系数控制仿真框图及阶跃响应曲线

结论： 系统的超调量会随着 T_i 的增大而减小，系统响应速度随着 T_i 的增大会略微变慢。

3. 不同微分系数控制仿真

增大微分系数 K_D 有利于加快系统的响应速度，使系统超调量减小，稳定性加强，但系统对扰动的抑制能力减弱。对于式（8-4）表示的被控对象，输入阶跃信号，选取 $T_d = 1$、5、10，控制系统仿真框图及阶跃响应曲线如图 8.5 所示。

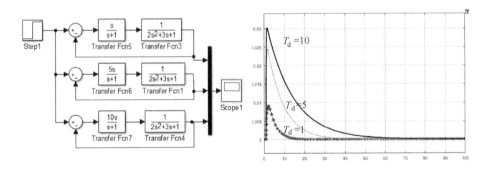

图 8.5　不同微分系数控制仿真框图及阶跃响应曲线

结论： 增大微分时间 T_d 有利于加快系统的响应速度，使系统超调量变小，稳定性增加，但系统对干扰的抑制能力将会减弱。

8.2　使用试凑法设计 PID 参数

1. 试凑法介绍

试凑法也称为经验法，工程人员在生产实践中根据经验，对不同控制对象先确定一组控制器参数，并将系统投运，然后人为加入干扰（改变设定值）观察过渡过程曲线，并改变相应的控制参数，进行反复试凑，直到获得满意的控制质量为止。在试凑时，可参考表 8-1 的参数添加初始值，然后再进行微调，微调时遵循先比例、后积分、再微分的整定步骤。使用试凑法设计 PID 参数的过程如下：

表 8-1　PID 经验数据

被调量	特　点	K	T_i	T_d
流量	时间常数小，并有噪声，故 K_p 较小，T_i 较小，不用微分	1 ~ 2.5	0.1 ~ 1	
温度	对象有较大滞后，常用微分	1.6 ~ 5	3 ~ 10	0.5 ~ 3
压力	对象的滞后不大，不用微分	1.4 ~ 3.5	0.4 ~ 3	
液位	允许有静态差，不用积分和微分	1.25 ~ 5		

1）先调 K_p 让系统闭环，使积分和微分不起作用（$K_d = 0$，$K_i = 0$），观察系统的响应，若反应快、超调小，静差满足要求，则就用纯比例控制器。

2）调 K_i 若静差太大，则加入 K_p，且同时使 K_i 略增加（如至原来的 120%，因加入积分会使系统稳定性下降，故减小 K_p），K_i 由小到大，直到满足静差要求。

3）调 K_d 若系统动态特性不好，则加入 K_d，同时使 K_p 稍微提升一点，K_p 由小到大，直到动态满意。

2. 试凑法设计案例

【例 8-1】　已知系统的传递函数 $G(s) = \dfrac{100}{s^2 + 3s + 100}$。使用试凑法调整 PID 控制器参数，要求超调量小于 5%，稳态时间小于 1s，稳态误差为零。

1）原系统的阶跃响应曲线如图 8.6 所示。

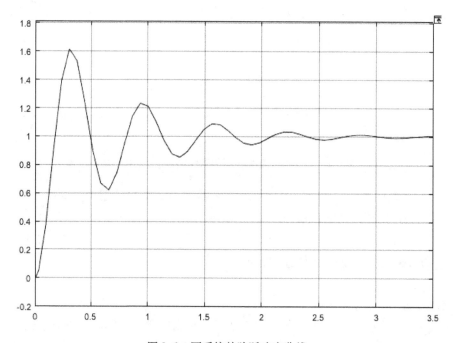

图 8.6　原系统的阶跃响应曲线

可以看出，原系统的超调量为 60%，稳态时间大于 2s，需要进行校正以满足设计要求。

2）根据多次试凑，设 $K_p = 2.3$、$T_i = 1$、$T_d = 0.5$，系统的仿真框图及阶跃响应曲线如图 8.7 所示。

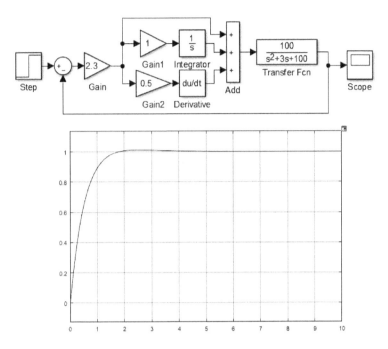

图 8.7　添加参数后系统仿真框图及阶跃响应曲线

　　从该组参数的校正结果可以看出，系统的超调量降低为 0，在稳态误差 5% 范围内稳态时间约为 1.5s，明显看到了试凑 PID 参数的调整效果。

　　3）进一步调整 PID 控制器参数，设 $K_p = 5$、$T_i = 0.5$、$T_d = 0.1$，系统的仿真框图及阶跃响应曲线如图 8.8 所示。

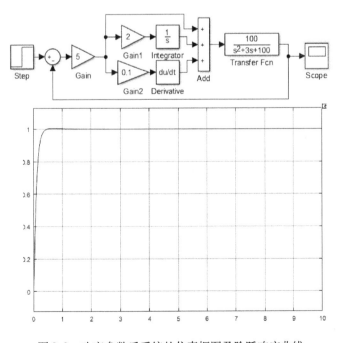

图 8.8　改变参数后系统的仿真框图及阶跃响应曲线

改变 PID 参数后，系统的超调量仍为零，在稳态误差 5% 范围内，调整时间小于 0.2s，快速性得到了提高，满足设计要求。

结论： 采用试凑法调整 PID 参数，对标准的二阶系统可以得到较好控制效果。

【**例8-2**】 已知带延迟环节的系统传递函数 $G(s) = \dfrac{1}{20s + 1} e^{-2.5s}$。使用试凑法整定 PID 控制器参数，要求超调量小于 5%，稳态时间小于 20s，稳态误差为零。

1）原系统的仿真框图及阶跃响应曲线如图 8.9 所示。

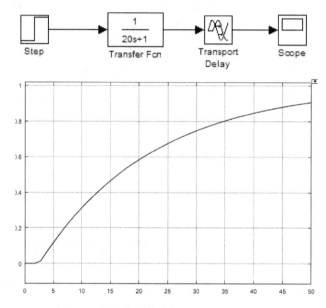

图 8.9 原系统的仿真框图及阶跃响应曲线

由图看出，原系统过渡过程时间较长，在 50s 时仍未达到稳定，不满足设计指标。

2）使用试凑法，设 $K_p = 8$、$T_i = 45$、$T_d = 0.9$，系统的仿真框图及阶跃响应曲线如图 8.10 所示。

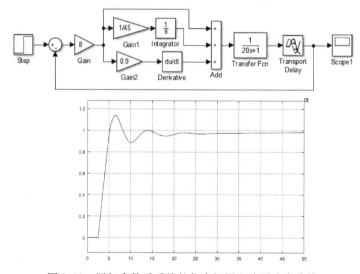

图 8.10 添加参数后系统的仿真框图和阶跃响应曲线

此时系统的稳态误差为2%，超调量为14%，过渡过程时间为22s，不满足设计要求。

3）调整 PID 控制器参数，设 $K_p = 3$、$T_i = 20$、$T_d = 0.9$，系统的仿真框图如图8.11所示。

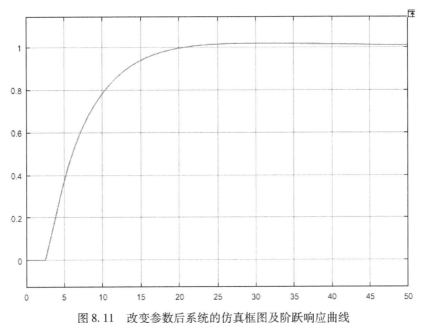

图 8.11　改变参数后系统的仿真框图及阶跃响应曲线

此时系统的稳态误差为2%，超调量为5%，过渡过程时间为16s，满足了设计要求。

结论： 采用试凑法调整 PID 参数，不仅能应用于标准的二阶系统，对带延迟环节的系统也同样适用。试凑法可以扩展到任意的高阶系统中。在控制工程实际应用时，可先进行理论仿真再将试凑好的参数添加到系统中。

8.3　使用 Ziegler-Nichols 法设计 PID 参数

1. Ziegler-Nichols 法介绍

使用 Ziegler-Nichols（ZN）法设计 PID 参数属于工程整定的方法之一。针对过程控制对象特征，控制系统可分为有自平衡和无自平衡能力系统，因大部分属于有自平衡能力系统，这里仅讨论针对有自平衡能力系统使用 ZN 法设计 PID 参数。有自平衡能力系统对应传递函数为

$$G(s) = \frac{K}{Ts + 1}e^{-\tau s} \tag{8-5}$$

当 $\tau/T \leqslant 0.2$ 时，使用 ZN 法设计 PID 参数的计算公式见表8-2。

表 8-2　使用 ZN 法设计 PID 参数的计算公式（$\tau/T \leqslant 0.2$）

	δ（$1/K_p$）	T_i	T_d
P	$K\tau/T$		
PI	$1.1K\tau/T$	3.3τ	
PID	$0.85K\tau/T$	2.0τ	0.5τ

当 $0.2 < \tau/T \leqslant 1.5$ 时，使用 ZN 法设计 PID 参数的计算公式见表8-3。

表 8-3　使用 ZN 法设计 PID 参数的计算公式（$0.2 < \tau/T \leqslant 1.5$）

	δ（$1/K_p$）	T_i	T_d
P	$2.6K\ (\tau/T - 0.08)/(\tau/T + 0.7)$		
PI	$2.6K\ (\tau/T - 0.08)/(\tau/T + 0.6)$	$0.8T$	
PID	$2.6K\ (\tau/T - 0.15)/(\tau/T + 0.88)$	$0.81T + 0.19\tau$	$0.05T$

2. ZN 法设计案例

【例 8-3】　针对式（8-5）所示传递函数，完成添加 P、PI、PID 控制的且未加校正系统的阶跃响应曲线，并进行对比。

1）设已知参数 $T = 20$、$K = 1$、$\tau = 2.5$。由于 $\tau/T = 2.5/20 = 0.125 < 0.2$，则 PID 参数应使用表 8-2 求解。

对于 P 控制：

$$K_p = 1/\delta = T/K\tau = 20/2.5 = 8$$

对于 PI 控制：

$$K_p = 1/\delta = T/1.1K\tau = 7.27$$
$$T_i = 3.3\tau = 8.25, \qquad K_i = K_p/T_i = 0.88$$

对于 PID 控制：

$$K_p = 1/\delta = T/0.85K\tau = 9.4$$
$$T_i = 2.0\tau = 5, \qquad K_i = K_p/T_i = 1.88$$
$$T_d = 0.5\tau = 1.25, \qquad K_d = K_pT_d = 9.4 \times 1.25 = 11.75$$

2）根据计算结果构建系统的仿真框图及阶跃响应曲线如图 8.12 所示。

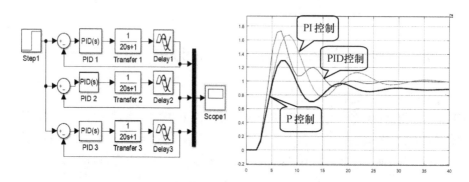

图 8.12　P、PI、PID 控制系统的仿真框图及阶跃响应曲线

8.4　使用科恩-库恩法设计 PID 参数

1. 科恩-库恩法简介

对于带延迟环节的一阶系统，可以使用科恩-库恩法实现 PID 参数设计。带延迟环节的一阶系统仿真框图如图 8.13 所示。

和 ZN 法相似，利用原系统的时间常数 T、比例系统 K 可求得比例、积分、微分参数，它提供了一个参数校正的基准，然后在此基础上根据实际需要对参数进行微调以达到目的。

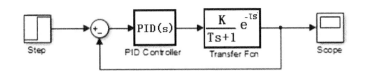

图 8.13 带延迟环节的一阶系统仿真框图

使用科恩-库恩法设计 PID 参数的计算公式见表 8-4。

表 8-4 使用科恩-库恩法设计 PID 参数的计算公式

	K_p	T_i	T_d
P	$\dfrac{T}{K\tau} + \dfrac{0.333}{K}$		
PI	$0.9\dfrac{T}{K\tau} + \dfrac{0.082}{K}$	$\left[3.33\tau + \dfrac{0.3\tau^2}{T}\right]/\left[T + 2.2\tau\right]$	
PID	$\dfrac{1}{K}\left[1.35\left(\dfrac{\tau}{T}\right)^{-1} + 0.27\right]$	$T\left[\dfrac{2.5\left(\dfrac{\tau}{T}\right) + 0.5\left(\dfrac{\tau}{T}\right)^2}{1 + 0.6\left(\dfrac{\tau}{T}\right)}\right]$	$T\left[\dfrac{0.37\left(\dfrac{\tau}{T}\right)}{1 + 0.2\left(\dfrac{\tau}{T}\right)}\right]$

2. 科恩-库恩法设计案例

【例 8-4】 已知系统传递函数为

$$G(s) = \frac{1}{(3s+1)(4.5s+1)(5s+1)} \tag{8-6}$$

要求系统超调量小于 20%，峰值时间小于 2s，调节时间小于 30s（$\Delta=5$ 时）。

1）原系统的开环仿真框图及阶跃响应曲线如图 8.14 所示。

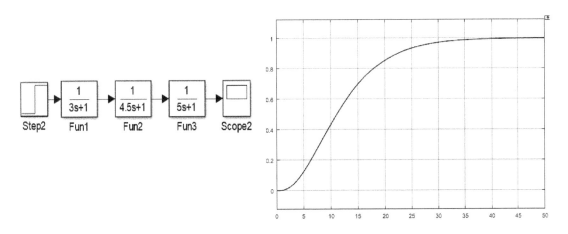

图 8.14 原系统的开环仿真框图及阶跃响应曲线

从图中可看出，超调量 $M_p=0$，调节时间 $t_s=30s$，将该系统用一阶系统进行等价。按照一阶系统等价方法，即：选取达到稳态值 30% 和 70% 的两个点 t_1 和 t_2，$t_1=7.7s$，$t_2=$

15s，带入式（8-6）求得一阶惯性加延迟的 T 和 τ 为

$$T = \frac{t_2 - t_1}{\ln\left[1 - y_0(t_1)\right] - \ln\left[1 - y_0(t_2)\right]} = \frac{15 - 7.7}{0.8473} = 8.62$$

$$\tau = \frac{t_2\ln\left[1 - y_0(t_1)\right] - t_1\ln\left[1 - y_0(t_2)\right]}{\ln\left[1 - y_0(t_1)\right] - \ln\left[1 - y_0(t_2)\right]} = \frac{1.204 \times 7.7 - 0.3567 \times 15}{0.8473} = 4.63 \tag{8-7}$$

等效传递函数为

$$G(s) = \frac{1}{8.62s + 1}e^{-4.63s} \tag{8-8}$$

2）构建原系统与等效系统的仿真框图及阶跃响应曲线如图 8.15 所示。

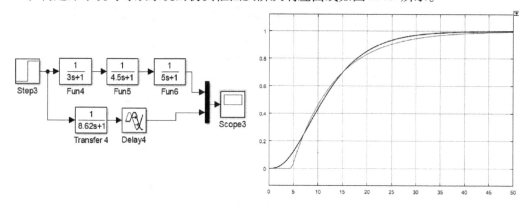

图 8.15　原系统与等效系统的仿真框图及阶跃响应曲线

从图中看出，原系统和等效系统的阶跃响应曲线几乎重合，可以进行等效替换。

根据表 8-4，将 $T = 8.62$、$\tau = 4.63$ 带入计算得

$$\begin{cases} K_p = 1.35 \times \left(\dfrac{4.63}{8.62}\right)^{-1} + 0.27 = 2.77 \\[2mm] T_i = 8.62 \times \left[2.5 \times \dfrac{4.63}{8.62} + 0.5 \times \left(\dfrac{4.63}{8.62}\right)^2\right] \div \left(1 + 0.6 \times \dfrac{4.63}{8.62}\right) = 8.9 \\[2mm] T_d = 8.62 \times 0.37 \times \dfrac{4.63}{8.62} \div \left(1 + 0.2 \times \dfrac{4.63}{8.62}\right) = 1.55 \end{cases} \tag{8-9}$$

3）使用科恩-库恩法设计 PID 参数后系统的仿真框图及阶跃响应曲线如图 8.16 所示。

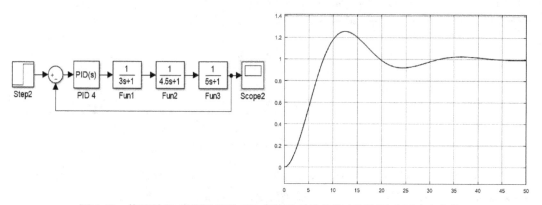

图 8.16　使用科恩-库恩法设计 PID 参数后系统的仿真框图及阶跃响应曲线

从图中看出，超调量 $M_p = 36\%$，过渡时间 $t_s = 26\mathrm{s}$，稍加调整，将 K_p 减小至 1.37，其他不变，则修改后系统的阶跃响应曲线如图 8.17 所示。

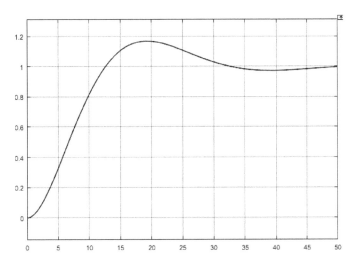

图 8.17　修改后系统的阶跃响应曲线

从图中看出，超调量 $M_p = 15\%$，峰值时间 $t_p = 1.6\mathrm{s}$ 调节时间 $t_s = 25\mathrm{s}$，满足了设计要求。

结论：使用科恩-库恩法整定控制参数时，可以得到初始值，然后需要进行调整试凑才能找到最佳控制效果。和试凑法相比，该方法能尽快确定控制参数初始值，减少试凑时间。

8.5　使用衰减曲线法设计 PID 参数

1. 衰减曲线法简介

衰减曲线法是通过调整衰减比对控制参数进行整定的一种方法，如图 8.18 所示，衰减比即为阶跃响应的第一个波峰与第二个波峰的比值，即 y_1/y_2。

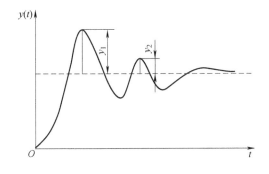

图 8.18　衰减比示意图

衰减曲线法在工程中常用的衰减比有两种，一种是 $4:1$，另一种是 $10:1$。对于衰减比为 $4:1$ 的系统，首先将调节器设置成纯比例控制（$K_i = K_d = 0$），并构建仿真框图，如

图 8.19 所示。

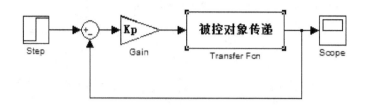

图 8.19 构建仿真框图

再将比例系数由小变大，加扰动观察响应过程，直到响应曲线出现 4：1 的衰减比，将此时的比例带（比例系数的倒数）定义为衰减比例带 $\delta_s = 1/K_p$，两波峰之间的时间定义为周期 T_s，如图 8.20 所示。

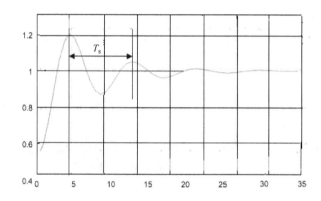

图 8.20 衰减比为 4：1 时的响应曲线

根据 T_s 及设定的 K_p 值，确定控制器参数如表 8-5 所示。

表 8-5 衰减比为 4：1 时的控制参数

	K_p	T_i	T_d
P 调节	$1/\delta_s$		
PI 调节	$1.2\delta_s$	$0.5T_s$	
PID 调节	$0.8\delta_s$	$0.3T_s$	$0.1T_s$

同理，对于衰减比 10：1，由衰减比例带 $\delta_r = 1/K_p$ 和两波峰之间的时间 T_r，确定控制器参数如表 8-6 所示。

表 8-6 衰减比为 10：1 时的控制参数

	$1/K_p$	T_i	T_d
P 调节	δ_r		
PI 调节	δ_r	$2T_r$	
PID 调节	$0.8\delta_r$	T_r	$0.4T_r$

2. 衰减曲线法设计案例

【例 8-5】 根据液位传递函数，使用衰减曲线法整定下列被控对象的控制器参数。

$$G_{ps} = \frac{1}{(5s+1)(2s+1)(10s+1)} = \frac{1}{100s^3 + 80s^2 + 17s + 1} \tag{8-10}$$

1）根据传递函数构建系统的仿真框图，置成纯比例环节，将 K_p 的取值从 1 开始，逐渐增大，当 $K_p = 5.3$ 时出现 4:1 的衰减曲线，仿真框图及阶跃响应曲线如图 8.21 所示。

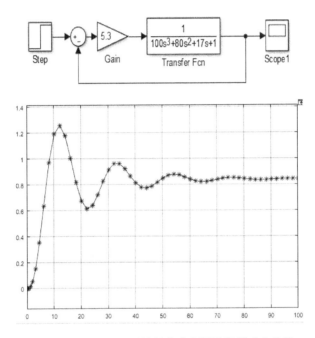

图 8.21 $K_p = 5.3$ 时系统的仿真框图及阶跃响应曲线

2）从曲线中查询到 $T_s = 21.2\text{s}$，根据表 8-5 可计算 P、PI、PID 控制参数如表 8-7 所示。

表 8-7 4:1 衰减比控制参数计算

	K_p	T_1	T_d
P	1/5.3		
PI	1.2/5.3	0.5×21.2	
PID	0.8/5.3	0.3×21.2	0.1×21.2

3）根据表 8-7 中的数据，构建系统的仿真框图及阶跃响应曲线如图 8.22 所示。

从图中看出，P、PI、PID 控制都使得超调量为零，且都达到了稳定。但 P 控制稳定在小于 0.2 的位置，有很大的稳态误差。PID 控制比 PI 控制达到稳态时间略短（在稳态误差为 5%时），它们都到达了给定值，PID 控制稳态时间为 100s。通过比较，可看出 PID 控制效果最好。

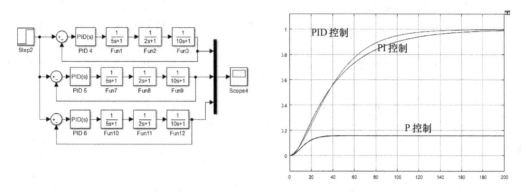

图 8.22 系统的仿真框图及阶跃响应曲线

8.6 使用临界比例度法设计 PID 参数

1. 临界比例度法简介

临界比例度法设置积分时间 $T_i = \infty$，微分时间 $T_d = 0$，调节器设为纯比例环节，将比例系数从小到大逐步调整，使曲线产生振荡，直至出现等幅振荡为止，如图 8.23 所示。记下这时的比例系数 K_{cr}，再记录振荡的两个波峰之间时间为临界振荡周期 T_{cr}，最后根据表 8-8 的经验公式，计算出各参数的整定值。

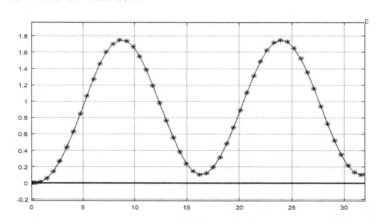

图 8.23 临界比例度方法仿真结果

表 8-8 临界比例度法的经验公式

	K_p	T_1	T_d
P	$0.5K_{cr}$		
PI	$0.45K_{cr}$	$0.85T_{cr}$	
PID	$0.6K_{cr}$	$0.5T_{cr}$	$0.125T_{cr}$

2. 临界比例度法设计案例

【例 8-6】 按照式（8-10）所示的被控对象，使用临界比例度法整定 PID 参数。

1）构建系统仿真框图和阶跃响应曲线，并记录出现等幅震荡峰峰值时间 T_{cr} 及此时的比例系数 K_{cr}，如图 8.24 所示。

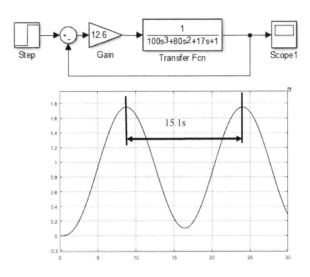

图 8.24　系统仿真框图和阶跃响应曲线

2）从图中读出的 $K_{cr} = 12.6$，$T_{cr} = 15.1\text{s}$，将其值带入表 8-8 中进行计算，得到控制器参数见表 8-9。

表 8-9　临界比例度法计算 PID 参数

	K_p	T_i	T_d
P	0.5×12.6		
PI	0.45×12.6	0.85×15.1	
PID	0.6×12.6	0.5×15.1	0.125×15.1

3）根据表 8-9 中的数据，系统的仿真框图及阶跃响应曲线如图 8.25 所示。

从图中看出，P、PI、PID 控制都有衰减振荡，且能达到稳定。但 P 控制的稳态误差约 20%。PID 控制比 PI 控制超调量小，且上升速度快，达到稳态时间比较短（约 35s），在稳态误差为 5% 的情况下，PI 控制在 100s 时未到达稳定。通过比较，PID 控制效果最好。

总结：

1）试凑法（经验法）：简单可靠，能够应用于各种控制系统，特别是扰动频繁，响应曲线不太规则的控制系统。缺点是需反复试凑，花费时间长。试凑法适合现场经验较丰富、技术水平较高的工程技术人员使用。

2）ZN 法（动态特性参数法）：是通过系统开环实验得到典型传递函数后进行整定的方法。此方法理论性相对较强，适应性也较广，并为调节器参数的最优整定提供了可能。

3）科恩-库恩法：采用了一种经验整定公式，该方法是依据某个特定的对象进行总结出来的，对不同系统可能存在一定的误差。

4）衰减曲线法：衰减曲线法呈现振荡的时间比较短，且衰减振荡易实现。这种整定方法应用比较广泛。缺点是有时 4:1 衰减不太好确定，只能近似。

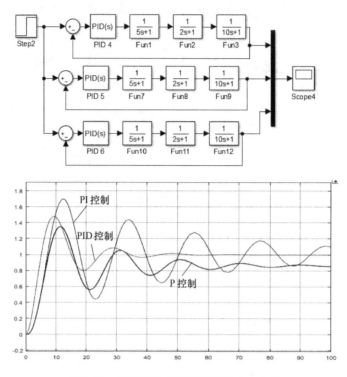

图 8.25　系统的仿真框图及阶跃响应曲线

5）临界比例度法：简便而易于判断，整定质量较好，适用于一般的温度、压力、流量和液位控制系统。但对于临界比例度很小，或者工艺生产约束条件严格、对过渡过程不允许出现等幅振荡的控制系统则不适用。

8.7　使用 Smith 预估器设计 PID 参数

1. Smith 预估器控制的基本原理

对于过程控制中的大延迟系统，使用一般的工程整定法没有效果。Smith 预估器控制的原理就是在 PID 控制回路上再并联一个补偿回路，以此抵消被控对象的纯滞后因素。该方法是预先估计出过程在基本扰动下的动态特性，然后由预估器进行补偿控制，力图使被延迟了的被调量提前反映到调节器，并使之动作，以此来减小超调量。如果预估模型准确，该方法能获得较好的控制效果，从而消除纯滞后对系统的不利影响，使系统品质与被控过程无纯滞后时相同。

若被控对象的传递函数为 $G_0(s)\mathrm{e}^{-\tau s}$，其中 $G_0(s)$ 为除去纯滞后部分对象的特性，控制器的传递函数为 $G_\mathrm{c}(s)$，预估补偿器的传递函数为 $G_\mathrm{s}(s)$，则 Smith 预估器控制原理框图如图 8.26 所示。

经补偿后的等效被控对象的传递函数为

$$\frac{C'(s)}{U(s)} = G_0(s)\mathrm{e}^{-\tau s} + G_\mathrm{s}(s)$$

选择

$$\frac{C'(s)}{U(s)} = G_0(s)e^{-\tau s} + G_s(s) = G_0(s) \tag{8-11}$$

由此看出补偿器完全补偿了被控对象纯滞后特性 $e^{-\tau s}$。

传递函数等效为

$$\frac{C(s)}{U(s)} = \frac{G_c(s)G_0(s)}{1 + G_c(s)G_0(s)}e^{-\tau s} \tag{8-12}$$

Smith 预估器的数学模型为

$$G_s(s) = G_0(s)(1 - e^{-\tau s}) \tag{8-13}$$

等效的系统框图如图 8.27 所示。

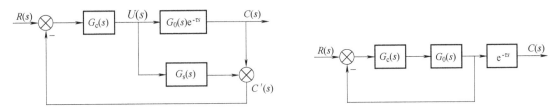

图 8.26 Smith 预估器控制原理框图   图 8.27 等效的系统框图

2. Smith 预估器控制仿真

根据 Smith 预估器原理构建的仿真框图如图 8.28 所示。

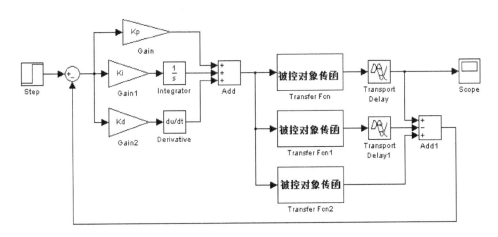

图 8.28 Smith 预估器仿真框图

【**例 8-7**】 已知具有大延迟环节的系统的传递函数为 $G(s) = \dfrac{e^{-30s}}{10s+1}$，使用 Smith 预估

器整定 PID 参数，要求整定后系统的超调量小于 20%，过渡过程时间小于 120s。

1）使用科恩-库恩法得到控制参数 $K_p = 0.72$、$T_i = 42.86$、$T_d = 6.94$，构建具有大延迟环节系统的仿真框图如图 8.29 所示。

对应的阶跃响应曲线如图 8.30 所示。

2）使用 Smith 预估器构建系统的仿真框图如图 8.31 所示。

对应的阶跃响应曲线如图 8.32 所示。

从图中看出，超调量为 0，过渡过程时间约为 120s（稳态误差为 5%）。

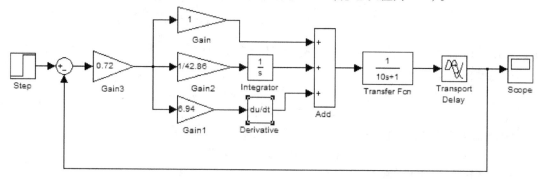

图 8.29　具有大延迟环节系统的仿真框图

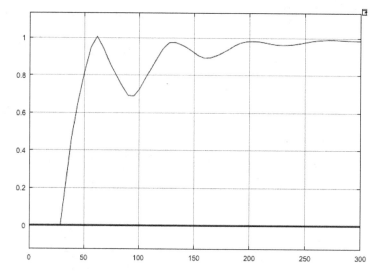

图 8.30　使用科恩-库恩法得到系统的阶跃响应曲线

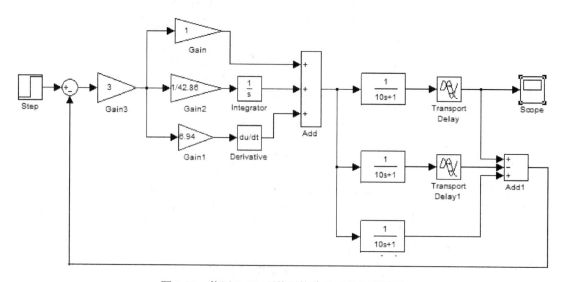

图 8.31　使用 Smith 预估器构建系统的仿真框图

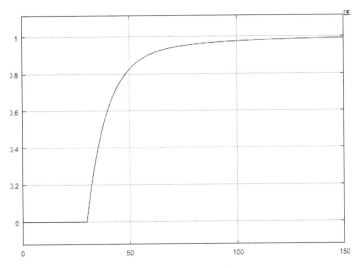

图 8.32   使用 Smith 预估器得到系统的阶跃响应曲线

8.8   使用串级控制仿真 PID 控制参数

1. 串级控制分析

在某些系统中，由于存在二次扰动，简单控制系统的控制作用不及时，控制偏差大，控制质量差。串级控制系统通过引入副回路，用副回路控制器克服二次扰动，用副环路之外的控制器克服一次扰动，大幅提高了控制质量。串级控制的系统框图如图 8.33 所示。

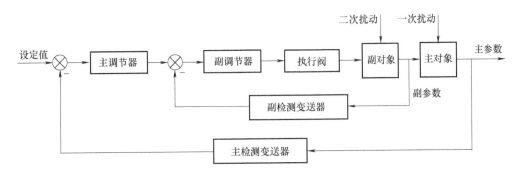

图 8.33   串级控制的系统框图

2. 串级控制案例

【例 8-8】   分别对简单控制和串级控制系统使用 MATLAB 进行仿真，分析串级控制系统相比简单控制系统的优点。其中

被控对象的主回路传递函数为

$$G_1(s) = \frac{1}{(30s + 1)(3s + 1)} \tag{8-14}$$

被控对象的副回路传递函数为

243

$$G_2(s) = \frac{1}{(10s+1)(s+1)^2} \tag{8-15}$$

在主、副传递函数中分别加入单位阶跃响应扰动，采用简单和串级控制分别加控制器进行仿真。简单控制为 PI 控制，参数为 $K_p = 3.7$、$T_i = 38$；串级控制主控制器为 PID 控制，参数为 $K_p = 8.4$、$T_i = 13$、$T_d = 0.7$，副控制器为 P 控制，参数为 $K_p = 10$。对两组控制结果进行比较。

根据题目要求，构建简单控制与串级控制仿真框图如图 8.34 所示。

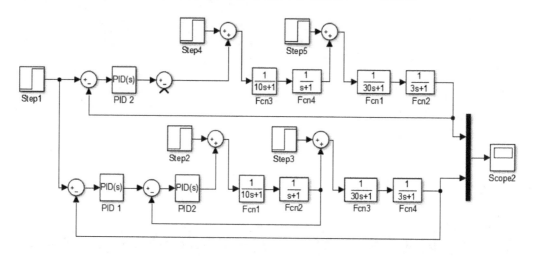

图 8.34　简单控制与串级控制仿真框图

对应的阶跃响应曲线如图 8.35 所示。

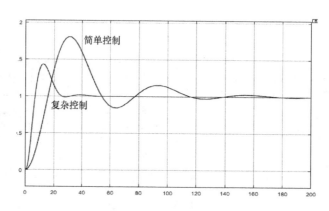

图 8.35　简单控制与串级控制的阶跃响应曲线

比较简单控制和串级控制的性能指标，如表 8-10 所示。

表 8-10　简单控制与串级控制的性能指标

性 能 指 标	简 单 控 制	串 级 控 制
超调量	88%	38%
稳态时间	115s	25s
上升时间	16s	7s

　　结论： 对于简单控制和串级控制都能消除系统稳定误差，但串级控制对于系统扰动有更好的抵抗作用。

8.9　使用前馈-反馈控制仿真 PID 参数

1. 前馈-反馈控制分析

　　工程上将前馈和反馈结合起来使用，构成前馈-反馈控制系统。这样既发挥了前馈控制的优势，又继承了反馈控制能克服多种扰动以及对被控变量进行检测的优点。前馈控制的缺点是在使用时需要对系统有精确的了解，只有了解了系统模型才能有针对性地给出预测补偿。但在实际工程中，并不是所有的干扰都是可测的，并不是所有的对象都能得到精确模型，而且大多数控制对象在运行的同时自身的结构也在发生变化。实际应用中的前馈控制系统几乎都采用前馈控制和反馈控制相结合的形式。前馈-反馈控制系统框图如图 8.36 所示。

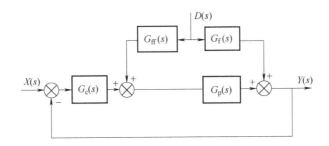

图 8.36　前馈-反馈控制系统框图

　　其中，$G_c(s)$ 为反馈调节器；$G_{ff}(s)$ 为前馈补偿器；$G_p(s)$ 为被控对象；$G_f(s)$ 为扰动传递函数。$G_c(s)$ 的输出和 $G_{ff}(s)$ 的输出相叠加，因此该系统实质上是一种偏差控制和扰动控制的结合，有时也称为复合控制系统，其输入和扰动对输出的影响可表示为

$$Y(s) = \frac{G_c(s)G_p(s)}{1 + G_c(s)G_p(s)}X(s) + \frac{G_f(s) + G_{ff}(s)G_p(s)}{1 + G_c(s)G_p(s)}D(s)$$

　　式中，第一项为输入对输出的影响，第二项为扰动对输出的影响。根据不变性原理，即系统的输出不受扰动的影响，与扰动无关，令第二项干扰为零。则由扰动对输出变量 $Y(s)$ 的闭环传递函数可推导出前馈控制器的传递函数为

$$G_f(s) + G_{ff}(s)G_p(s) = 0$$

$$G_{ff}(s) = -\frac{G_f(s)}{G_p(s)} \tag{8-16}$$

　　前馈-反馈控制系统中，由于有反馈回路，可以降低对前馈的要求，为工程上实现较简单的前馈创造了条件。前馈-反馈控制系统对扰动完全补偿的条件与前馈控制完全相同，而反馈回路中加进了前馈控制也不会对反馈调节器所需要整定的参数带来多大的变化，只是反馈调节器所需完成的工作量显著地减小了。

2. 前馈-反馈控制仿真案例

【例8-9】 已知换热器系统如图 8.37 所示，它的控制通道传递函数和扰动通道传递函数分别为

$$G_p(s) = \frac{0.97}{60s+1}e^{-8s} \qquad G_f(s) = \frac{1.12}{46s+1}e^{-6s}$$

根据不变性原理和 ZN 法设计前馈与反馈控制器并进行仿真。

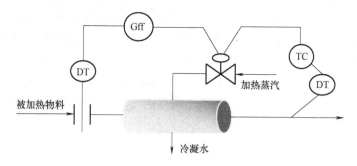

图 8.37　换热器系统

1）根据式（8-20），由已知给定控制通道和扰动通道传递函数 $G_p(s)$ 和 $G_f(s)$，计算前馈传递函数 $G_{ff}(s)$ 为

$$G_{ff}(s) = -\frac{G_f(s)}{G_p(s)} = -\frac{1.12}{46s+1} \times \frac{60s+1}{0.97}e^{-8s}e^{-6s} = -1.09\frac{60s+1}{46s+1}e^{-14s}$$

2）由控制通道传递函数 $G_p(s)$ 构建换热器反馈控制系统仿真框图如图 8.38 所示。使用 ZN 法设计 PID 参数，在此基础上，使用试凑法进行调整，使之达到较小的超调量和稳态时间。

图 8.38　换热器反馈控制系统仿真框图

因为 $T = 60$、$K = 0.97$、$\tau = 8$，$\tau/T = 8/60 \approx 0.13 < 0.2$，则 PID 参数应根据表 8-2 求解。对于 PID 控制：

$$K_p = 1/\delta = T/0.85K\tau \approx 9.1$$
$$T_i = 2\tau = 16, \qquad K_i = K_p/T_i = 9.1/16 \approx 0.57$$
$$T_d = 0.5\tau = 4, \qquad K_d = K_p T_d = 9.1 \times 4 = 36.4$$

3）由图 8.35 构建换热器前馈-反馈控制系统仿真框图，如图 8.39 所示。

4）使用 ZN 法整定 PID 参数得到系统的阶跃响应曲线如图 8.40 所示。

5）由于整定参数有一定的误差，常将整定结果作为初始值，再用试凑法修改参数，修改后系统的阶跃响应曲线如图 8.41 所示。

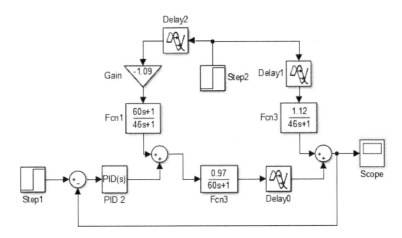

图 8.39　换热器前馈-反馈控制系统仿真框图

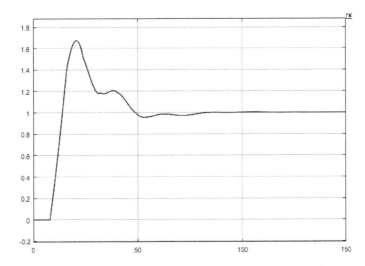

图 8.40　使用 ZN 法整定 PID 参数得到系统的阶跃响应曲线

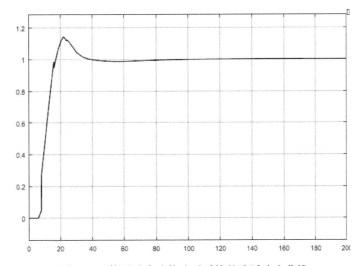

图 8.41　使用试凑法修改后系统的阶跃响应曲线

结论：前馈控制是一种预测控制，通过提前对系统给出控制信号，使干扰获得补偿并消除误差。前馈控制的缺点是需要知道控制通道和干扰通道模型才能有针对性地给出预测补偿。反馈是根据偏差来控制的，有偏差就进行纠正。反馈控制一般采用通用 PID 调节器，常用 8.2 ~ 8.6 节介绍的方法进行设计。一个系统如果要求精确控制，一定需要加反馈，如果要求系统响应速度快，那就需要前馈。

第9章
MATLAB 界面设计

9.1 图形用户界面开发环境

9.1.1 创建界面应用程序

MATLAB 提供了一套可视化的创建图形窗口工具，使用图形用户界面（Graphical User Interface，GUI）开发环境可方便地创建应用程序。系统能根据设计的 GUI 布局，自动生成 M 文件的框架，用户使用这一框架编制自己的应用程序。

图形用户界面的设计方法有两种：使用可视化的界面环境或编写程序。打开图形窗口也有两种方式：

- 命令窗口键入 guide。
- 单击【新建】菜单中的"应用程序"，再单击"GUIDE"，即可建立默认名称为 untitled. fig 的图形用户界面，如图 9.1 所示。

图 9.1　建立图形用户界面

1）"Blank GUI（Default）"为默认设置，表示在空白界面上建立 GUI 应用程序，在存储于 FIG 文件的同时，自动产生一个 M 文件用于存储调用函数，该文件不再包含 GUI 的布局代码。

2）"GUI with Uicontrols"为建立一个控制界面应用程序，包括文本框、按钮、单选框、复选框等的对话框界面，如图 9.2 所示。

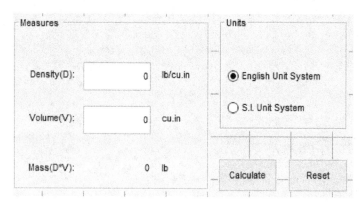

图 9.2　对话框界面

3）"GUI with Axes and Menu"为建立一个坐标轴界面应用程序，包括文本框、按钮和坐标轴的图形坐标界面，如图 9.3 所示。

4）"Modal Question Dialog"为建立一个信息对话框应用程序，信息对话框界面如图 9.4 所示。

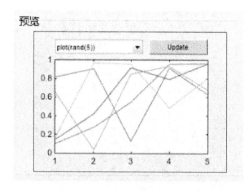

图 9.3　图形坐标界面

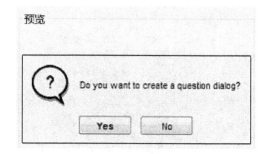

图 9.4　信息对话框界面

9.1.2　使用空白界面建立应用程序

单击【新建】菜单中的"应用程序"，选择"GUIDE"，默认打开空白界面，如图 9.5 所示。下面主要介绍顶部常用工具栏和左侧绘图工具栏。

1. 顶部常用工具栏

顶部常用工具栏主要包括文件的编辑和属性的设置等，如图 9.6 所示。

1）文件操作：从"新建"到"前进"的 8 个工具项与 Office 文件操作相同。

2）对齐：调整界面控件的几何排列方式和位置。

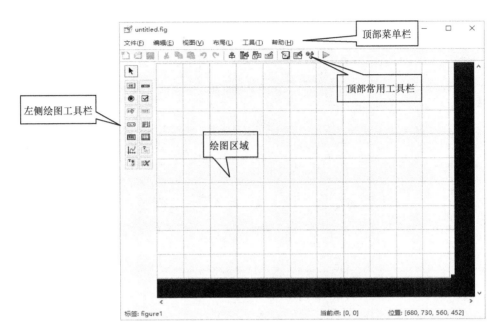

图 9.5　空白界面

图 9.6　顶部常用工具栏

3）菜单编辑器：设计、编辑、修改下拉菜单和快捷菜单。

4）顺序编辑器：设置当前用户按下 Tab 键时，对象被选中的先后次序。

5）工具栏编辑器：编辑界面工具栏内容。

6）编辑器：编辑该界面的程序 M 文件内容。

7）属性：设置对象控件的属性值。

8）对象浏览器：可获取界面上全部信息，显示控件名称和标识，双击控件能打开属性窗口。

9）运行：运行当前 GUI 的界面程序。

2. 左侧绘图工具栏

左侧绘图工具栏如图 9.7 所示。

1）按钮：执行某种预定的功能或操作。

2）开关按钮：产生一个动作并指示一个二进制状态（开或关），当鼠标单击它时按钮将下陷，并执行 callback（回调函数）中指定的内容，再次单击，按钮复原，并再次执行 callback 中的内容。

3）单选框：单个的单选框用来在两种状态之间切换，多个单选框组成一个单选框组时，

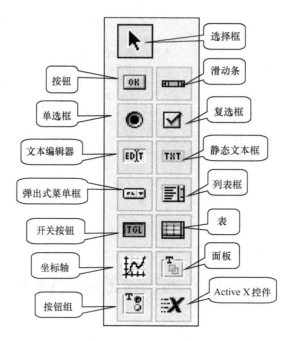

图9.7　工具栏功能图

用户只能在一组状态中选择单一的状态，或称为单选项。

4）复选框：单个的复选框用来在两种状态之间切换，多个复选框组成一个复选框组时，可使用户在一组状态中作组合式的选择，或称为多选项。

5）文本编辑器：使用键盘输入字符串的值，可以对编辑框中的内容进行编辑、删除和替换等操作。

6）静态文本框：仅用于显示单行的说明文字。

7）滑动条：可输入指定范围的数量值。

8）面板：在图形窗口圈出一块区域。

9）列表框：在其中定义一系列可供选择的字符串。

10）弹出式菜单框：让用户从一列菜单项中选择一项作为参数输入。

11）坐标轴：用于显示图形和图像。

12）按钮组：产生一组选择按钮对象。

13）ActiveX控件：面向对象程序工具的组件模型（COM）。

14）表：产生一个表格对象。

9.1.3　使用控制界面建立应用程序

单击【新建】菜单中的"应用程序"，选择"GUIDE"，再单击"GUI with Uicontrols"建立一个样例应用界面。MATLAB2016a系统预置了一个计算相乘的界面，如图9.8所示。

单击工具栏"运行"按钮，则可产生一个计算两数乘积的界面，可在左侧文本框中输入数据，再单击"Calculate"，则出现乘积的值，如图9.9所示。

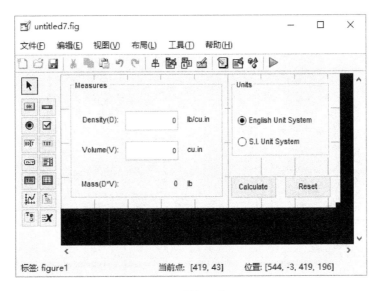

图 9.8　计算相乘界面

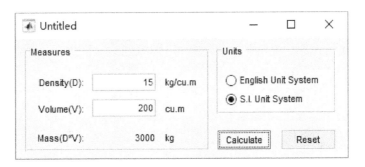

图 9.9　样例运行结果

右键单击"Calculate"按钮，出现下面对话框，可以选择"编辑器"或"属性检查器"修改 M 文件的调用函数。在任一控件上单击鼠标右键，会弹出一个属性菜单，通过该菜单可以完成布局编辑器的大部分操作，如图 9.10 所示。

● 对象浏览器：用于获得当前 MATLAB 图形用户界面程序中的全部对象信息和对象的类型，同时显示控件的名称和标识，在控件上双击鼠标可以打开该控件的属性编辑器。

● 编辑器：用于编辑界面控件的属性值。

● 属性检查器：可以查询并设置属性值。

9.1.4　使用坐标轴界面建立应用程序

单击【新建】菜单中的"应用程序"，选择"GUIDE"，再单击"GUI with Axes and Menu"建立一个绘图样例界面，其绘图默认窗口如图 9.11 所示。

图 9.10　右键快捷菜单

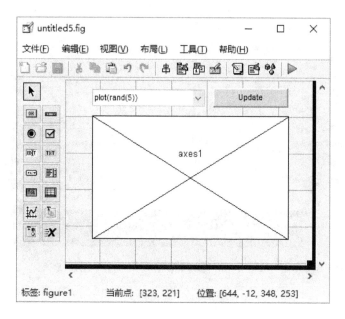

图 9.11　绘图默认窗口

样例中预置了典型的图形和曲线，包括绘制随机曲线、柱形图、薄膜曲线和多峰网面图。选择"plot（membrane）"样式，再单击"Update"按钮，即可绘制薄膜曲线，如图 9.12所示。

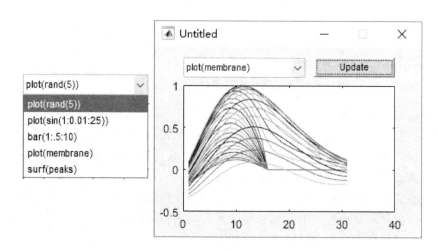

图 9.12　薄膜曲线

9.1.5　使用信息对话框界面建立应用程序

单击【新建】菜单中的"应用程序"，选择"GUIDE"，再单击"Modal Question Dialog"建立信息对话框。可在预置的信息框内右键单击打开快捷菜单，选择"属性检查器"修改显示的内容，如图 9.13 所示。

运行程序，结果如图 9.14 所示。

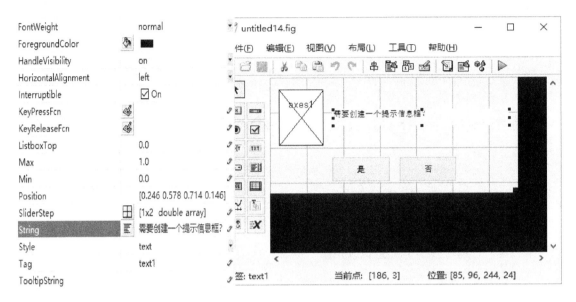

图 9.13　修改对话框文字内容

图 9.14　对话框显示结果

9.1.6　创建标准对话框

1. 打开文件对话框

语法格式：

```
[FileName,PathName,FilterIndex] = uigetfile(FilterSpec,DialogTitle,
DefaultName)
```

其中：

Filename：打开的文件名。

PathName：文件所在路径名。

FilterIndex：设置文件类型，可设置一种，也可设置多种。

DialogTitle：打开对话框的标题字符串。

DefaultName：默认指向的文件名。

【例 9-1】　打开一幅 .jpg 格式的图片文件。

程序命令：

```
>> clear;
>> [filename,pathname]=uigetfile('*.jpg','读一幅图片文件')
>> img=imread([pathname,filename]);
>> imshow(img);
```

执行程序显示文件路径及图片文件内容，选择一幅图片后的结果如图 9.15 所示。

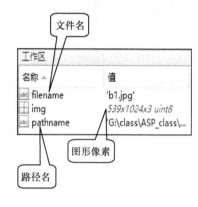

图 9.15　打开图片文件

2. 保存文件对话框

语法格式：

```
[filename,pathname]=uiputfile(FilterIndex,DialogTitle);
```

其中：

pathname：获取保存数据路径。

filename：获取保存数据名称。

FilterIndex：保存文件类型设置。

DialogTitle：打开对话框的标题字符串。

3. 颜色设置对话框

语法格式：

```
c=uisetcolor
c=uisetcolor([r g b])
c=uisetcolor(h)
c=uisetcolor(...,'dialogTitle')
c=uisetcolor(c0)
```

例如键入：

```
>> uisetcolor('选择一个颜色')
```

选择红色，返回：

```
ans=1  0  0
```

结果：打开颜色设置对话框，如图9.16所示。

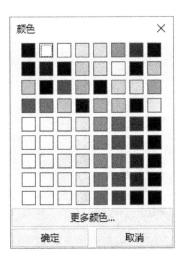

图 9.16　颜色设置对话框

4. 字体设置对话框

语法格式：

h = uisetfont(h_Text,strTitle)　　　　% h_Text 为要改变的字符句柄,strTitle 为对话框标题

例如键入：

```
>> uisetfont
```

结果：打开字体设置对话框，如图9.17所示。

图 9.17　字体设置对话框

5. 警告、错误与提示信息对话框

MATLAB 系统提供了显示警告、错误与提示信息对话框函数。

语法格式：

```
warndlg({'提示信息','对话框显示内容'},'标题栏显示信息')
errordlg({'提示信息','对话框显示内容'},'标题栏显示信息')
helpdlg({'提示信息','对话框显示内容'},'标题栏显示信息')
```

【例9-2】 显示警告、错误与提示信息对话框。

程序命令：

```
>> h = warndlg({'出现了一个警告信息','重新运行一下吧'},'警告对话框')
>> h = errordlg({'发生了一个错误信息','程序中断'},'错误对话框')
>> h = helpdlg({'帮助对话框','希望帮助到你'},'帮助信息对话框')
```

结果： 打开警告、错误与提示信息对话框如图9.18所示。

图9.18　警告、错误与提示信息对话框

9.2　MATLAB 句柄式图形对象

9.2.1　句柄式图形对象

在 MATLAB 中，每一个对象都有一个数字来标识，此标识称为句柄。每当创建一个对象时，MATLAB 就为其创建一个唯一的句柄。

1. 句柄式图形对象结构

图形对象从根对象 root 开始构成层次关系，每一个窗口对象 figure 下可以有 4 种对象，即菜单对象 uimenu、控件对象 uicontrol、坐标轴对象 axes 和右键快捷菜单对象 uicontextmenu。使用这些对象和句柄即可完成图形窗口操作。句柄式图形对象结构如图9.19所示。

2. 句柄设置方法

语法格式：

```
handle = uicontrol(parent,'PropertyName',PropertyValue,……)
handle = uicontrol          %默认的 Style 属性值,在当前图形窗口(figure)中创建
                             下压按钮对象
uicontrol(uich)             %将焦点移动到由 uich 所指示的对象上
```

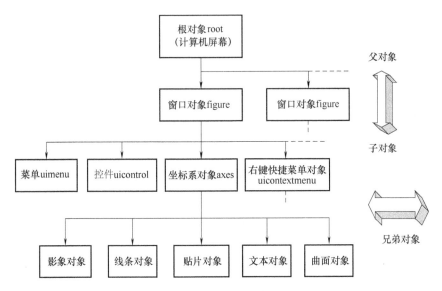

图 9.19 句柄式图形对象结构

其中：uicontrol 可以在用户界面窗体上创建各种组件（如按钮、静态文本框、弹出式菜单等），并指定这些组件的回调函数。parent 为当前图形窗口，它可以是图形窗口的句柄，也可以是面板（uipanel）的句柄，还可以是按钮组（uibuttongroup）的句柄。PropertyName 为属性名，PropertyValue 用于设置属性值，它可为下列值之一：

- checkbox：创建复选框，用来单选或多选。
- edit：创建编辑框，用于编辑文本数据。
- frame：创建框架对象。框架在图形窗口中是一个矩形的封闭区域，使用框架可以使得用户界面清晰、易懂。框架对象没有相应的回调函数。
- listbox：创建列表框，用来显示一系列条目，允许用户选择一个或多个条目。Value 属性值包含所选条目的索引值。
- Pop-up menus：创建弹出式菜单。
- Push buttons：创建下压按钮。
- Radio buttons：创建单选按钮。
- Sliders：创建滑动条。
- Static text labels：创建静态文本标签。
- Toggle buttons：创建双位按钮

在命令窗口中输入 set（uicontrol）可查看 uicontrol 的属性。

9.2.2　创建图形句柄

1. 常用函数

- figure：创建一个新的图形对象。
- uimenu：生成图形窗口的菜单中层次菜单与下一级子菜单。
- gcf：获得当前图形窗口的句柄。
- gca：获得当前坐标轴的句柄。

- gco：获得当前对象的句柄。
- gcbo：获得当前正在执行调用的对象的句柄。
- gcbf：获取包括正在执行调用的对象的图形句柄。
- delete：删除句柄所对应的图形对象。
- findobj：查找具有某种属性的图形对象。

2. 通用函数 get 和 set

所有对象都有属性定义它们的特征，属性可包括对象的位置、颜色、类型、父对象、子对象及其他内容。为了获得和改变句柄图形对象的属性需要使用两个通用函数 get 和 set。

1）get 函数返回某个对象属性的当前值。用法为 get（对象句柄，'属性名'）。属性名可以为多个，但必须是该对象具有的属性。语法格式如下：

```
p = get(handle,'Position')          %返回句柄 handle 图形窗口的位置向量
c = get(handle,'color')             %返回句柄 handle 对象的颜色
```

2）set 函数改变句柄图形对象属性，用法为 set（对象句柄，'属性名1'，'属性值1'，'属性名2'，'属性值2'，…）。语法格式如下：

```
set(handle,'Position',p_vect)       %将句柄 handle 的图形位置设为
                                       向量 p_vect 所指定的值
set(handle,'color','r')             %将句柄 handle 对象的颜色设置
                                       成红色
set(handle,'olor','r','Linewidth',2) %将句柄 handle 对象的颜色设置
                                       成红色、线宽 2 个像素
```

【例9-3】 创建弹出式菜单，根据选择不同项目执行不同操作，使用回调函数 setmap. m 画出不同颜色的球体。

程序命令：

```
>> hpop =uicontrol('Style','listbox', 'String', '画红色球体|画黄色球体
|画粉色球体|画渐变颜色球体', 'Position', [10 320 120 50], 'Callback', 'set-
map');
```

建立回调函数 setmap. m：

```
val = get(hpop,'value');
if val = =1
    sphere(30);colormap([1 0 0])
elseif val = =2
    sphere(30);colormap([1 1 0])
elseif val = =3
    sphere(30);colormap(pink)
elseif val = =4
    sphere(30);colormap(spring)
end
```

弹出式菜单及运行结果如图 9.20 所示。

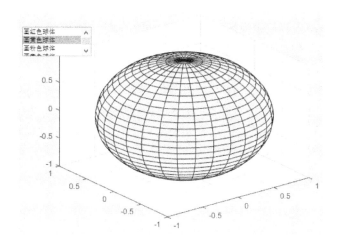

图 9.20　弹出式菜单及运行结果

9.3　回调函数

9.3.1　回调函数格式

回调函数（Callback function）是对象被选中时响应的函数，是连接程序界面整个程序系统的实质性功能的纽带。GUI 窗口和坐标轴只能被回调函数使用，这是默认值。回调函数的取值为字符串，可以是某个 M 文件或一小段 MATLAB 语句，当用户激活某个控件对象时，应用程序就运行该属性定义的子程序。

语法格式：

```
function varargout = objectTag_Callback(h,eventdata,handles,varargin)
```

其中：objectTag 为回调函数名，GUI 对其自动命名，当在 GUI 上添加一个控件时就以这个控件的"Tag"确定一个回调函数名。例如：添加一个按钮的 Tag 属性是 pushbutton1，回调函数就命名为 pushbutton1_Callback，保存文件时该文件作为子函数保存。若修改了 tag 属性，回调函数名随之改变。函数内，h 为发生事件的控件句柄，eventdata 为事件数据结构，handles 为传入的对象句柄，varargin 为传递给回调函数的参数列表。

9.3.2　回调函数使用说明

回调函数一般在菜单或对话框中采用事件处理机制进行调用，当事件被触发时才执行设置的回调函数，下面介绍常用的回调函数。

1. 图形对象的回调函数

1）ButtonDownFcn：当用户将鼠标放到某个对象上，单击鼠标左键时调用的回调函数。

2）CreatFcn：指在控件对象创建过程中执行的回调函数，一般用于各种属性的初始化，包括初始化样式、颜色、初始值等。

3）DeleteFcn：指删除对象过程中执行的回调函数。

2. 图形窗口的回调函数

1）CloseRequestFcn：当请求关闭图形窗口时调用的回调函数。

2）KeyPressFcn：当用户在窗口内按下鼠标时调用的回调函数。

3）ResizeFcn：当用户重画图形窗口时调用的回调函数。

4）WindowButtonDownFcn：当用户在图形窗口无控件的地方按下鼠标时调用的回调函数。

5）WindowButtonUpFcn：当用户在图形窗口释放鼠标时调用的回调函数。

6）WindowButtonMotionFcn：当用户在图形窗口中移动鼠标时调用的回调函数。

9.4 控件工具及属性

9.4.1 控件对象类型及描述

控件对象是事件响应的图形界面对象。当某一事件发生时，应用程序会做出响应并执行某些预定的功能子程序（Callback）。MATLAB 中的控件大致可分为两种，一种为动作控件，鼠标单击这些控件时会产生相应的响应，另一种为静态控件，是一种不产生响应的控件，如文本框等。每种控件都有一些可以设置的参数，用于表现控件的外形、功能及效果属性。属性由属性名和属性值组成，它们必须是成对出现的。

9.4.2 控件对象控制属性

用户可以在创建控件对象时，需设定其属性值，未指定时将使用系统默认值。界面设计主要有两大类对象属性：第一类是所有控件对象都具有的公共属性，第二类是控件对象作为图形对象所具有的属性。

1. 控件对象的公共属性

● Children：取值为空矩阵，因为控件对象没有自己的子对象。

● Paren t：取值为某个图形窗口对象的句柄，该句柄表明了控件对象所在的图形窗口。

● Tag：取值为字符串，定义了控件的标识值，在任何程序中都可以通过这个标识值控制该控件对象。

● Type：取值为 uicontrol，表明图形对象的类型。

● TooltipString：提示信息显示，当鼠标指针位于此控件上时，显示提示信息。

● UserDate：取值为空矩阵，用于保存与该控件对象相关的重要数据和信息。

● Position：控件对象的尺寸和位置。

● Visible：取值为 on 或 off，表示是否可见。

2. 控件对象的基本控制属性

● BackgroundColor：取值为颜色的预定义字符或 RGB 数值，默认值为浅灰色。

● Enable：取值为 on（默认值）、inactive 和 off。

● Extend：取值为四元素矢量 [0, 0, width, height]，记录控件对象标题字符的位置和尺寸。

● ForegroundColor：取值为颜色的预定义字符或 RGB 数值。该属性定义控件对象标题字符的颜色，默认值为黑色。

- Max 和 Min：取值都为数值，默认值分别为 1 和 0。
- String：取值为字符串矩阵或块数组，定义控件对象标题或选项内容。
- Style：取值可以是 pushbutton（默认值）、radiobutton、checkbox、edit、text、slider、frame、popupmenu 或 listbox。
- Units：取值可以是 pixels（默认值）、normalized（相对单位）、inches（英寸）、centimeters（厘米）或 pound（磅）。
- Value：取值可以是矢量，也可以是数值，其含义及解释依赖于控件对象的类型。

3. 控件对象的修饰控制属性

- FontAngle：取值为 normal（正体，默认值）、italic（斜体）、oblique。
- FontName：取值为控件标题等字体的字库名。
- FontSize：取值为数值。
- FontUnits：取值为 points（默认值）、normalized、inches、centimeters 或 pixels。
- FontWeight：取值为 normal（默认值）、light、demi 或 bold，定义字符的粗细。
- HorizontalAligment：取值为 left、center（默认值）或 right，定义控件对象标题等的对齐方式。

4. 控件对象的辅助属性

- ListboxTop：取值为数量值，在列表框中显示最顶层字符串的索引。
- SliderStep：取值为两元素矢量 [minstep, maxstep]，用于 slider 控件对象。
- Selected：取值为 on 或 off（默认值）。
- SlectionHoghlight：取值为 on 或 off（默认值）。

9.5　界面设计

【例 9-4】　设对象传递函数为 $G(s) = \dfrac{100}{s^2 + 3s + 100}$

要求使用界面按钮绘制阶跃响应曲线。

1）在界面上添加静态文本、坐标轴和两个按钮对象，并修改属性，添加文字，如图 9.21 所示。

2）右键单击"画图"按钮，选择"查看回调"下的 Callback 函数，在相应按钮下添加：

```
>> function pushbutton1_Callback(hObject, eventdata, handles)
>> g1 = tf(100,[1,3,100]);
>> step(g1);
```

3）右键单击"重置"按钮，选择"查看回调"下的 Callback 函数，在相应按钮下添加：

```
>> set(gcf,'visible','off');        % 退出系统
```

结果如图 9.22 所示。

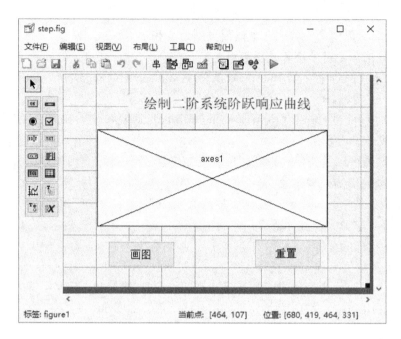

图9.21 阶跃响应界面设计

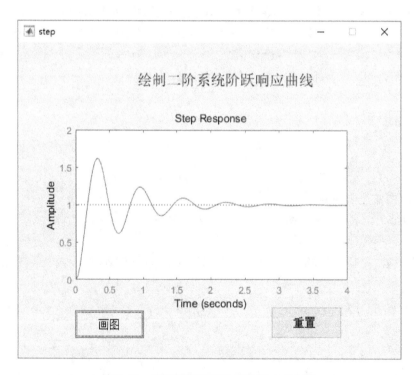

图9.22 使用界面按钮绘制阶跃响应曲线

【例9-5】 使用按钮与静态文本框设计 GUI，在窗口中显示单击按钮次数。

1）在界面上添加命令按钮和文本框，如图9.23所示。

2）使用对象的属性窗口设置控件的属性。

图 9.23　在界面上添加命令按钮和文本框

3）在回调函数 function pushbutton1_Callback（hObject，eventdata，handles）中写入程序命令：

```
>> persistent c
>> if isempty(c)
>> c = 0
>> end
>> c = c + 1;
>> str = sprintf('单击次数为:%d',c);
>> set(handles.edit1,'String',str);
```

界面显示效果如图 9.24 所示。

图 9.24　界面显示效果

【例 9-6】　制作一个简单计算器。

1）在界面上添加编辑框、静态文本框、命令按钮，如图 9.25 所示。

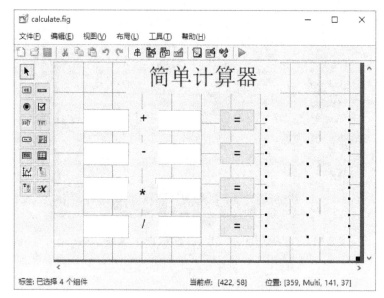

图 9.25　在界面上添加编辑框、静态文本框、命令按钮

2）使用属性检查器窗口设置控件的属性。

3）在每个计算按钮的回调函数中添加程序命令：

```
>> function pushbutton1_Callback(hObject, eventdata, handles)
>> s1 = str2double(get(handles. edit1,'String'))
>> s2 = str2double(get(handles. edit2,'String'))
>> set(handles. text3,'String',s1 + s2);
>> function pushbutton2_Callback(hObject, eventdata, handles)
>> s1 = str2double(get(handles. edit3,'String'))
>> s2 = str2double(get(handles. edit4,'String'))
>> set(handles. text5,'String',s1-s2);
>> function pushbutton3_Callback(hObject, eventdata, handles)
>> s1 = str2double(get(handles. edit5,'String'))
>> s2 = str2double(get(handles. edit6,'String'))
>> set(handles. text7,'String',s1 * s2);
>> function pushbutton4_Callback(hObject, eventdata, handles)
>> s1 = str2double(get(handles. edit7,'String'))
>> s2 = str2double(get(handles. edit8,'String'))
>> set(handles. text9,'String',s1/s2);
```

简单计算器页面及显示效果如图 9.26 所示。

【例 9-7】　使用滑动条编制滑动窗口显示比例。

1）在界面上添加滑动条和静态文本。

2）在滑动条的回调函数中添加程序命令：

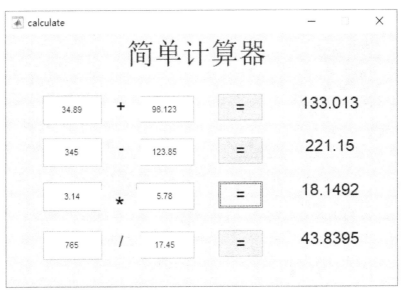

图 9.26　简单计算器页面及显示效果

```
>> function slider1_Callback(hObject, eventdata, handles)
>> v = get(handles. slider1,'Value');
>> str = sprintf('显示进度:%.2f',v);
>> set(handles. text1,'String',str);
```

界面显示效果如图 9.27 所示。

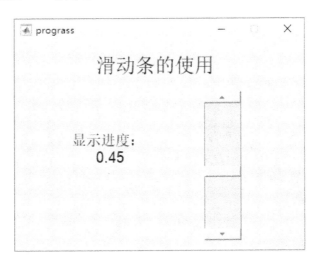

图 9.27　界面显示效果

【例 9-8】　使用列表框绘制图形。

1）在界面上添加列表框、静态文本和坐标轴框。

2）在列表框的 String 属性中添加需要绘制的图形，如图 9.28 所示。

3）在列表框的回调函数中添加程序命令：

图 9.28　在列表框的 String 属性中添加需要绘制的图形

```
>> function listbox1_Callback(hObject, eventdata, handles)
>> v = get(handles. listbox1,'value');
>> switch v
>> case 1
       x = 0:0.1:2 * pi;
       y = sin(x);
       plot(x,y,'r-O')
>> case 2
       t = -10 * pi:pi/250:10 * pi;
       comet3((cos(2 * t). ^2). * sin(t), (sin(2 * t). ^2). * cos(t),t);
>> case 3
       [x,y] = meshgrid(-8:0.5:8);
       z = sin(sqrt(x. ^2 + y. ^2)). /sqrt(x. ^2 + y. ^2 + eps);
       surf(x,y,z);
>> case 4
       sphere(30)
>> case 5
       t = 0:pi/10:2 * pi;
       [X,Y,Z] = cylinder(2 + (cos(t)). ^2);
       surf(X,Y,Z);
       axis square
>> case 6
       t1 = 0:0.1:0.9;
       t2 = 1:0.1:2;
       r = [t1 - t2 + 2];
       [x,y,z] = cylinder(r,30);
       surf(x,y,z);
>> end
```

4）结果如图 9.29 所示。

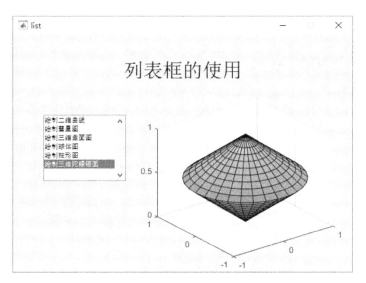

图 9.29　使用列表框绘制图形

【例 9-9】　编写一个学习课外资料调查问卷界面并显示提交的信息。

1）在界面上添加静态文本、编辑框、单选框、复选框和面板控件。

2）在列表框的 String 属性中添加选项内容，如图 9.30 所示。

图 9.30　添加选项内容

3）在"姓名"编辑框的回调函数中添加程序命令：

```
>> function edit1_Callback(hObject, eventdata, handles)
>> name1 = get(handles.edit1,'String')
>> set(handles.text14,'String',name1);
```

4）在"性别"单选编辑框的回调函数中添加程序命令：

```
>> function radiobutton1_Callback(hObject, eventdata, handles)
>> set(handles.radiobutton2,'value',0)
>> sex1 = get(handles.radiobutton1,'String')
>> set(handles.text15,'String',sex1);
>> function radiobutton2_Callback(hObject, eventdata, handles)
>> set(handles.radiobutton1,'value',0)
>> sex2 = get(handles.radiobutton2,'String')
>> set(handles.text15,'String',sex2);
```

5）在"学者类型"单选编辑框的回调函数中添加程序命令：

```
>> function radiobutton3_Callback(hObject, eventdata, handles)
>> set(handles.radiobutton4,'value',0)
>> chk1=get(handles.radiobutton3,'String')
>> set(handles.text16,'String',chk1);
>> function radiobutton4_Callback(hObject, eventdata, handles)
>> set(handles.radiobutton4,'value',0)
>> chk2=get(handles.radiobutton4,'String')
>> set(handles.text16,'String',chk2);
```

6）在"获取资料途径"复选编辑框的回调函数中添加程序命令：

```
>> function checkbox1_Callback(hObject, eventdata, handles)
>> h1=get(handles.checkbox1,'String')
>> set(handles.text17,'String',h1);
>> function checkbox2_Callback(hObject, eventdata, handles)
>> h2=get(handles.checkbox2,'String')
>> set(handles.text17,'String',h2);
```

7）在"坚持时间"弹出式菜单编辑框的回调函数中添加程序命令：

```
>> function popupmenu1_Callback(hObject, eventdata, handles)
>> v=get(handles.popupmenu1,'value');
>> switch v
   case 1
       set(handles.text18,'String','每天上课学习');
   case 2
       set(handles.text18,'String','每周不定时');
   case 3
       set(handles.text18,'String','每个月末学习');
   case 4
       set(handles.profession,'String','每学期学习');
   case5
       set(handles.profession,'String','考试前突击');
   case6
       set(handles.profession,'String','作业前用');
>> end
```

8）调查问卷显示效果如图 9.31 所示。

【例 9-10】 已知一级液位系统被控对象的传递函数为

$$G(s) = \frac{e^{-10s}}{30s + 1}$$

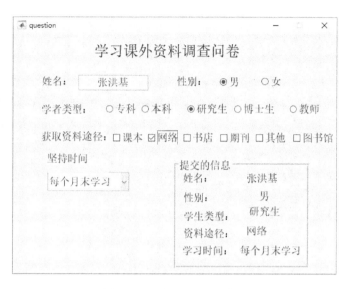

图 9.31　调查问卷显示效果

使用试凑法整定控制器参数，画出阶跃响应曲线。

1）分别设置 3 个文本编辑框的初始值为：Kp = 1、Ti = 10 和 Td = 0。

2）设计控制界面。添加 4 个静态文本、3 个编辑框、1 个坐标轴和 2 个按钮，右键单击编辑框选择"属性检查器"，分别在 String 属性中添加初始值 1、10 和 0，在 Tag 中添加标识 Kp、Ti 和 Td，如图 9.32 所示。

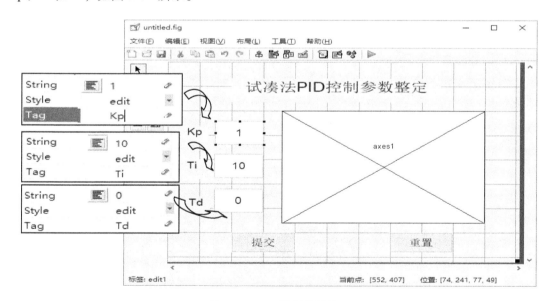

图 9.32　PID 控制编辑界面

3）为按钮的调用函数编写代码，这段代码放在"提交"按钮的回调函数 pushbutton1_Callback（）中，需要激活 axes1 才能使用在轴中绘图（右键单击轴控件，选择"回调函数"下的"CreateFcn"）。

程序命令：

```
>> function pushbutton1_Callback(hObject, eventdata, handles)
>> K=1;T=30;L=10;
>> s=tf('s'); Gz=K/(T*s+1);
>> [num,den]=pade(L,2);          %得到二阶传递函数中延迟环节 exp(-T*s)
                                   分子分母的系数
>> Gy=tf(num,den);
>> G=Gz*Gy;
>> Kp=str2double(get(handles.Kp,'String'));
>> Ti=str2double(get(handles.Ti,'String'));
>> Td=str2double(get(handles.Td,'String'));
>> PIDGc=Kp*(1+1/(Ti*s)+Td*s/((Td/10)*s+1))
>> G1=feedback(PIDGc*G,1)
>> step(G1),hold on
```

4）PID 控制界面运行结果如图 9.33 所示。

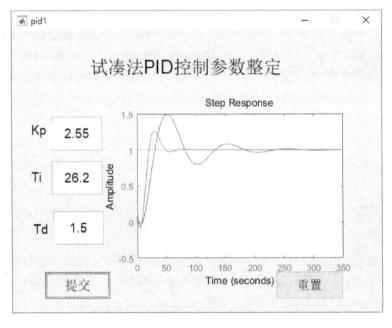

图 9.33　PID 控制界面运行结果

【例 9-11】　以图片形式显示例 9-10 系统的被控对象传递函数，重新设计【例 9-10】界面。

1）微调界面控件的位置，在选择参数编辑框上方添加面板和坐标轴，右键单击 axes 控件打开快捷菜单，选择"查看回调"下的"CreateFcn"，如图 9.34 所示。

2）在 axes3 坐标轴中放入传递函数图片 p1.jpg，方法是在 axes3_CreateFcn 回调函数中添加程序命令：

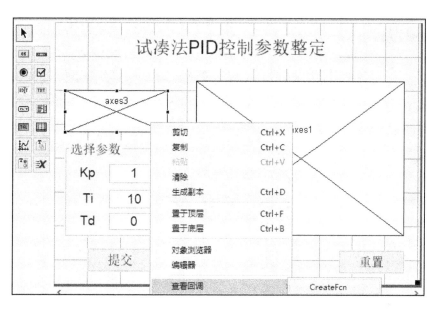

图 9.34 添加面板和坐标轴

```
>> function axes3_CreateFcn(hObject, eventdata, handles)
>> [x,cmap] = imread('p1.jpg');        % 读取图像的数据阵和色图阵
>> image(x);
>> colormap(cmap);
>> axis image off                      % 保持宽高比不变
```

3）结果如图 9.35 所示。

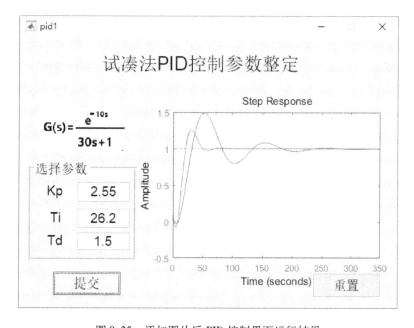

图 9.35 添加图片后 PID 控制界面运行结果

9.6 菜单设计

通过菜单可以对各种命令按功能进行分类。MATLAB 的菜单分为下拉式和弹出式，创建菜单需要先建立窗口，再设置各个菜单属性值，最后编写每个菜单的事件过程。

9.6.1 弹出式菜单

1. 创建弹出式菜单

1）弹出式菜单可以从左侧的工具栏中创建，如图 9.36 所示。双击这个弹出式菜单，在左侧出现属性检查器，Tag 内容为这个弹出式菜单的名字，初始值为 popumenu1，如图 9.37 所示。

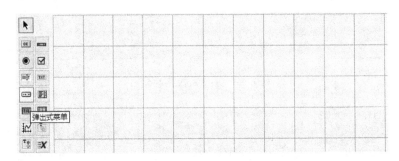

图 9.36　创建弹出式菜单

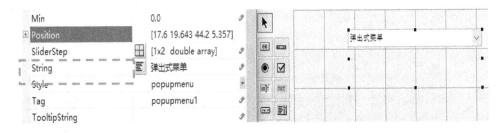

图 9.37　弹出式菜单的属性检查器

2）在 String 属性中添加弹出式菜单内容，如图 9.38 所示。

图 9.38　添加弹出式菜单内容

3）单击工具栏运行按钮，即可运行该菜单，如图9.39所示。

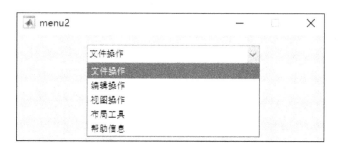

图9.39 运行弹出式菜单

2. 调用弹出式菜单
语法格式：

```
get(handles.popumenu1,'value')        % handles 是句柄,popumenu1 为菜
                                         单名称
```

使用该函数可得到弹出式菜单的顺序值。弹出式菜单如同一个"数组"，选择的顺序为函数返回"数组"中所在的位置。该函数不是直接读取 String 里面的值，而是通过获取元素在弹出式菜单中的位置，从设定的数组中读出其真实的值。

【例9-12】 建立一个绘制多种图形弹出式菜单，并实现调用功能。

1）在界面中添加一个静态文本、一个弹出式菜单和一个坐标轴。

2）在弹出式菜单属性检查器的 String 属性中编辑菜单内容，如图9.40所示。

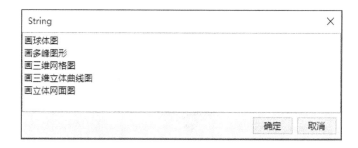

图9.40 编辑弹出式菜单内容

3）**程序命令：**

```
>> function popupmenu1_Callback(hObject, eventdata, handles)
>> Num = get(handles.popupmenu1,'value');
>> axes(handles.axes1)
>> switch Num
>> case 1
>> sphere(30)
>> case 2
>> peaks(30)
```

```
>> case 3
>> x = 0:0.1:2 * pi;
>> [x,y] = meshgrid(x);
>> z = sin(y). * cos(x);
>> mesh(x,y,z);
>> case 4
>> t = 0:pi/50:10 * pi;
>> plot3(sin(t),cos(t),t)
>> case 5
>> x = 1:0.1:5;
   [X,Y] = meshgrid(x);
   Z = (X + Y). ^2;
   surf(X,Y,Z)
>> end
```

4）弹出式菜单运行效果如图 9.41 所示。

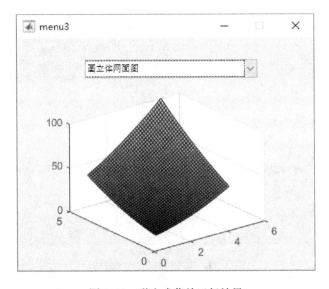

图 9.41　弹出式菜单运行效果

9.6.2　下拉式菜单

1. 创建下拉式菜单

1）首先建立 figure 图形窗口，可以直接键入 figure 来创建一个图形窗口，所有参数采用默认。也可以通过函数，语法格式：

```
● figure(s)         % s 为参数, s 为数据时要为大于 0 的数据, 其值代表第几幅图形
● figure('属性名', 属性值)
```

例如：

```
figure('name','样例')              %创建一个标题名为"样例"窗口
figure('menubar','none')          %建立 menubar 属性;none 为隐藏图形窗口
                                    的标准菜单窗口
```

2）使用 uimenu 函数建立一级菜单项和子菜单项。

建立一级菜单项的函数调用格式为：

一级菜单项句柄=uimenu(图形窗口句柄,属性名1,属性值1,属性名2,属性值2,...)

建立子菜单项的函数调用格式为：

子菜单项句柄=uimenu(一级菜单项句柄,属性名1,属性值1,属性名2,属性值2,...)

菜单（uimenu）以 figure 图形窗口对象作为"父"对象。MATLAB 通过对属性的操作来改变图形窗口的形式，使用句柄来操作窗口。

例如：

```
figure('name','样例','position',[200,300,400,500])   %创建一个标题名为
                                                        "样例"的窗口,其
                                                        位置坐标为(200,
                                                        300),窗口宽400,
                                                        高500

close(窗口句柄)                                        %关闭图形窗口
```

【例 9-13】 使用下拉菜单调用函数画图。

程序命令：

```
>> figure('menubar','none')
>> h1 = uimenu(gcf,'label','画平面图');               %定义一级菜单
>> hm1 = uimenu(h1,'label','画出正弦曲线','callback',['cla;','plot
(sin(0:0.01:2*pi));'])
>> hm1 = uimenu(h1,'label','画出圆','callback',['cla;','ezplot(''sin
(x)'',''cos(y)'',[-4*pi,4*pi]);'])
>> h2 = uimenu(gcf,'label','画三维图');               %定义一级菜单
>> hm2 = uimenu(h2,'label','画n=30的球','callback',['cla;','sphere
(30);'])
>> hm3 = uimenu(h2,'label','画个小山网面图','callback',['cla;','peaks
(30);'])
>> h3 = uimenu(gcf,'label','画立体图');               %定义一级菜单
>> hm4 = uimenu(h3,'label','单叶双曲面','callback',['cla;','p'])
                                                      %p 代表函数文件
>> hm4 = uimenu(h3,'label','双曲抛物面','callback',['cla;','p1'])
                                                      %p1 代表函数文件
```

P. m 文件：

```
>> function p()
>> ezsurf('4 * sec(u) * cos(v)', '2. * sec(u) * sin(v)','3. * tan(u)',
[-pi./2,pi./2,0,2 * pi]);
>> axis equal;grid on;xlabel('x 轴');
>> ylabel('y 轴');
>> zlabel('z 轴');title('单叶双曲面');
>> end
```

P1. m 文件：

```
>> function p1()
>> [X,Y] = meshgrid(-7:0.1:7);
>> Z = X.^2./9.Y.^2./6;
>> meshc(X,Y,Z);view(85,20)
>> axis('square');xlabel('x 轴');ylabel('y 轴');
>> zlabel('z 轴');title('双曲抛物面')
>> end
```

菜单及调用效果如图 9.42 所示。

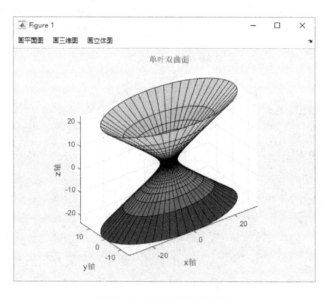

图 9.42　菜单及调用效果

2. 使用菜单编辑器设计下拉菜单

1）单击 GUI 界面工具栏的"菜单编辑器"，打开"菜单编辑器"对话框，如图 9.43 所示。

2）单击"新建菜单"图标，在"菜单属性"标签中键入菜单名称则建立一级菜单。

3）在一级菜单下单击"建立子菜单"则建立二级菜单，若在二级菜单下单击该键则建

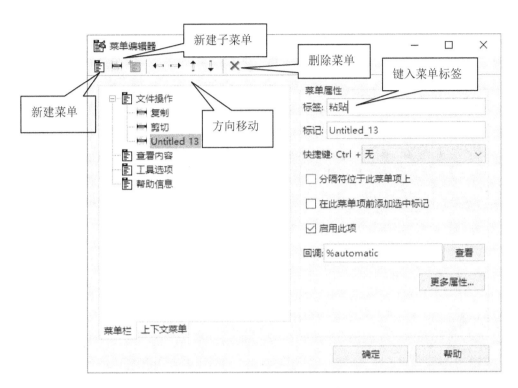

图 9.43　"菜单编辑器"对话框

立三级菜单，以此类推。

4）若在一级菜单"文件操作"下建立多个二级菜单，需选择该一级菜单，单击"建立子菜单"项。

5）编写调用菜单程序，需选择该菜单并单击"回调"的"查看"按钮，即保存并进入回调函数编辑窗口。

6）添加快捷键可以在"快捷键"下添加"Ctrl + 字母"的快捷键，完成后单击"确定"按钮返回图形窗口，单击"运行"按钮可查看结果，如图 9.44 所示。

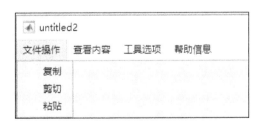

图 9.44　使用菜单编辑器设计下拉菜单

9.6.3　快捷菜单

快捷菜单是用鼠标右键单击某对象时在屏幕上弹出的菜单。这种菜单出现的位置是不固定的，而且总是和某个图形对象相联系。在 MATLAB 中，可以使用以下几种方法建立快捷菜单：

1）利用 uicontextmenu 函数建立快捷菜单。

2）利用 uimenu 函数为快捷菜单建立菜单项。

3）利用 set 函数将该快捷菜单和某图形对象联系起来。

4）利用 uicontextmenu 函数和图形对象的 UIContextMenu 属性来建立快捷菜单，语法格式为：

```
hc = uicontextmenu        % 建立快捷菜单,并将句柄值赋给变量 hc
```

5）利用 uimenu 函数为快捷菜单建立菜单项，语法格式为：

```
uimenu('快捷菜单名',属性名,属性值,...)     % 为创建的快捷菜单赋值,其中属性
                                  名和属性值构成属性二元对象
```

6）利用 set 函数将该快捷菜单和某图形对象联系起来。

【**例 9-14**】 使用快捷菜单改变曲线的线型和线宽。

1）程序命令：

```
hl = plot(x,y);
hc = uicontextmenu;
hls = uimenu(hc,'Label','线型');
hlw = uimenu(hc,'Label','线宽');
uimenu(hls,'Label','虚线','CallBack','set(hl,''LineStyle'','':'');');
uimenu(hls,'Label','实线','CallBack','set(hl,''LineStyle'',''-'');');
uimenu(hlw,'Label','加粗','CallBack','set(hl,''LineWidth'',2);');
uimenu(hlw,'Label','变细','CallBack','set(hl,''LineWidth'',0.5);');
set(hl,'uicontextmenu',hc);        % 将快捷菜单和曲线连接
```

2）单击运行按钮绘制曲线，在曲线上单击右键即可打开快捷菜单选项，改变线型和线宽，如图 9.45 所示。

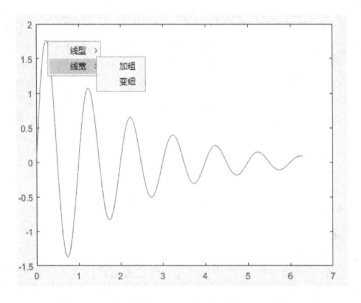

图 9.45　使用快捷菜单改变曲线的线型和线宽

9.7 对话框设计

9.7.1 对话框操作

1. 打开对话框
打开对话框的函数为 uigetfile，其调用格式为：

```
uigetfile                                    %弹出文件打开对话框,列出当前
                                               目录下所有的 M 文件

uigetfile('FilterSpec')                      %弹出文件打开对话框,列出当前
                                               目录下所有的由 FilterSpec
                                               指定类型的文件

uigetfile('FilterSpec','DialogTitle')        %同时设置文件打开对话框的标
                                               题 DialogTitle

uigetfile('FilterSpec','DialogTitle',x,y)    %x、y 参数用于确定文件打开对
                                               话框的位置

[fname,pname]=uigetfile(...)                 %返回打开文件的文件名和路径
```

例如：打开一个 M 文件，获得文件名和路径的程序命令：

```
>> [filename, pathname]=uigetfile('*.m', 'Pick an M-file');
>> if isequal(filename,0)
>> disp('用户选择终止')
>> else
>> disp(['用户选择', fullfile(pathname, filename)])
>> end
```

2. 保存对话框
保存对话框的函数为 uiputfile，其调用格式为：

```
uiputfile                                    %弹出文件保存对话框,列出当前目
                                               录下所有的 M 文件

uiputfile('InitFile')                        %弹出文件保存对话框,列出当前目
                                               录下所有的由 InitFile 指定类
                                               型的文件

uiputfile('InitFile','DialogTitle')          %同时设置文件保存对话框的标题
                                               为 DialogTitle

uiputfile('InitFile','DialogTitle',x,y)      %x、y 参数用于确定文件保存对
                                               话框的位置

[fname,pname]=uiputfile(...)                 %返回保存文件的文件名和路径
```

3. 对话框颜色设置
对话框对象颜色的交互式设置函数为 uisetcolor，其调用格式为：

```
c=uisetcolor('hcolor','DialogTitle')    %输入参数 hcolor 可以是一个图形
                                          对象的句柄,也可以是一个三色
                                          RGB 矢量;DialogTitle 为颜色设
                                          置对话框的标题
```

4. 字体设置对话框

对话框字体属性的交互式设置函数为 uisetfont，其调用格式为：

```
uisetfont                    %打开字体设置对话框,返回所选择字体的属性
uisetfont(h)                 %h 为图形对象句柄,使用字体设置对话框重新设
                               置该对象的字体属性
uisetfont(S)                 %S 为字体属性结构变量,S 中包含的属性有
                               FontName、FontUnits、FontSize、Font-
                               Weight、FontAngle
uisetfont(h,'DialogTitle')   %DialogTitle 为设置对话框的标题
uisetfont(S,'DialogTitle')
S=uisetfont(...)             %返回字体属性值,保存在结构变量 S 中
```

5. 打印预览对话框

用于对打印页面进行预览的函数为 printpreview，其调用格式为：

```
printpreview                 %对当前图形窗口进行打印预览
printpreview(f)              %对以 f 为句柄的图形窗口进行打印预览
```

6. 打印对话框

打印对话框为 Windows 的标准对话框，函数为 printdlg，其调用格式为：

```
printdlg                        %对当前图形窗口打开 Windows 打印对话框
printdlg(fig)                   %对以 fig 为句柄的图形窗口打开 Windows
                                  打印对话框
printdlg('-crossplatform',fig)  %打开 crossplatform 模式的 MATLAB 打
                                  印对话框
printdlg(-'setup',fig)          %在打印设置模式下,强制打开打印对话框
```

9.7.2 专用对话框

MATLAB 除了使用公共对话框外，还提供了一些专用对话框。

1. 错误信息对话框

用于提示错误信息，函数为 errordlg，其调用格式为：

```
errordlg                             %打开默认的错误信息对话框
errordlg('errorstring')              %打开显示 errorstring 信息的错误信息
                                       对话框
errordlg('errorstring','dlgname')    %打开显示 errorstring 信息的错误信息
                                       对话框,对话框的标题由 dlgname 指定
```

```
erordlg('errorstring','dlgname','on')      % 打开显示 errorstring 信息的
                                             错误信息对话框,对话框的标题
                                             由 dlgname 指定。如果对话框
                                             已存在,on 参数将对话框显示在
                                             最前端

h = errodlg(...)                           % 返回对话框句柄
```

2. 帮助对话框

用于帮助提示信息,函数为 helpdlg,其调用格式为:

```
helpdlg                                    % 打开默认的帮助对话框
helpdlg('helpstring')                      % 打开显示 errorstring 信息的帮助对话框
helpdlg('helpstring','dlgname')            % 打开显示 errorstring 信息的帮助对话
                                             框,对话框的标题由 dlgname 指定
h = helpdlg(...)                           % 返回对话框句柄
```

3. 输入对话框

用于输入信息,函数为 inputdlg ,其调用格式为:

```
answer = inputdlg(prompt)                  % 打开输入对话框,prompt 为单元数组,用
                                             于定义输入数据窗口的个数和显示提示
                                             信息;answer 为用于存储输入数据的单
                                             元数组

answer = inputdlg(prompt,title)            % title 为对话框的标题

answer = inputdlg(prompt,title,lineNo)
                                           % 参数 lineNo 可以是标量、列矢量或 m×2 的
                                             矩阵。若为标量,表示每个输入窗口的行数均
                                             为 lineNo;若为列矢量,则每个输入窗口的行
                                             数由 lineNo 的每个元素确定;若为矩阵,每个
                                             元素对应一个输入窗口,每行的第一列为输入
                                             窗口的行数,第二列为输入窗口的宽度

answer = inputdlg(prompt,title,lineNo,defans)
                                           % 参数 defans 为一个单元数组,存储每个输
                                             入数据的默认值,元素个数必须与 prompt
                                             所定义的输入窗口数相同,所有元素必须是
                                             字符串

answer = inputdlg(prompt,title,lineNo,defans,resize)
                                           % 参数 resize 决定输入对话框的大小能否
                                             被调整,值为 on 或 off
```

4. 列表选择对话框

用于在多个选项中选择需要的值,函数为 listdlg,其调用格式为:

```
[selection,ok]=listdlg('Liststring',S,...)    %输出参数 selection 为一个矢
                                              量,存储所选择的列表项的索引
                                              号;输入参数为可选项 List-
                                              string(字符单元数组)、Se-
                                              lectionMode[single 或 mul-
                                              tiple(默认值)]、ListSize
                                              ([wight,height])、Name(对
                                              话框标题)等
```

5. 信息提示对话框

用于显示提示信息，函数为 msgbox ，其调用格式为：

```
msgbox(message)                      %打开信息提示对话框,显示 message 信息
msgbox(message,title)                %title 为对话框标题
msgbox(message,title,'icon')         %icon 用于显示图标,可选图标包括 none(无图标,默
                                      认值)、error、help、warn 或 custom(用户定义)
msgbox(message,title,'custom',icondata,iconcmap)
                                     %当用户定义图标时,icondata 为定义图标的图
                                      像数据,iconcmap 为图像的色彩图
msgbox(...,'creatmode')              %creatmode 为模式选择,包括 modal、non-mo-
                                      dal 和 replace
h=msgbox(...)                        %返回对话框句柄
```

6. 问题提示对话框

用于回答问题的多种选择，函数为 questdlg，其调用格式为：

```
button=questdlg('qstring')      %打开问题提示对话框,有三个按钮,分别为 Yes、No
                                 和 Cancel,questdlg 确定提示信息
button=questdlg('qstring','title')
                                %title 为对话框标题
button=questdlg('qstring','title','default')
                                %当按回车键时,返回 default 的值,default 必须
                                 是 Yes、No 或 Cancel 之一
button=questdlg('qstring','title','str1','str2','default')
                                %打开问题提示对话框,有两个按钮,分别由 str1 和
                                 str2 确定,default 必须是 str1 或 str2 之一
button=questdlg('qstring','title','str1','str2','str3','default')
                                %打开问题提示对话框,有三个按钮,分别由 str1、str2 和
                                 str3 确定,default 必须是 str1、str2 或 str3 之一
```

7. 进程条

用于图形方式显示运算或处理的进程，函数为 waitbar，其调用格式为：

```
h = waitbar(x,'title')        % 显示以 title 为标题的进程条,x 为进程条的比
                                例长度,其值必须在 0~1 之间;h 为返回的进程
                                条对象的句柄
waitbar(x,'title','creatcancelbtn','button_callback')
                              % 在进程条上使用 creatcancelbtn 参数创建一
                                个撤销按钮,在进程中按下撤销按钮将调用 but-
                                ton_callback 函数
waitbar(...,property_name,property_value,...)
                              % 选择其他由 property_name 定义的参数,参数
                                值由 property_value 指定
```

8. 警告信息对话框

用于提示警告信息,函数为 warndlg,其调用格式为:

```
h = warndlg('warningstring','dlgname')      % 打开警告信息对话框,显示
                                              warningstring 信息,dlg-
                                              name 为对话框标题;h 为返
                                              回的对话框句柄
```

【例 9-15】 显示 4 种不同类型的对话框。

程序命令:

```
>> errordlg('输入错误,请重新输入','错误信息');
>> helpdlg('帮助对话框', '帮助信息');
>> warndlg('商场的所有地方不能吸烟','警告信息');
>> prompt = {'请输入你的名字','请输入你的年龄'};
>> title = '信息';
>> lines = [2 1]';
>> def = {'卓玛尼娅','35'};
>> answer = inputdlg(prompt,title,lines,def);
```

4 种不同类型的对话框如图 9.46 所示。

图 9.46　4 种不同类型的对话框

【例 9-16】 信息对话框的使用和多种对话框设计。

程序命令：

```
>> data =1:64;
>> data = (data. * data)/64;
>> msgbox('这是一个信息对话框！','用户定义图标','用户',data,hot(64))
>> str ={'工业自动化','信息通信工程','机械与车辆工程'};
>> [s,v] = listdlg('PromptString','双击选择图形格式','SelectionMode',
'single','ListString',str,'Name','专业选择列表','InitialValue',1,
'ListSize',[230,100]);
>> imgExt = str{s};
>> h = waitbar(0,'请等待...');
>> for i =1:10000
    waitbar(i/10000,h)
>> end
>> button = questdlg('你的选择是：','请选择按钮','确定','退出','忽略');
```

信息对话框如图 9.47 所示。

图 9.47　信息对话框

多种对话框设计如图 9.48 所示。

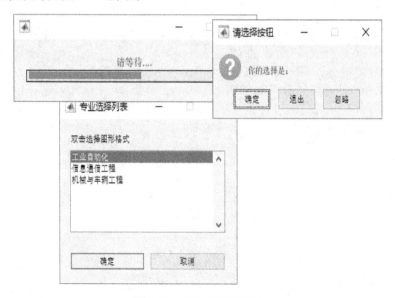

图 9.48　多种对话框设计

参 考 文 献

[1] 姜增如. 自动控制理论创新实验案例教程 [M]. 北京：北京机械工业出版社，2015.

[2] Katsuhiko O. 控制理论 MATLAB 教程 [M]. 王诗宓，王峻，译. 北京：电子工业出版社，2012.

[3] 吴麒，王诗宓. 自动控制原理 [M]. 2 版. 北京：清华大学出版社，2011.

[4] 曹戈. MATLAB 教程及实训 [M]. 2 版. 北京：机械工业出版社，2016

[5] 黄忠霖. 控制系统 MATLAB 计算及仿真 [M]. 3 版. 北京：国防工业出版社，2016.